全国铁道职业教育教学指导委员会规划教材

高等职业教育专业基础课系列规划教材

液压与气压传动

杨春辉　艾菊兰　主　编

臧贻娟　罗世民　**副主编**

林宏裔　**主审**

中国铁道出版社

2017年·北 京

内 容 简 介

本书为高等职业教育专业基础课系列规划教材。全书共分十二章,主要内容包括绪论,液压油与液压流体力学基础,液压泵和液压马达,液压缸,液压控制阀,液压辅助元件,液压基本回路,典型液压传动系统,液压系统的设计与计算,液压伺服系统及其他液压技术的应用,气压传动,气动系统的使用、维护与故障分析等内容。各章后均附有学习指导和习题,附录含有主要习题的参考答案。

本书适用于高等职业学校机械制造、机电一体化、模具设计与制造、铁道车辆等机械工程类专业使用,也可作为相关专业技术人员的参考用书。

图书在版编目(CIP)数据

液压与气压传动/杨春辉,艾菊兰主编.—北京:中国铁道出版社,2012.7(2017.7 重印)

全国铁道职业教育教学指导委员会规划教材 高等职业教育专业基础课系列规划教材

ISBN 978-7-113-14570-5

Ⅰ.①液… Ⅱ.①杨… ②艾… Ⅲ.①液压传动—高等职业教育—教材②气压传动—高等职业教育—教材

Ⅳ.①TH137②TH138

中国版本图书馆 CIP 数据核字(2012)第 078094 号

书　　名:液压与气压传动
作　　者:杨春辉　艾菊兰　主编

策　　划:阚济存
责任编辑:阚济存　编辑部电话:010-51873133　电子信箱:td51873133@163.com
封面设计:冯龙彬
责任校对:张玉华
责任印制:李　佳

出版发行:中国铁道出版社(100054,北京市西城区右安门西街 8 号)
网　　址:http://www.51eds.com
印　　刷:北京鑫正大印刷有限公司
版　　次:2012 年 7 月第 1 版　2017 年 7 月第 2 次印刷
开　　本:787mm×1 092mm　1/16　印张:16.25　字数:420 千
印　　数:3 001~6 000 册
书　　号:ISBN 978-7-113-14570-5
定　　价:35.00 元

前　言

本书是为高等学校机械制造、机电一体化、模具设计与制造、铁道车辆等机械工程类专业编写的教材。其目的是使学生在学习后能掌握并运用设计和调试液压系统的相关知识。

全书分十二章，主要内容包括绪论，液压油与液压流体力学基础，液压泵和液压马达，液压缸，液压控制阀，液压辅助元件，液压基本回路，典型液压传动系统，液压系统的设计与计算，液压伺服系统及其他液压技术的应用，气压传动，气动系统的使用、维护与故障分析。

本书在编写过程中，力求贯彻知识要点少而精、理论联系实际的原则，着重基本概念和原理阐述，突出理论知识的应用，加强针对性和实用性，力求反映我国液压与气动行业发展的最新情况。在较全面阐述液压传动和气压传动基本内容的基础上，着重分析了各类元件的工作原理、结构、常见故障及排除方法，阐明了液压和气动系统的安装、使用及设备的故障诊断；有针对性地对典型液压设备的工作原理、故障分析和排除进行了详细的阐述，以提高读者的液压设备调试能力和故障分析及排除的能力。为了便于读者加深理解和巩固所学的内容，每章后面均附有学习指导和习题，其中的习题包含填空、判断、选择、简答和分析计算等题型。本书元件的图形符号、回路和系统原理图均采用国家最新标准规定的图形符号进行绘制。

本书由杨春辉、艾菊兰主编，由臧贻娟、罗世民副主编。由北京铁路电气化学校林宏裔主审。参编人员有华东交通大学杨春辉（第1、6、7章）、罗世民（第8、9、10、12章及附录）、湖南铁路科技职业技术学院陈祖让（第5章）、山东职业学院艾菊兰（第3章）、臧贻娟（第2、4章）、吉林铁道职业技术学院张维（第11章）。全书由杨春辉负责最终统稿。本书在编写过程中，始终得到了华东交通大学轨道交通学院领导的关心和支持，车辆工程系的朱海燕、卢毓俊等同志也给予了极大的帮助，在此一并表示感谢。

由于编者水平所限，加之编写时间仓促，书中疏漏和错误之处在所难免，欢迎广大读者批评指正。

编者

2012 年 3 月

主 要 符 号 表

1. 主要物理量符号

A——面积

a——加速度；中心距

$B(b)$——宽度

$D(d)$——直径

E——能量；弹性模量

$°E$——恩氏黏度

e——偏心距

F——作用力

f——摩擦系数

g——重力加速度

h——高度

h_w——单位能量损失

K——液体体积模量；系数

$L(l)$——长度

m——质量；齿轮模数；指数

n——指数；转速；安全系数

P——功率

p——压力

q——流量

R——半径；水力半径

Re——雷诺数

r——半径

T——转矩；周期；温度

t——时间

u——流速

V——体积；排量

v——平均速度

x——位移

z——齿轮齿数；叶片（或柱塞）数

W——重量

α——动能修正系数

β——动量修正系数

δ——厚度；节流缝隙

ε——相对偏心率

ζ——阻尼比；局部阻力系数

η——效率

μ——动力黏度

θ——角度

κ——压缩系数

λ——沿程阻力系数；导热系数

ν——运动黏度

ρ——密度

σ——应力

τ——切应力

ω——角速度

2. 主要下脚标符号

o——液面

a——大气

L——管路；负载

M——液压马达

m——机械

p——泵

s——弹簧

t——理论

n——公称

V——容积

例如：q_t 表示理论流量；p_p 表示泵的输出压力；η_{Mm}——表示液压马达的机械效率。

目　　录

第一章 绪 论

一、学习要求

（1）掌握液压传动的工作原理。
（2）掌握液压传动的特点。
（3）熟悉液压传动系统的组成及各组成部分的作用。
（4）掌握液压元件的职能符号及规定。
（5）了解液压传动的发展概况、应用及优缺点。

二、重点与难点

液压系统的组成和液压元件的职能符号。

第一节 液压传动的发展与应用

液压传动相对于传统的机械传动来说，是一门新的技术。如果从世界上第一台水压机的问世算起，液压传动至今已有 200 余年的历史。然而，液压传动直到 20 世纪 30 年代才真正推广使用。

19 世纪末，德国制成了液压龙门刨床，美国制成了液压六角车床和磨床。由于没有成熟的液压元件，一些通用机床直到 20 世纪 30 年代才开始采用液压传动。在第二次世界大战期间，由于军事工业需要反应快、精度高、功率大的液压传动装置，从而推动了液压技术的发展；战后，液压技术迅速转向民用，在机床、工程机械、农业机械、汽车等行业中逐步得到推广。20 世纪 60 年代以后，随着原子能技术、空间技术、计算机技术的发展，液压技术取得了很大的进步，并渗透到了各个工业领域。当前液压技术正向着高压、高速、大功率、高效率、低噪声、长寿命、高度集成化、复合化、小型化及轻量化等方面发展；同时，新型液压元件和液压系统的计算机辅助设计（CAD）、计算机辅助测试（CAT）、计算机直接控制（CDC）、机电一体化、计算机仿真和优化设计技术、可靠性技术以及污染控制等方面，也是当前液压技术发展和研究的方向。

我国的液压工业开始于 20 世纪 50 年代，液压元件最初应用于机床和锻压设备，后来又用于拖拉机和工业机械。自 1964 年从国外引进一些液压元件生产技术，同时自行设计液压产品，经过 20 多年的艰苦探索和发展，特别是 20 世纪 80 年代初期引进美国、日本、德国的先进技术和设备，使我国的液压技术水平有了很大的提高。目前，我国的液压件已从低压到高压形成系列，并生产出许多新型元件，如插装式锥阀、电液比例阀、电液伺服阀、电液数字控制阀等。液压传动在机械行业中的应用举例如表 1-1 所示。我国机械工业在认真消化、推广国外引进的先进液压技术的同时，大力研制、开发国产液压件新产品，加强产品质量可靠性和新技术应用的研究，积极采用国际标准，合理调整产品结构，对一些性能差而且不符合国家标准的液压产品，采用逐步淘汰的措施。随着科学技术的迅速发展，液压技术将获得进一步发展，在各种机械设备上的应用将会更加广泛。

表 1-1　液压传动在机械行业中的应用

行业名称	应用场合举例
机床工业	磨床、铣床、刨床、拉床、压力机、自动机床、组合机床、数控机床、加工中心等
工程机械	挖掘机、装载机、推土机、压路机、铲运机等
汽车工业	自卸式汽车、平板车、高空作业车等
农业机械	联合收割机的控制系统、拖拉机的悬架装置等
轻工业机械	打包机、注塑机、校直机、橡胶硫化机、造纸机等
冶金机械	电炉控制系统、轧钢机控制系统等
起重运输机械	起重机、港口龙门吊、叉车、装卸机械、液压千斤顶等
矿山机械	凿岩机、开掘机、开采机、破碎机、提升机、液压支架等
建筑机械	打桩机、平地机等
船舶港口机械	起货机、锚机、舵机等
铸造机械	砂型压实机、加料机、压铸机等

第二节　液压传动的工作原理及其系统组成

一、液压传动的工作原理

图 1-1 所示为液压千斤顶的工作原理图，杠杆手柄 1、泵体 2、活塞 3、两个单向阀 4 和 7 组成手动液压泵，缸体 9 和活塞 8 组成举升缸。当抬起杠杆手柄 1 使活塞 3 向上移动时，泵体 2 下腔的密封容积变大，产生一定的真空度，在大气压力作用下，油箱中的油液通过吸油管 5 推开单向阀 4 进入泵体 2 下腔（此时单向阀 7 关闭），完成手动液压泵吸油。当压下杠杆手柄 1 时，活塞 3 下移，其泵体 2 下腔的密封容积变小，油压升高，使单向阀 4 关闭，打开单向阀 7，泵体 2 下腔的油液经管路 6 进入缸体 9 的下腔，迫使活塞 8 向上移动，抬高重物，即完成压油动作。如此反复地提、压杠杆手柄 1，就能不断地把油液压入缸体 9 的下腔，使重物逐渐升起，达到起升的目的。当工作完成，打开截止阀 11，缸体 9 下腔的油液经过管路 10、截至阀 11 流回油箱，活塞 8 也在重物和自重作用下回落至起始位置。

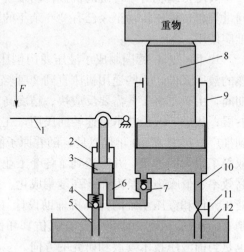

图 1-1　液压千斤顶的工作原理图

1—杠杆手柄；2—泵体；3、8—活塞；4、7—单向阀；
5—吸油管；6、10—管路；9—缸体；
11—截止阀；12—油箱

从上述分析可知，液压传动是一种以液体为传动介质，利用液体的压力能来实现运动和力的传递的一种传动方式，液压传动的过程是将机械能进行转换和传递的过程。其具有以下特点：

(1) 以液体为传动介质来传递运动和动力。

(2) 液压传动必须在密闭的容器内进行。

(3) 依靠密封容积的变化传递运动。

(4) 依靠液体的静压力传递动力。

二、液压传动系统的组成

图 1-2（a）所示为磨床工作台液压系统工作原理图。液压泵 4 在电动机（图中未画出）的带动下旋转，油液由油箱 1 经过滤器 2 被吸入液压泵 4，由液压泵 4 输入的压力油通过手动换向阀 9、节流阀 13、换向阀 15 进入液压缸 18 的左腔，推动活塞 17 和工作台 19 向右移动，液压缸 18 右腔的油液经换向阀 15 排回油箱。如果将换向阀 15 转换成图 1-2（b）所示的状态，则压力油进入液压缸 18 的右腔，推动活塞 17 和工作台 19 向左移动，液压缸 18 左腔的油液经换向阀 15 排回油箱。

工作台 19 的移动速度由节流阀 13 来调节。当节流阀 13 开大时，进入液压缸 18 的油液增多，工作台 19 的移动速度增大；当节流阀 13 关小时，工作台 19 的移动速度减小。液压

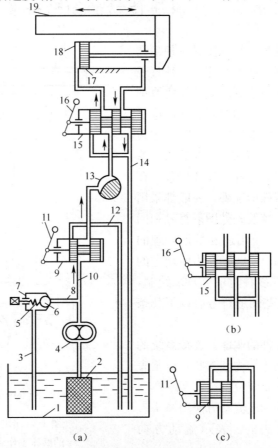

(a)   (b)   (c)

图 1-2 磨床工作台液压系统工作原理图

1—油箱；2—过滤器；3、12、14—回油管；4—液压泵；5—弹簧；6—钢球；7—溢流阀；
8—压力支管；9—手动换向阀；10—压力管；11—换向手柄；13—节流阀；15—换向阀；
16—换向手柄；17—活塞；18—液压缸；19—工作台

泵 4 输出的压力油除了进入节流阀 13 以外，其余的通过溢流阀 7 流回油箱。

如果将手动换向阀 9 转换成图 1-2（c）所示的状态，液压泵 4 输出的油液经手动换向阀 9 流回油箱，这时工作台处于停止状态。

从上述例子可以看出，一个完整的液压系统由以下五部分组成：

（1）动力元件：例如液压泵，是系统的能量输入装置，它将原动机输入的机械能转换成液体的压力能。其作用是向液压系统提供压力油。

（2）执行元件：例如液压缸和液压马达，是系统的能量输出装置，它是将液体的压力能转换成驱动负载运动的机械能的装置。

（3）控制元件：各种控制阀，例如压力阀、流量阀、方向阀等，用来控制液压系统所需的压力、流量、方向和工作性能，以保证执行元件实现各种不同的工作要求。

（4）辅助元件：包括上述三部分以外的其他装置，例如油箱、过滤器、油管等。它们对保证液压系统正常工作起着重要的作用。

（5）工作介质：例如液压油，是传递能量的介质，它直接影响着液压系统的性能和可靠性。

第三节　液压传动的图形符号

图 1-2（a）所示的液压系统图是一种半结构式的工作原理图，称为结构原理图。其直观性强、容易理解，但难于绘制。为了简化原理图的绘制，系统中各元件可用符号表示，这些符号只表示元件的职能（即功能）、控制方式及外部连接口，不表示元件的具体结构、参数、连接口的实际位置及元件的安装位置。在实际工作中，除少数特殊情况外，一般都采用国家标准《流体传动系统及元件图形符号和回路图　第 1 部分：用于常规用途和数据处理的图形符号》（GB/T 786.1—2009）中所规定的液压与气动图形符号（参看附录 A）来绘制，如图 1-3 所示。对于这些图形符号有以下几条基本规定：

（1）符号只表示元件的职能，连接系统的通路，不表示元件的具体结构和参数，也不表示元件在机器中的实际安装位置。

（2）元件符号内的油液流动方向用箭头表示，线段两端都有箭头的，表示流动方向可逆。

（3）符号均以元件的静止位置或中间零位置表示，当系统的动作另有说明时，可作例外。

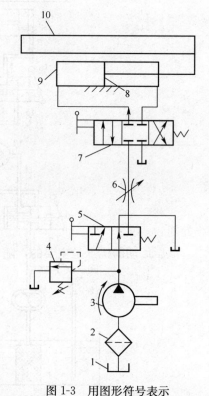

图 1-3　用图形符号表示的磨床工作台液压系统图

1—油箱；2—过滤器；3—液压泵；

4—溢流阀；5—手动换向阀；6—节流阀；

7—换向阀；8—活塞；9—液压缸；

10—工作台

第四节 液压传动的优缺点

液压传动与机械传动、电气传动、气压传动相比主要有以下特点：

一、液压传动的优点

（1）液压传动装置运动平稳、反应快、惯性小，并且能够高速启动、制动和换向。

（2）在同等功率情况下，液压传动装置体积小、重量轻、结构紧凑。例如同功率液压马达的重量只有电动机的 10%～20%。

（3）液压传动装置能在运行中方便地实现无级调速，且调速范围最大可达 1∶2 000（一般为 1∶100）。

（4）操作简单、方便，易于实现自动化。当它与电气联合控制时，能实现复杂的自动工作循环和远距离控制。

（5）易于实现过载保护。液压元件能自行润滑，使用寿命较长。

（6）液压元件实现了标准化、系列化、通用化，便于设计、制造和使用。

二、液压传动的缺点

（1）液压传动不能保证严格的传动比，这是由液压油的可压缩性和泄漏造成的。

（2）液压传动对油温的变化较敏感，这会影响其工作的稳定性。因此液压传动不宜在很高或很低的温度下工作，其一般的工作温度为 -15～$+60$ ℃。

（3）为了减少泄漏，液压元件在制造精度上要求较高，因此其造价高，且对油液的污染比较敏感。

（4）液压传动装置出现故障时不易查找原因。

（5）液压传动在能量转换（机械能——压力能——机械能（还原））的过程中，特别是在节流调速系统中，其压力损失和流量损失较大，故系统效率较低。

（6）随着高压、高速、高效率和大流量化，液压元件和系统的噪声也随之增大，这也是需要解决的问题。

总之，液压传动的优点是主要的，随着设计制造和使用水平的不断提高，有些缺点正在逐步改善并加以克服。液压传动有着广泛的发展前景。

习 题

1. 填空题

（1）液压传动是以_____为传动介质，利用液体的_____来实现运动和动力传递的一种传动方式。

（2）液压传动必须在_____进行，依靠液体的_____来传递动力，依靠_____来传递运动。

（3）液压传动系统由_____、_____、_____、_____和_____五部分组成。

（4）在液压传动中，液压泵是＿＿＿＿＿元件，它可将电动机输出的＿＿＿＿能转换成＿＿＿＿＿能，它的作用是向系统提供＿＿＿＿。

（5）在液压系统中，液压缸是＿＿＿＿元件，它将液体的＿＿＿＿能转换成＿＿＿＿能。

（6）液压元件的职能符号值表示元件＿＿＿＿、＿＿＿＿及＿＿＿＿，不表示元件的＿＿＿＿、＿＿＿＿、连接口的实际位置及元件的＿＿＿＿。

（7）液压元件的职能符号在系统中均以元件的＿＿＿＿表示。

2. 判断题

（1）液压传动不易获得很大的力和转矩。　　　　　　　　　　　　　　　　（　　）

（2）液压传动装置工作平稳，能方便地实现无级调速，但不能快速起动、制动和频繁换向。　　　　　　　　　　　　　　　　　　　　　　　　　　　　　　　　（　　）

（3）液压传动与机械、电气传动相配合时，易实现较复杂的自动工作循环。（　　）

（4）液压传动适宜在传动比要求严格的场合中使用。　　　　　　　　　　（　　）

（5）液压传动故障诊断方便。　　　　　　　　　　　　　　　　　　　　（　　）

（6）液压传动适用于远距离传动。　　　　　　　　　　　　　　　　　　（　　）

3. 问答题

（1）什么是液压传动？液压传动所用的工作介质是什么？

（2）液压传动系统由哪几部分组成？各组成部分的作用是什么？

（3）液压传动主要的优、缺点是什么？

第二章　液压油与液压流体力学基础

一、学习要求

（1）掌握液压油的性质及其选用。

（2）掌握静压力基本方程、连续方程、伯努利方程、动量方程。

（3）掌握压力和流量两个参数的相关概念。

（4）掌握沿程压力损失、局部压力损失的计算方法。

（5）掌握流经薄壁小孔的流量计算公式。

（6）了解液压冲击现象和气穴现象。

二、重点与难点

（1）液压油的黏性和黏度，液压油的选用、污染及控制。

（2）液体压力的相关概念，如压力的表达、压力的分布、压力的传递、压力的损失。

（3）流量的相关概念，如流量的计算、小孔流量、缝隙流量。

（4）连续方程、伯努利方程及动量方程的内涵与应用。

第一节　液　压　油

在液压系统中，液压油是传递动力和信号的工作介质。同时它还起到润滑、冷却和防锈的作用。液压系统工作的可靠性在很大程度上取决于液压油。

一、液压油的种类

液压油包括石油型和难燃型两大类。

石油型的液压油是以提炼后的石油为基料，加入适当的添加剂而成。这种油液的润滑性好，腐蚀性小，成本低，但抗燃性差。

难燃型液压油是以水为基料，加入添加剂（包括乳化剂、抗磨剂、防锈剂、防氧化腐蚀剂和杀菌剂等）而成。其主要特点是价廉、抗燃、省油、易得、易储运，但润滑性差、黏度低、易产生气蚀等。这种油液包括乳化液、水—乙二醇液、磷酸脂液、氯碳氢化合物、聚合脂肪酸脂液等。

液压油的详细分类、代号和用途如表 2-1 所示。

二、液压油的性质

（一）密度

单位体积液体的质量称为液体的密度。通常用 ρ 表示，其单位为 kg/m^3。即

表 2-1　液压油分类

分类	名称	代号	组成和特性	应用
石油型	精制矿物油	L-HH	不含添加剂，稳定性差，易氧化、易起泡、易生成胶块阻塞原件小孔	主要用于润滑要求不高的低压系统，液压代用油
	普通液压油	L-HL	在 L-HH 的基础上添加抗氧化、防锈添加剂，提高了抗氧化、防锈性能	适用于一般设备中低压系统
	抗磨液压油	L-HM	在 L-HL 的基础上加抗磨剂、金属钝化剂、消泡剂，改善抗磨性	适用于工程机械、车辆液压系统
	低温液压油	L-HV	在 L-HM 的基础上添加高性能的黏度指数改进剂和降凝剂，具有低的倾点、高的黏度指数、良好的低温特性	适用于使用温度在 -30 ℃ 以上的高压系统
	高黏度指数液压油	L-HR	在 L-HL 的基础上加黏度指数添加剂，改善黏温特性，黏度指数达 175 以上	适用于环境变化大的中、低压系统，数控机床液压系统
	液压导轨油	L-HG	L-HM 加抗黏滑剂，具有良好的防锈、抗氧化、抗磨性，改善黏滑特性，防止低速爬行	适用于机床中液压和导轨润滑合用的系统
难燃型	水包油乳化液	L-HFAE	高水基液，难燃，黏温特性好，润滑性差，易泄露	适用于有抗燃要求，用量较大的液压系统
	油包水乳化液	L-HFB	抗磨、防锈、抗燃性好	适用于有抗燃要求的中低压系统
	水-乙二醇液	L-HFC	难燃，黏温特性好，工作温度范围为 -30~+60 ℃	适用于有抗燃要求的中低压系统
	磷酸酯液	L-HFDR	难燃，良好的润滑性、抗磨性和抗氧化性，黏温特性好，能在 -54~+135 ℃ 的温度范围内使用，有毒	适用于有抗燃要求的高压精密液压系统

$$\rho = \frac{m}{V} \tag{2-1}$$

式中　V——液体的体积（m^3）；

　　　m——液体的质量（kg）。

密度是液体的一个重要物理参数，主要用密度表示液体的质量。常用液压油的密度约为 900 kg/m^3，在实际使用中可忽略温度和压力对密度的影响。

（二）可压缩性

液体的体积随压力的变化而变化的性质称为液体的可压缩性。其大小用体积压缩系数 κ 表示。即

$$\kappa = -\frac{1}{dp}\frac{dV}{V} \tag{2-2}$$

由于压力增大时液体的体积减小，即 dp 与 dV 的符号始终相反，为保证 κ 为正值，所以在上式的右边加一负号。κ 值越大液体的可压缩性越大，反之液体的可压缩性越小。

液体体积压缩系数的倒数称为液体的体积弹性模量，用 K 表示。即

$$K = \frac{1}{\kappa} = -\frac{V}{dV}dp \tag{2-3}$$

K 表示液体产生单位体积相对变化量所需要的压力增量。可用其说明液体抵抗压缩能

力的大小。常温下，纯净液压油的体积弹性模量 $K=(1.4\sim2.0)\times10^3$ MPa，数值很大，故一般可以认为液压油是不可压缩的。若液压油中混入空气，其抵抗压缩能力会显著下降，并严重影响液压系统的工作性能。在工程计算中常取液压油的体积弹性模量 $K=0.7\times10^3$ MPa。

（三）黏性

1. 黏性的物理意义

液体在外力作用下流动（或具有流动趋势）时，分子间的内聚力要阻止分子间的相对运动而产生一种内摩擦力，这种现象称为液体的黏性。黏性是液体固有的属性，只有在流动时才能表现出来。

液体流动时，由于液体和固体壁面间的附着力以及液体本身的黏性会使液体各层间的速度大小不等。图 2-1 所示为在两块平行平板间充满液体，其中一块板固定，另一块板以速度 u_0 运动。结果发现两平板间各层液体速度按线性规律变化。最下层液体的速度为零，最上层液体的速度为 u_0。实验表明，液体流动时相邻液层间的内摩擦力 F_f 与液层接触面积 A 成正比，与液层间的速度梯度 du/dy 成正比，并且与液体的性质有关。即

$$F_f=\mu A\frac{du}{dy} \qquad (2\text{-}4)$$

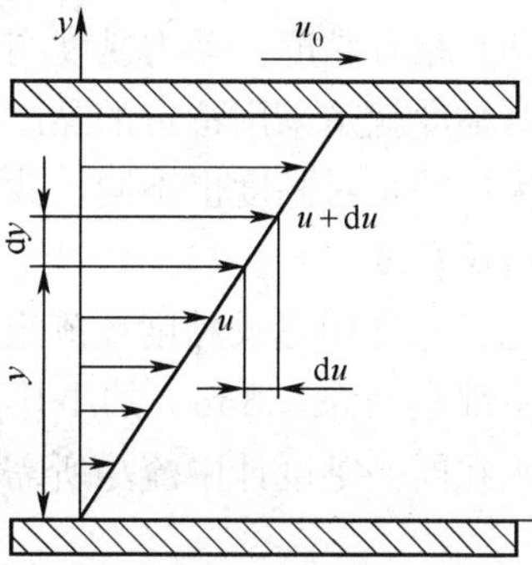

图 2-1　液体的黏性示意图

式中　μ——由液体性质决定的系数（Pa·s）。

　　A——接触面积（m^2）。

　du/dy——速度梯度（1/s）。

其应力形式为

$$\tau=\mu\frac{du}{dy} \qquad (2\text{-}5)$$

式中　τ——内摩擦应力或切应力（N/m^2）。

这就是著名的牛顿内摩擦定律。

2. 黏度

液体黏性的大小用黏度表示。常用的表示方法有三种，即动力黏度、运动黏度和相对黏度。

（1）动力黏度（或绝对黏度）μ。动力黏度就是牛顿内摩擦定律中的 μ，由式（2-4）可得

$$\mu=\frac{F_f}{A\dfrac{du}{dy}} \qquad (2\text{-}6)$$

式（2-6）表示了动力黏度的物理意义，即液体在单位速度梯度下流动或有流动趋势时，相接触的液层间单位面积上产生的内摩擦力。在国际单位制中的单位为 Pa·s（N·s/m^2），工程上用的单位是 dgn·s/cm^2，又称为 P（泊）。P 的百分之一称为 cP（厘泊）。其换算关系为

$$1\ Pa\cdot s=10\ P=10^3\ cP$$

（2）运动黏度 ν。液体的动力黏度 μ 与其密度 ρ 的比值称为液体的运动黏度，即

$$\nu = \frac{\mu}{\rho} \tag{2-7}$$

液体的运动黏度没有明确的物理意义，但在工程实际中经常用到。因为它的单位只有长度和时间的量纲，所以被称为运动黏度。在国际单位制中的单位为 m^2/s，工程上用的单位是 cm^2/s，又称为 St（泊）。1 St（泊）＝100 cSt（厘斯）。两种单位制的换算关系为

$$1\ m^2/s = 10^4\ St = 10^6\ cSt$$

液压油的牌号，常用其在某一温度下的运动黏度的平均值来表示。我国把 40 ℃时运动黏度以 cSt（厘斯）为单位的平均值作为液压油的牌号。例如 30 号液压油，就是在 40 ℃时，运动黏度的平均值为 30 cSt（厘斯）。

（3）相对黏度。动力黏度与运动黏度都很难直接测量，所以在工程上常用相对黏度。所谓相对黏度就是采用特定的黏度计在规定的条件下测量出来的黏度。由于测量的条件不同，各国采用的相对黏度也不同，我国、俄罗斯和德国采用恩氏黏度，美国采用赛氏黏度，英国采用雷氏黏度。

恩式黏度用恩式黏度计测定，即将 200 mL 温度为 t ℃的被测液体装入黏度计的容器内，由其下部直径为 2.8 mm 的小孔流出，测出流尽所需的时间 t_1，再测出 200 mL 温度为 20 ℃蒸馏水在同一黏度计中流尽所需的时间 t_2，这两个时间的比值称为被测液体的恩式黏度。即

$$°E = \frac{t_1}{t_2} \tag{2-8}$$

恩氏黏度与运动黏度的关系为

$$\nu = \left(7.31°E - \frac{6.31}{°E}\right) \times 10^{-6} \tag{2-9}$$

3. 影响黏度的因素

（1）黏度与压力的关系。液体所受的压力增大时，其分子间的距离将减小，内摩擦力增大，黏度也随之增大。对于一般的液压系统，当压力小于 20 MPa 时，压力对黏度的影响可忽略不计。当压力较高或压力变化较大时，黏度的变化则不容忽视。石油型液压油的黏度与压力的关系可表示为

$$\nu_p = \nu_0\ (1 + 0.003p) \tag{2-10}$$

式中　ν_p——油液在压力为 p 时的运动黏度（$10^{-6}\ m^2 \cdot s^{-1}$）；

　　　ν_0——油液在（相对）压力为零时的运动黏度（$10^{-6}\ m^2 \cdot s^{-1}$）。

（2）黏度与温度的关系。油液的黏度对温度的变化极为敏感，温度升高，油的黏度显著降低。油的黏度随温度变化的性质称为黏温特性。不同种类的液压油具有不同的黏温特性，黏温特性较好的液压油，黏度随温度的变化较小，因而油温变化对液压系统性能的影响较小。

三、对液压油的要求

不同的液压传动系统、不同的使用情况对液压油的要求有很大的不同，为了更好地传递动力和运动，液压系统使用的液压油应具备以下性能：

（1）合适的黏度，较好的黏温特性。

（2）润滑性能好。

（3）质地纯净，杂质少。

（4）具有良好的相容性。

（5）具有良好的稳定性（热、水解、氧化、剪切）。

（6）具有良好的抗泡沫性、抗乳化性、防锈性，且腐蚀性小。

（7）体积膨胀系数低，比热高。

（8）流动点和凝固点低，闪点和燃点高。

（9）对人体无害，成本低。

四、液压油的选用

正确合理地选择液压油，对保证液压系统正常工作、延长液压系统和液压元件的使用寿命、提高液压系统的工作可靠性等都有重要影响。

首先应根据液压系统的工作环境和工作条件选择合适的液压油类型，然后再选择液压油的牌号。

对液压油牌号的选择，主要是对油液黏度等级的选择，这是因为黏度对液压系统的稳定性、可靠性、效率、温升以及磨损都有很大的影响。在选择黏度时应注意以下几方面：

（1）液压系统的工作压力。工作压力较高的液压系统宜选用黏度较大的液压油，以便于密封，减少泄漏；反之，可选用黏度较小的液压油。

（2）环境温度。环境温度较高时宜选用黏度较大的液压油，主要目的是减少泄漏，因为环境温度高会使液压油的黏度下降。反之，选用黏度较小的液压油。

（3）运动速度。当工作部件的运动速度较高时，为减少液流的摩擦损失，宜选用黏度较小的液压油。反之，为了减少泄漏，应选用黏度较大的液压油。

在液压系统中，液压泵对液压油的要求最严格，因为泵内零件的运动速度最高，承受的压力最大，且承压时间长，温升高。因此，常根据液压泵的类型及其要求来选择液压油的黏度。各类液压泵适用的黏度范围如表 2-2 所示。

表 2-2　各类液压泵适用黏度范围

环境温度		5~40 ℃		40~80 ℃	
液压泵类型	黏度	40 ℃黏度 mm²/s	50 ℃黏度 mm²/s	40 ℃黏度 mm²/s	50 ℃黏度 mm²/s
齿轮泵		30~70	17~40	54~110	58~98
叶片泵	$p<7$ MPa	30~50	17~29	43~77	25~44
	$p\geqslant7$ MPa	54~70	31~40	65~95	35~55
柱塞泵	轴向式	43~77	25~44	70~172	40~98
	径向式	30~128	17~62	65~270	37~154

五、液压油的污染与控制

液压油的污染，常常是系统发生故障的主要原因。据统计，液压系统 70％ 的故障是由于选用不正确的液压油，或者油中含有脏物和其他污染物引起的。因此，液压油的正确使用、管理和防污是保证液压系统正常可靠工作的重要方面，必须予以重视。

（一）液压油的污染

1．污染的来源

（1）系统残留物。例如毛刺、切屑、棉纱等。

（2）侵入污染。液压系统运行中，由于密封不完善由系统外部侵入的污染物，例如灰尘、水分等。

（3）生成污染。液压系统运行中本身生成的污染物。例如腐蚀剥落的金属颗粒、油液老化后的胶状生成物等。

2. 污染的危害

（1）堵塞滤油器，使泵吸油困难，产生噪声。

（2）堵塞元件的微小孔道和缝隙，使元件动作失灵；加速零件的磨损，使元件不能正常工作；擦伤密封件，增加泄漏量。

（3）水分和空气的混入使液压油的润滑能力降低并使它加速氧化变质；产生气蚀，使液压元件加速腐蚀；使液压系统出现振动，爬行等现象。

（二）污染的控制

液压油污染的原因很复杂，而且不可避免。为了延长液压元件的寿命，保证液压系统可靠的工作，实际工作中应采取以下措施：

（1）使液压油使用前保持清洁。

（2）使液压系统在装配后和运转前保持清洁。

（3）使液压油在工作中保持清洁。

（4）采用合适的过滤器。

（5）定期更换液压油。

（6）控制液压油的工作温度。

第二节　液体静力学

液体静力学的任务就是研究平衡液体内部的压力分布规律；确定静压力对固体壁面的作用力；以及上述规律在工程上的应用。

一、液体静压力及其特性

1. 液体静压力

作用在液体上的力有两种：质量力和表面力。质量力即液体自身的重力，作用于液体的所有质点上；表面力可以是其他物体作用于液体上的力，也可以是一部分液体对另一部分液体的作用力，它作用于液体的表面上，又有法向力和切向力之分。

静止液体内某处单位面积上承受的法向力称为液体静压力。当液体面积 ΔA 上作用有法向力 ΔF 时，液体某点处的压力为

$$p = \lim_{\Delta A \to 0} \frac{\Delta F}{\Delta A} \tag{2-11}$$

2. 液体静压力的特性

（1）液体的静压力垂直于受压面，方向和该面的内法线方向一致。

（2）静止液体内任一点所受的静压力在各个方向上都相等。

由上述性质可知，静止液体总是处于受压状态，并且其内部的任何质点都是受平衡压力作用的。

二、液体静力学基本方程

图 2-2 所示为在重力作用下静止液体的受力情况。密度为 ρ 的静止液体，表面受压力为 p_0，自液面向下取高度为 h 的微小圆柱体，底面积为 ΔA，由于液柱处于平衡状态，于是有

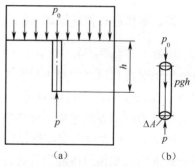

图 2-2　重力作用下压力分布

$$p\Delta A = p_0 \Delta A + \rho g h \Delta A$$

由此得

$$p = p_0 + \rho g h \tag{2-12}$$

上式称为液体静力学基本方程式。由上式可知，重力作用下的静止液体，其压力分布有如下特点：

（1）静止液体内任一点处的压力由两部分组成：一部分是液面上的压力 p_0，另一部分是液柱自重产生的压力 $\rho g h$。

（2）静止液体内的压力随液体深度 h 呈线性规律分布。

（3）深度相同的各点组成一个水平等压面，即静止液体内同一深度的各点压力相等。

从本例可以看出，液体在受到外界压力作用的情况下，由液体自重所形成的那部分压力 $\rho g h$ 相对很小，在液压传动系统中可以忽略不计，因而可以近似地认为液体内部各处的压力是相等的。以后在分析液压传动系统的压力时，一般都采用此结论。

三、液体压力的表示方法和单位

1. 液体压力的表示方法

压力有两种表示方法，即绝对压力和相对压力。以绝对真空为基准来进行度量的压力叫做绝对压力；以大气压为基准来进行度量的压力叫做相对压力。大多数测压仪表都受大气压的作用，所以仪表指示的压力都是相对压力。故相对压力又称为表压。在液压与气压传动中，如不特别说明，所提到的压力均指相对压力。

$$相对压力 = 绝对压力 - 大气压力$$

如果液体中某点处的绝对压力小于大气压力，比大气压小的那部分数值称为这点的真空度。

$$真空度 = 大气压力 - 绝对压力$$

由图 2-3 所示的绝对压力、相对压力和真空度之间的关系可知，以大气压为基准计算压力时，基准以上的正值是表压力；基准以下的负值就是真空度。

2. 液体压力的单位

在工程实践中用来衡量压力的单位很多，最常用的有以下三种：

（1）用单位面积上的力来表示：国际单位制中的单位为 Pa（N/m²）、MPa，其换算关系为

$$1\ MPa = 10^6\ Pa$$

（2）用（实际压力相当于）大气压的倍数来表示：在液压传动中使用的是工程大气压，记做 at，其换算关系为

$$1\ at = 1\ kgf/cm^2$$

（3）用液柱高度来表示：由于液体内某一点处的压力与它所在位置的深度成正比，因此

亦可用液柱高度来表示其压力大小。单位为 m 或 cm。这三种单位之间的换算关系为

$$1 \text{ at} = 9.8 \times 10^4 \text{ Pa} = 10 \text{ m}(H_2O) = 760 \text{ mm}(Hg)$$

四、液体静压传递原理（帕斯卡原理）

由静力学基本方程 $p = p_0 + \rho g h$ 可知，密闭容器中的液体，其外加压力发生变化时，只要液体仍保持其原来的静止状态不变，液体中任一点的压力将会发生相同大小的变化，即如果 p_0 增加 Δp 值，则液体中任一点的压力均将增加同一数值 Δp。也就是说，施加于静止液体上的压力可以等值地传到液体中的各点，这就是液体静压传递原理，或称帕斯卡原理。

图 2-4 所示为应用液体静压传递原理的实例。活塞上的作用力 F 是外加负载，A 为活塞横截面面积，根据液体静压传递原理，容器内液体的压力 p 与负载 F 之间总是保持着正比关系，即

$$p = \frac{F}{A}$$

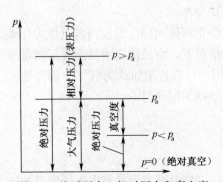

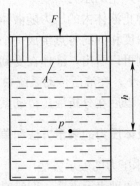

图 2-3　绝对压力、相对压力和真空度　　　　图 2-4　静止液体内的压力

可见，液体内的压力是由外界负载作用所形成的，即系统的压力大小取决于负载，这是液压传动中的一个非常重要的基本概念。

图 2-5 所示为液体静压传递原理的应用实例，根据液体静压传递原理，外力产生的压力在两缸中相等，即

$$\frac{F}{\frac{\pi}{4}d^2} = \frac{G}{\frac{\pi}{4}D^2}$$

故为了顶起重物，应在小活塞上加的力为

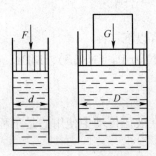

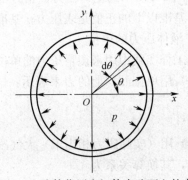

图 2-5　液体静压传递原理应用实例　　　　图 2-6　液体作用在缸体内壁面上的力

$$F = \frac{d^2}{D^2} G$$

本例说明了液压千斤顶等液压起重机械的工作原理，体现了液压装置的力的放大作用。

五、液体静压力作用在固体壁面上的力

忽略液体自重所产生的压力，则作用在固体壁面上的压力是均匀分布的，液体作用在固体壁面上的力为静压作用力的总和。当固体壁面为一平面时，静止液体对该平面的总作用力 F 等于液体压力 p 与该平面面积 A 的乘积，其方向与该平面垂直，即

$$F = pA \tag{2-13}$$

当承受压力的表面为曲面时，由于压力总是垂直于承受压力的表面，所以作用在曲面上各点的力不平行但相等。作用在曲面上的液压作用力在某一方向 x 上的分力 F_x 等于静压力 p 与曲面在该方向投影面积 A 的乘积，即

$$F_x = pA_x \tag{2-14}$$

第三节　液体动力学

液体动力学主要讨论液体流动时的运动规律、能量转换和流动液体对固体壁面的作用力等问题。本节具体要介绍液体流动时的三大基本方程：连续性方程、伯努利方程（能量方程）和动量方程。这三大方程对解决液压技术中有关液体流动的各种问题极为重要。

一、基本概念

1. 理想液体

既无黏性又不可压缩的假想液体称为理想液体。而把实际上既有黏性又可压缩的液体称为实际液体。

2. 稳定流动

液体流动时，液体中任一点的压力、速度和密度都不随时间而变化，这种流动称为稳定流动，也叫恒定流动；反之，只要压力、密度和速度有一个随时间发生变化，这种流动称为非稳定流动。

3. 流线、流束、通流截面

（1）流线：用来表示某一瞬时一群流体质点的流速方向的曲线。即流线是一条空间曲线，其上各点处的瞬时流速方向与该点的切线方向重合。

（2）流束：过空间一封闭曲线围成曲面上各点画出流线，这些流线所组成的流线束，称为流束。

（3）通流截面：流束中与所有流线正交的截面称为通流截面。即通流截面就是流束的垂直横截面。通流截面可能是平面，也可能是曲面。在图 2-7 所示的图示中，A 和 B 均为通流截面。

4. 流量和平均流速

（1）流量：单位时间内流过通流截面的流体体积。用 q 表示，其国际单位为 m^3/s，在工程上的单位为 L/min。

在管道中，由于流体具有黏性，在流通截面上各点的流速 u 并不相同，如图 2-8 所示。

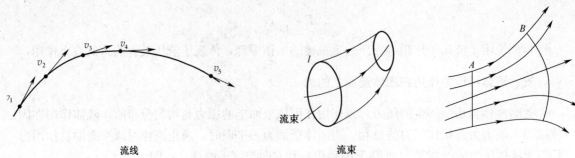

图 2-7　流线、流束和通流截面

在计算整个通流截面的流量时，从通流截面上取一微小面积 dA，通过该微小截面 dA 的流量为 $dq = u\,dA$，则流过整个通流截面的流量 q 为

$$q = \frac{V}{t} = \int_A u\,dA \tag{2-15}$$

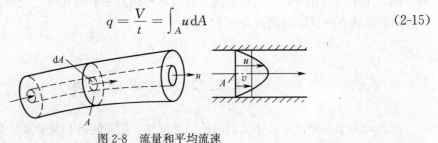

图 2-8　流量和平均流速

（2）平均流速：流量 q 与通流断面面积 A 的比值，叫做这个通流断面上的平均流速。即

$$v = \frac{q}{A} \tag{2-16}$$

5. 流动状态

流体的能量损失与流体的流动状态有密切的关系。实际流体运动存在着两种状态，即层流和紊流。

（1）层流：液体的流动呈线性或层状，各层之间互不干扰。即只有纵向运动。

（2）紊流：液体质点的运动杂乱无章，除了有纵向运动外，还存在着剧烈的横向运动。

可以通过雷诺实验观察层流和紊流现象。

雷诺实验的装置如图 2-9 所示。水箱 1 由进水管不断供水，并保持水箱水面高度恒定。水杯 5 内盛有红颜色水，将开关 6 打开后，红色水即经细导管 2 流入水平玻璃管 3 中。调节阀门 4 的开度，使玻璃管中的液体缓慢流动，这时，红色水在玻璃管 3 中呈一条明显的直线，这条红线和清水不相混杂，这表明管中的液流是分层的，层与层之间互不干扰，液体的这种流动状态称为层流。调节阀门 4 使玻璃管 3 中的液体流速逐渐增大，当流速增大至某一值时，可看到红线开始抖动而呈波纹状，这表明层流状态受到破

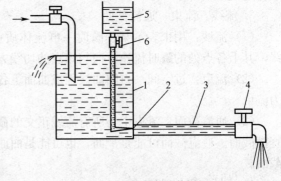

图 2-9　雷诺实验装置

1—水箱；2—细导管；3—玻璃管；

4—调节阀门；5—水杯；6—开关

坏，液流开始紊乱。若使管中流速进一步增大，红色水流便和清水完全混合，红线便完全消失，这表明管道中液流完全紊乱，这时液体的流动状态称为紊流。如果将阀门 4 逐渐关小，就会看到相反的过程。

6. 雷诺数 Re

雷诺通过大量实验证明，液体在圆管中的流动状态不仅与管内的平均流速 v 有关，还和管道内径 d、液体的运动黏度 ν 有关。实际上，判定液流状态的是上述三个参数所组成的一个无量纲数 Re，即

$$Re=\frac{vd}{\nu}\tag{2-17}$$

Re 为雷诺数，即对通流截面相同的管道来说，若雷诺数 Re 相同，它的流动状态就相同。

液流由层流转变为紊流时的雷诺数和由紊流转变为层流的雷诺数是不同的，后者的数值较前者小，所以一般都用后者作为判断液流流动状态的依据，称为临界雷诺数，记作 Re_c。当液流的实际雷诺数 Re 小于临界雷诺数 Re_c 时，为层流；反之，为紊流。常见液流管道的临界雷诺数由实验求得，其数值如表 2-3 所示。

表 2-3　常见液流管道的临界雷诺数

管　　道	Re_c	管　　道	Re_c
光滑金属圆管	2 320	带环槽的同心环状缝隙	700
橡胶软管	1 600～2 000	带环槽的偏心环状缝隙	400
光滑的同心环状缝隙	1 100	圆柱形滑阀阀口	260
光滑的偏心环状缝隙	1 000	锥阀阀口	20～100

二、连续性方程

连续性方程是质量守恒定律在流体力学中的表达形式。

图 2-10 所示为液体的连续性原理。液体在管道中作恒定流动，任取两通流截面 1 和 2 之间的管道部分为控制体积。设截面 1 和 2 的面积分别为 A_1 和 A_2，平均流速分别为 v_1 和 v_2，液体的密度分别为 ρ_1 和 ρ_2，根据质量守恒定律，在单位时间内通过两通流截面的液体质量相等，则

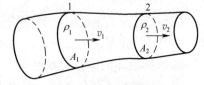

图 2-10　液体的连续性原理

$$\rho_1 v_1 A_1 = \rho_2 v_2 A_2$$

忽略液体的可压缩性时，$\rho_1 = \rho_2$，可得

$$v_1 A_1 = v_2 A_2 = q = 常量 \tag{2-18}$$

这就是液体的连续性方程。其说明了流过各截面的不可压缩性流体的流量是相等的，而液流的平均流速和管道通流截面的大小成反比。

三、伯努利方程

伯努利方程表明了液体流动时的能量关系。是能量守恒定律在流动液体中的具体体现。

1. 理想液体的伯努利方程

图 2-11 所示为理想流体伯努利方程的推导。假设管道内液体为理想液体，并做稳定流动。任取一段液流 ab 作为研究对象，设两断面中心到基准面 O—O 的高度分别为 h_1 和 h_2，两通流截面的面积分别为 A_1 和 A_2，压力分别为 p_1 和 p_2，断面上的流速均匀分布，分别为 v_1 和 v_2。设经过单位时间 Δt 后，ab 段液体移动到 $a'b'$ 位置。

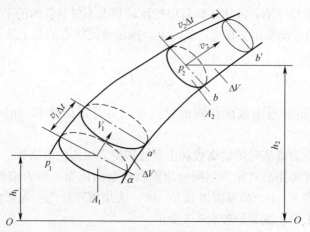

图 2-11　理想液体伯努利方程的推导

则液体能量的变化量为

$$\Delta E_{位} = \Delta mg(h_2 - h_1) = \rho \Delta Vg(h_2 - h_1)$$

$$\Delta E_{动} = \frac{1}{2}\Delta m(v_2^2 - v_1^2) = \frac{1}{2}\rho \Delta V(v_2^2 - v_1^2)$$

根据能量守恒定律 $W = \Delta E_{位} + \Delta E_{动}$，可得

$$(p_1 - p_2)\Delta V = \rho \Delta Vg(h_2 - h_1) + \frac{1}{2}\rho \Delta V(v_2^2 - v_1^2)$$

整理后得出理想液体的伯努利方程，即

$$p_1 + \rho gh_1 + \frac{1}{2}\rho v_1^2 = p_2 + \rho gh_2 + \frac{1}{2}\rho v_2^2 \tag{2-19}$$

理想流体定常流动时，流束任意截面处的总能量均由位能、压力能和动能组成。三者之和为定值，这正是能量守恒定律的体现。

2. 实际液体的伯努利方程

由于实际液体存在黏性，管道内通流截面上流速分布不均匀，用平均流速代替实际流速，存在动能误差，为此引入动能修正系数 α。又因为液体内各质点存在内摩擦，与管道壁面存在摩擦，管道局部形状与尺寸变化等都要消耗能量，因此实际液体流动存在能量损失 Δp_w。因此实际液体的伯努利方程为

$$p_1 + \rho gh_1 + \frac{1}{2}\rho \alpha_1 v_1^2 = p_2 + \rho gh_2 + \frac{1}{2}\rho \alpha_2 v_2^2 + \Delta p_w \tag{2-20}$$

式中　α——动能修正系数，当紊流时，$\alpha = 1$；层流时，$\alpha = 2$。

3. 应用伯努利方程时的注意事项

(1) 两断面需顺流向选取，否则 Δp_w 为负值。

(2) 选取适当的水平基准面。

(3) 两断面的压力表示应相同，即同为相对压力或同为绝对压力。

【例 2-1】一容器内盛有油液，如图 2-12 所示。已知油的密度 $\rho = 900 \text{ kg/m}^3$，活塞上的

作用力 $F = 1\,000$ N，活塞的面积 $A = 1 \times 10^{-3}$ m²，假设活塞的重量忽略不计。试问活塞下方深度为 $h = 0.5$ m 处的压力等于多少？

解：活塞与液体接触面上的压力为

$$p_0 = \frac{F}{A} = \frac{1\,000}{1 \times 10^{-3}} = 10^6 \ (\text{N/m}^2)$$

根据式（2-12）可得，深度为 h 处的液体压力为

$$p = p_0 + \rho g h = (10^6 + 900 \times 9.8 \times 0.5) \ \text{N/m}^2$$
$$= 1.004\,4 \times 10^6 \ \text{Pa} \approx 10^6 \ \text{Pa}$$

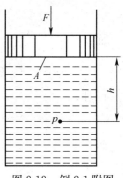

图 2-12　例 2-1 附图

【例 2-2】 图 2-13 所示为一液压泵的安装高度 $H = 0.5$ m，泵出口流量为 $q_v = 40$ L/min，吸油管直径 $d = 40$ mm，设液压油运动黏度为 $\nu = 40$ mm²/s，密度 $\rho = 900$ kg/m³，不计能量损失。试计算液压泵吸油口处真空度。

解：（1）计算吸油管内液体流速 v：

$$v = \frac{q_v}{A} = \frac{q_v}{\pi \left(\dfrac{d}{2}\right)^2} = \frac{40 \times 10^{-3}}{60} \times \frac{1}{3.14 \times (0.04)^2}$$
$$= 0.53 \ (\text{m/s})$$

（2）计算实际雷诺数 Re_1

$$Re = \frac{vd}{\nu} = 530 < Re_c$$

故液体为层流

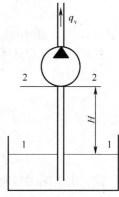

（3）如图取液面 1—1、泵吸油口截面 2—2 并列伯努利方程：

图 2-13　例 2-2 附图

$$p_1 + \rho g h_1 + \frac{1}{2} \rho \alpha_1 v_1^2 = p_2 + \rho g h_2 + \frac{1}{2} \rho \alpha_2 v_2^2 + \Delta p_w$$

取相对压力计算，并代入数值得

$$p_2 = -4\,663 \ \text{Pa}$$

所以泵吸油口处真空度为 4 663 Pa。

注：液压泵吸油口处的真空度是油箱液面压力与吸油口处压力之差。液压泵吸油口处的真空度不能太大，实践中一般要求液压泵的吸油口的高度 h 不超过 0.5 m。

四、动量方程

由理论力学可知，任意质点系运动时，其动量对时间的变化率等于作用在该质点系上全部外力的合力。我们用矢量 I 表示质点系的动量。而用 $\sum F_i$ 表示外力的合力。则有

$$\frac{\mathrm{d}\vec{I}}{\mathrm{d}t} = \sum \vec{F}_i \tag{2-21}$$

现在我们考虑理想流体沿流束的定常流动。图 2-14 所示为动量方程的推导。设流束段 12 经 $\mathrm{d}t$ 时间运动到 $1'2'$，由于流动是定常的，因此流束段 12 在 $\mathrm{d}t$ 时间内在空间的位置、形状等运动要素都没有改变。故经 $\mathrm{d}t$ 时间，流束段 12 的动量改变为

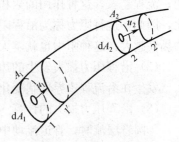

图 2-14　动量方程推导

$$d\vec{I} = \vec{I}_{1'2'} - \vec{I}_{12} = \vec{I}_{22'} - \vec{I}_{11'} \tag{2-22}$$

而：

$$\vec{I}_{22'} = \int_{A_2} \rho u_2 dt \cdot dA_2 \cdot \vec{u}_2 = \rho dt \int_{A_2} u_2^2 dA_2 = \rho dt \beta_2 v_2^2 A_2 = \rho q\, dt \beta_2 \vec{v}_2$$

同理：

$$\vec{I}_{11'} = \rho q dt \beta_1 \vec{v}_1$$

故：

$$d\vec{I} = \rho q dt (\beta_2 \vec{v}_2 - \beta_1 \vec{v}_1)$$

式中　β_1、β_2——断面 1 和 2 上的动量修正系数。

由式（2-21）得到

$$\sum \vec{F} = \rho q (\beta_2 \vec{v}_2 - \beta_1 \vec{v}_1) \tag{2-23}$$

式中　$\sum F$——作用在该流束段上所有质量力和所有表面力之和。

此式即为理想流体定常流动的动量方程。此式为矢量形式，在使用时应将其化成标量形式（投影形式）：

$$\rho q (\beta_2 v_{2x} - \beta_1 v_{1x}) = \sum F_x \tag{2-24}$$

$$\rho q (\beta_2 v_{2y} - \beta_1 v_{1y}) = \sum F_y \tag{2-25}$$

$$\rho q (\beta_2 v_{2z} - \beta_1 v_{1z}) = \sum F_z \tag{2-26}$$

注：由 1 断面指向 2 断面的力取为"＋"。

由 2 断面指向 1 断面的力取为"－"。

第四节　液体流动中的压力损失

液压传动中，由于液体和管道的摩擦以及液体的黏性，使得液压油在流动时存在阻力，而克服阻力要消耗能量，因此产生能量损失。能量的损失主要表现为压力的损失，也就是实际液体伯努利方程中的 Δp_w。压力损失造成功率消耗增加，油液发热，泄漏增加，系统效率下降，性能破坏。可将压力损失分为沿程压力损失和局部压力损失两种。

一、沿程压力损失 Δp_λ

（1）沿程压力损失产生的原因：黏性。主要是由于流体与壁面、流体质点与质点间存在着摩擦力，阻碍着流体的运动，这种摩擦力是在流体的流动过程中不断地作用于流体表面的。流程越长，这种作用的累积效果也就越大。也就是说这种阻力的大小与流程的长短成正比，因此，这种阻力称为沿程阻力。由于沿程阻力是直接由流体的黏性引起的，因此，流体的黏性越大，这种阻力也就越大。

（2）沿程压力损失发生的边界

发生在沿流程边界形状变化没有很大的区域，一般在缓变流区域。如直管段。

（3）沿程压力损失的计算

①圆管层流时，管道流动中的沿程压力损失 Δp_λ 与管长 l、管径 d、平均流速 v 的关系如下：

$$\Delta p_\lambda = \lambda \frac{l}{d} \frac{\rho v^2}{2} \qquad (2\text{-}27)$$

式中　λ——沿程阻力系数。

金属管应取 $\lambda = 75/Re$，橡胶管应取 $\lambda = 80/Re$。

②紊流时，计算沿程压力损失时，λ 系数一般由实验得出，也可以查阅相关液压手册。

二、局部阻力、局部压力损失 Δp_ξ

（1）产生的原因：流态突变。在流态发生突变地方的附近，质点间发生撞击或形成一定的旋涡，由于黏性作用，质点间发生剧烈地摩擦和动量交换，必然要消耗流体的一部分能量。这种能量的消耗就构成了对流体流动的阻力，这种阻力一般只发生在流道的某一个局部，因此叫做局部阻力。实验表明，局部阻力的大小主要取决于流道变化的具体情况，而几乎和流体的黏性无关。

（2）发生的边界：发生在流道边界形状急剧变化的地方，一般在急变流区域。如弯管、过流截面突然扩大或缩小、阀门等处。

（3）局部压力损失的计算：由大量的实验可知，Δp_ξ 与流速的平方成正比，即

$$\Delta p_\xi = \xi \frac{\rho v^2}{2} \qquad (2\text{-}28)$$

式中　ξ——局部阻力系数，一般由实验确定，也可查阅相关液压手册。

流体流过各种阀类的局部压力损失也可以用式（2-28）计算。但因阀内的通道结构复杂，按此公式计算比较困难，故阀类元件局部压力损失 Δp_v 的实际计算常用下列公式：

$$\Delta p_v = \Delta p_n \left(\frac{q}{q_n} \right)^2 \qquad (2\text{-}29)$$

式中　q_n——阀的额定流量；

　　　q——通过阀的实际流量；

　　　Δp_n——阀在额定流量 q_n 下的压力损失（可从阀的产品样本或设计手册中查出）。

三、管路中的总的压力损失

整个管路系统的总压力损失应为所有沿程压力损失和所有局部压力损失之和，即

$$\sum \Delta p = \sum \Delta p_\lambda + \sum \Delta p_\xi + \sum \Delta p_v = \sum \lambda \frac{l}{d} \frac{\rho v^2}{2} + \sum \xi \frac{\rho v^2}{2} + \sum \Delta p_n \left(\frac{q}{q_n} \right)^2 \qquad (2\text{-}30)$$

从计算压力损失的公式可以看出，减小流速、缩短管道长度、减少管道截面的突变、提高管道内壁的加工质量等，都可以使压力损失减小。其中以流速的影响为最大，故液体在管路系统中的流速不应过高。但流速太低，也会使管路和阀类元件的尺寸加大，并使成本增高。

【例 2-3】 液压泵从一个大容积的油池中吸油，流量 $q = 144$ L/min，油液黏度为 $\nu = 45 \times 10^{-6}$ m²/s，密度 $\rho = 900$ kg/m³，油液的空气分离压为 2×10^4 Pa，吸油管长度 $l = 10$ m，直径 $d = 40$ mm。如果只考虑管中的摩擦损失，试求泵在油箱液面以上的最大允许安装高度 H。

解： 管中液流速度：$v = \dfrac{4q}{\pi d^2} = \dfrac{4 \times 144 \times 10^{-3}}{60 \times \pi \times 40^2 \times 10^{-6}} = 1.91$ m/s

液流雷诺数：$Re=\dfrac{vd}{\nu}=\dfrac{1.91\times40\times10^{-3}}{45\times10^{-6}}=1\,698.5<2\,320$　　故 $\alpha=2$

沿程压力损失：

$$\Delta p_\lambda=\lambda\frac{l}{d}\frac{\rho v^2}{2}=\frac{75}{Re}\frac{l}{d}\frac{\rho v^2}{2}$$

$$=\frac{75}{1\,698.5}\times\frac{10}{40\times10^{-3}}\times\frac{900\times1.91^2}{2}\ \text{Pa}=18\,122\ \text{Pa}$$

对油箱液面和泵吸油腔截面列伯努利方程：

$$p_1+\rho gh_1+\frac{1}{2}\rho\alpha_1 v_1^2=p_2+\rho gh_2+\frac{1}{2}\rho\alpha_2 v_2^2+\Delta p_\lambda$$

由于油箱容积很大，且是敞开的，所以 $p_1=p_a$，$v_1=0$，$h_1=0$，$p_2=2\times10^4$ Pa，$h_2=H$，$\alpha_2=\alpha$，$v_2=v$，$p_a=p_2+\rho gH+\rho v^2+\Delta p_\lambda$

则泵的最大安装高度：

$$H=\frac{p_a-p_2-\rho v^2-\Delta p_\lambda}{\rho g}=\frac{100\,000-20\,000-900\times1.91^2-18\,122}{900\times9.8}\ \text{m}=6.64\ \text{m}$$

第五节　小孔和缝隙流量

一、小孔流量

在液压流动中，主要利用液流流经小孔作为节流装置。如用节流阀来实现对流量和压力的控制。小孔常分为薄壁小孔、细长小孔、短孔三种。

1. 薄壁小孔

当小孔的通流长度 l 与孔径 d 之比 $l/d\le0.5$ 时，称为薄壁小孔。其流量公式为

$$q=C_dA_T\sqrt{\frac{2}{\rho}\Delta p}\qquad(2\text{-}31)$$

式中　C_d——小孔流量系数，通常 $C_d\approx0.6\sim0.8$；

　　　A_T——孔口面积；

　　　Δp——小孔前后压差。

2. 细长小孔

当小孔的长度 l 与孔径 d 之比 $l/d>4$ 时，称为细长小孔。流经细长小孔的液流，由于黏性的影响，流动状态一般为层流，所以细长小孔的流量可用液流经圆管的流量公式，即

$$q=\frac{\pi d^4}{128\mu l}\Delta p$$

从此式可看出，液流经过细长小孔的流量和孔前后压差 Δp 成正比，而和液体黏度 μ 成反比，因此流量受液体温度影响较大，这与薄壁小孔有所不同。

纵观各小孔流量公式，可以归纳出一个通用公式：

$$q=CA_T\Delta p^m\qquad(2\text{-}32)$$

式中　C——由孔口的形状、尺寸和液体性质决定的系数，对于细长小孔：$C=d^2/(32\mu l)$；

　　　　　　对于薄壁小孔和短孔：$C=C_d\sqrt{2/\rho}$；

　　　A_T——孔口的过流断面面积；

　　　Δp——孔口两端的压力差；

　　m——由孔口的长径比决定的指数，薄壁小孔 $m=0.5$；细长小孔 $m=1$。

　　孔口的流量通用公式（见式 2-32）常用于分析孔口的流量压力特性。

　　3. 短孔

　　当 $0.5 < l/d \leqslant 4$ 时，称为短孔，由于短孔加工比薄壁小孔容易得多，因此短孔常用做固定节流器，其流量公式同薄壁小孔，但一般取 C_d 为 0.82。

二、缝隙流量

　　在液压系统中，各元件表面之间存在配合间隙，间隙过大，当液流流过时，会产生油液泄漏。泄漏的原因主要是由压力差和相对运动造成的。常见的缝隙形式包括两个平行平面形成的平板缝隙和两个圆环缝隙。

　　1. 平行平板缝隙流量

　　（1）固定平行平板缝隙流量。设两固定平行平板间隙高度为 h，液流方向长度为 l，宽度为 b，缝隙两端的压力差为 Δp，则液流流经固定平行平板缝隙的流量为

$$q = \frac{h^3 b}{12 \mu l} \Delta p \tag{2-33}$$

　　（2）运动平行平板缝隙流量。设一平板固定，另一平板以速度 v 作相对运动，而缝隙两端无压力差时，缝隙之间的液体流动称为剪切流量；当缝隙两端有压力差 Δp 时，缝隙之间的液体流动称为压差剪切流。则液流流经运动平行平板缝隙的流量为固定平行平板缝隙的流量与剪切流量之和，即

$$q = \frac{h^3 b}{12 \mu l} \Delta p \pm \frac{v}{2} bh \tag{2-34}$$

　　上式中，平板运动速度与压力差作用下的液体流向相同时取"＋"号，相反时取"－"号。

　　2. 圆环缝隙流量

　　在液压元件中，某些相对运动零件，如柱塞与柱塞孔，阀芯与阀体孔之间的间隙为圆环缝隙。根据两者是否同心可将其分为同心圆环缝隙和偏心圆环缝隙两种。

　　（1）同心圆环缝隙。图 2-15 所示为同心圆环缝隙，如果将环形缝隙沿圆周方向展开，就相当于一个平行平板缝隙。因此只要将 $b = \pi d$ 代入平行平板缝隙流量公式就可以得到同心圆环缝隙的流量公式，即

$$q = \frac{\pi d h^3}{12 \mu l} \Delta p \pm \frac{\pi d h}{2} u_0 \tag{2-35}$$

　　若无相对运动，即 $u_0 = 0$，则同心圆环缝隙的流量公式为

$$q = \frac{\pi d h^3}{12 \mu l} \Delta p \tag{2-36}$$

　　（2）偏心圆环缝隙。如图 2-16 所示把偏心圆环缝隙简化为平行平板缝隙，然后利用平行平板缝隙的流量公式进行积分，就得到了偏心圆环缝隙的流量公式：

$$q = \frac{\pi d h^3 \Delta p}{12 \mu l} (1 + 1.5 \varepsilon^2) \pm \frac{\pi d h}{2} u_0 \tag{2-37}$$

式中　h——内外圆同心时半径方向的缝隙高度；

　　　　ε——相对偏心率，即内外圆偏心距 e 和同心圆环间隙高度 h 的比值，$\varepsilon = e/h$；

　　　　e——偏心距。

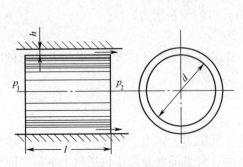

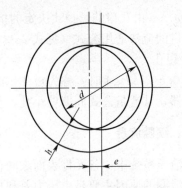

图 2-15　同心圆环缝隙间液流　　　　　　图 2-16　偏心圆环缝隙间液流

当内外圆之间没有轴向相对移动时，即 $u_0 = 0$ 时，其流量为

$$q = \frac{\pi d h^3 \Delta p}{12 \mu l}(1 + 1.5\varepsilon^2) \tag{2-38}$$

由上式可以看出，当 $\varepsilon = 0$ 时，它就是同心圆环缝隙的流量公式；当偏心距 $e = h$，即 $\varepsilon = 1$（最大偏心状态）时，其通过的流量是同心圆环缝隙流量的 2.5 倍。因此在液压元件中，有配合的零件应尽量使其同心，以减小缝隙泄漏量。

第六节　空穴现象和液压冲击

在液压传动中，空穴现象和液压冲击都会给液压系统的正常工作带来不利影响，因此需要了解这些现象产生的原因，并采取相应的措施以减少其危害。

一、空穴现象

在流动的液体中，液压油中都会含有一定量的空气，如果液压系统某处的压力低于空气分离压时，原本溶解于液体中的空气就会分离出来，使液体中产生大量的气泡；如果液体中的压力低于饱和蒸气压力时，液体本身将快速汽化，产生大量的蒸气泡。这些现象，称为空穴现象。

空穴现象多发生在阀口和液压泵的进口处。由于阀口的通道狭窄，液流的速度增大，压力下降，容易产生空穴现象；当泵的安装高度过高，吸油管直径太小，吸油管阻力太大或泵的转速过高，都会造成进口处真空度过大，产生空穴现象。此外，惯性大的油缸和马达突然停止或换向时，也会产生空穴现象。

1. 空穴现象的危害

（1）降低了液压油的润滑性能；

（2）使液压油的压缩性增大（使液压系统的容积效率降低）；

（3）破坏系统的压力平衡、产生强烈的振动和噪声；

（4）加速液压油的氧化；

（5）产生"气蚀"和"气塞"现象。

①气蚀：溶解于液压油中的气泡随液流进入高压区后急剧破灭，高速冲向气泡中心的高压油互相撞击，将动能转化为压力能和热能，使局部产生高温高压。如果发生在金属表面

上，则加剧金属的氧化腐蚀，使镀层脱落，形成麻坑，这种由空穴现象引起的损坏，称为气蚀。

②气塞：溶解于液压油中的气泡分离出来以后，互相聚合，形成具有一定体积的气泡，导致流量的不连续。当气泡达到管道最高点时，会造成断流。这种现象称为气塞。

2. 减少空穴现象的措施

空穴现象的产生，对液压系统是非常不利的，必须加以预防。一般采取如下一些措施：

（1）减小阀孔或其他元件通道前后的压力差，即压力比 $p_1/p_2 < 3$。

（2）尽量降低液压泵的吸油高度，采用内径较大的吸油管并少用弯头，吸油管端的过滤器容量要大，以减少管道阻力。必要时可采用辅助泵供油。

（3）各元件的连接处要密封可靠，防止空气进入。

（4）对容易产生气蚀的元件，如泵的配油盘等，应采用抗腐蚀能力强的金属材料，增强元件的机械强度。

二、液压冲击

在输送液体的管路中，由于流速的突然变化，常伴有压力的急剧增大或降低，并产生强烈的振动和剧烈的撞击声。这种现象称为液压冲击。

1. 液压冲击的危害

（1）使系统产生振动和噪声；

（2）使管接头松动，密封装置破坏，产生泄漏；

（3）使某些工作元件产生误动作；

（4）在压力降低时，会产生空穴现象。

2. 液压冲击产生的原因

在阀门突然关闭和换向，或运动部件的制动等情况下，液体在系统中的流动会突然受阻。这时，由于液流的惯性作用，液体就从受阻端开始，迅速将动能逐层转换为压力能，因而产生了压力冲击波；此后，这个压力波又从该端开始反向传递，将压力能逐层转化为动能，这使得液体又反向流动；然后，在另一端又再次将动能转化为压力能，如此反复地进行能量转换。压力波的迅速往复传播，便在系统内形成压力振荡。振荡过程，因液体受到内摩擦力以及液体和管壁的弹性作用不断消耗能量，才使振荡过程逐渐衰减而趋向稳定。

3. 减小液压冲击的措施

分析前面各式中 Δp 的影响因素，可以归纳出减小液压冲击的主要措施有以下几点：

（1）延长阀门关闭和运动部件制动、换向的时间。

（2）正确设计阀口，限制管道流速及运动部件的速度，使运动部件制动时的速度变化比较均匀。

（3）加大管径或缩短管道长度。加大管径不仅可以降低流速，而且可以减少压力冲击波的速度；缩短管道长度的目的是减小压力冲击波的传播时间。

（4）设置缓冲用蓄能器或用橡胶软管增加系统弹性。

（5）安装安全阀。

习　题

1. 填空题

(1) 液体流动时，_____的性质，称为液体的黏性。其大小用_____表示，常用的黏度为_____、和_____、_____。

(2) 液体的动力黏度 μ 与其密度 ρ 的比值称为_____，用符号_____表示。

(3) 各种矿物油的牌号就是该种油液在 40 ℃时的_____的平均值。

(4) 液体受压力作用发生体积变化的性质称为液体的_____，一般可认为液体是_____，在_____和_____时，应考虑液体的可压缩性。

(5) 液压系统的工作压力取决于_____。

(6) 液体作用于曲面某一方向上的力，等于液体压力与_____的乘积。

(7) 在研究流动液体时，将既_____又_____的假想液体称为理想液体。

(8) 单位时间内流过某过流断面液体的_____称为_____，其国际单位为_____，常用单位为_____。

(9) 当液压缸的有效面积一定时，活塞的运动速度由_____决定。

(10) 液体的流动状态用_____来判断，其大小与管内液体的_____、_____和管道的_____有关。

(11) 流经圆环缝隙的流量，在最大偏心时为其同心圆环缝隙流量的_____倍。

2. 问答题

(1) 什么是液压油的黏度？影响黏度的因素有哪些？

(2) 液压油有哪几种类型？液压油的牌号与黏度有什么关系？如何选用液压油？

(3) 什么是相对压力？什么是绝对压力？什么是真空度？三者之间的关系如何？

(4) 说明伯努利方程的物理意义并指出其应用时应注意的问题？

3. 计算题

(1) 已知 $D=250$ mm，$d=100$ mm，$F=80$ kN，不计油液自重产生的压力，求图 2-17 所示的两种情况下液压缸中液体的压力。

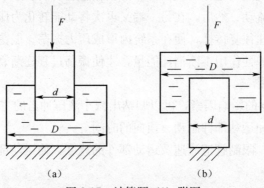

图 2-17　计算题 (1) 附图

(2) 图 2-18 所示为盛满水的各容器，已知 $F=5$ kN，$d=1$ m，$h=1$ m，$\rho=1\,000$ kg/m³，试求：

①各容器底面所受到的压力及总作用力；

②若 $F=0$，各容器底面所受的压力及总作用力。

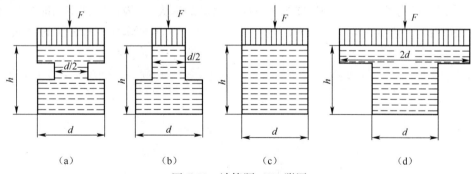

图 2-18　计算题（2）附图

（3）在图 2-19 所示装置中，已知 $d_1=20$ mm，$d_2=40$ mm，$D_1=75$ mm，$D_2=125$ mm，$q=25$ L/min，试求 v_1，v_2，q_1，q_2 的值各为多少？

（4）图 2-20 所示为一水平放置的油管，其截面 1—1、2—2 处的内径分别为 $d_1=5$ mm，$d_2=2$ mm，在管内流动的油液密度 $\rho=900$ kg/m³，运动黏度 $\nu=20$mm²/s。若不计油液流动的能量损失，试求：

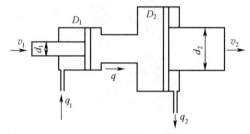

图 2-19　计算题（3）附图

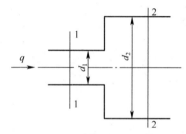

图 2-20　计算题（4）附图

①截面 1—1 和 2—2 哪一处压力较高？为什么？

②若管内通过的流量 $q=30$ L/min，求两截面间的压力差 Δp。

（5）已知液面高度 $H=5$ m，截面 1—1 面积 $A_1=2\,000$ mm²，截面 2—2 面积 $A_2=5\,000$ mm²，液体密度 $\rho=1\,000$ kg/m³，如图 2-21 所示。若不计能量损失，试求孔口的流量以及截面 2—2 处的压力（取 $\alpha=1$，不计损失）。

（6）液压泵安装如图 2-22 所示。已知泵的输出流量 $q=25$ L/min，吸油管直径 $d=25$ mm，泵的吸油口距离油箱液面的高度 $H=0.4$ m。设油的运动黏度 $\nu=20$ mm²/s，密度为 $\rho=900$ kg/m³。若仅考虑吸油管中的沿程损失，试求液压泵吸油口处的真空度。

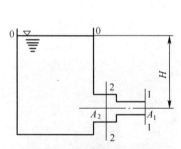

图 2-21　计算题（5）附图

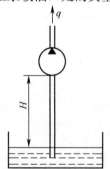

图 2-22　计算题（6）附图

(7) 图 2-23 所示液压泵的流量 $q = 60$ L/min，吸油管的直径 $d = 25$ mm，管长 $l = 2$ m，滤油器的压力差 $\Delta p_\xi = 0.01$ MPa（不计其他局部损失）。液压油在室温时的运动黏度 $\nu = 142$ mm^2/s，密度 $\rho = 900$ kg/m^3，空气分离压 $p_d = 0.04$ MPa。试求泵的最大安装高度 H_{max}。

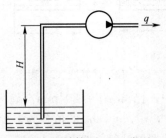

图 2-23　计算题（7）附图

第三章　液压泵和液压马达

一、学习要求

（1）了解泵和马达的分类和结构特点。

（2）掌握泵和马达的工作原理。

（3）掌握泵和马达的性能参数：压力、流量、转速、转矩、功率、容积效率、机械效率、总效率。

（4）掌握限压式变量叶片泵的工作原理。

（5）掌握泵和马达的性能及应用。

二、重点与难点

（一）本章重点

（1）容积式泵的工作原理。

（2）液压泵的性能参数。

（3）常用液压泵和马达的典型结构、工作原理、性能特点及适用场合。

（4）液压泵常见故障及诊断方法。

（二）本章难点

（1）齿轮泵的工作原理及结构特点。

（2）齿轮泵结构中的几个问题。

（3）限压式变量泵的原理及应用。

（4）液压泵常见故障、诊断及排除方法。

第一节　液压泵概述

液压泵是液压系统的能源装置，它把驱动电机的机械能转换为油液的压力能，以满足执行机构驱动外负载的需要。

一、液压泵的基本工作原理

目前液压系统中使用的液压泵，大部分为容积式液压泵，工作时是靠液压密封的工作腔的容积变化来实现吸油和压油。

图 3-1 所示为单柱塞式容积式液压泵工作原理。柱塞 2 是靠偏心凸轮 1 的旋转而左右移动的，当柱塞 2 右移时，密封工作腔 4 容积变大，产生真空，此时，单向阀 6 关闭，油箱中的油液通过单向阀 5 被吸入密封工作腔 4 内；反之，当柱塞 2 左移时，密封工作腔 4 容积变小，腔内的油液压力升高，此时，单向阀 5 关闭，油液便通过单向阀 6 被输送到系统当中

去，偏心凸轮 1 的连续旋转使得泵体不断的吸油和压油。

由此可见，液压泵输出的流量取决于密封工作腔容积变化的大小；泵的输出压力取决于油液从工作腔排出时所遇到的阻力。

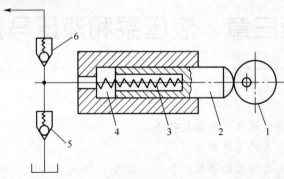

图 3-1　单柱塞式容积式液压泵的工作原理

1— 偏心凸轮；2—柱塞；3—弹簧；4—密封工作腔；5、6—单向阀

根据上述单柱塞式液压泵的工作原理分析，可归纳出一个容积式液压泵必须具备的条件：

(1) 结构上能够形成密封工作腔。

(2) 工作腔能实现周期性的变化。

(3) 应有相应的配流装置，将吸油腔和压油腔分开。

二、液压泵的分类

1. 按泵的输油体积进行分类

按液压泵单位时间内输出油液的体积能否变化可分为定量泵和变量泵。

(1) 定量泵：单位时间内输出的油液体积不能变化。

(2) 变量泵：单位时间内输出油液的体积能够变化。

2. 按泵的结构进行分类

(1) 齿轮泵：分为内啮合齿轮泵和外啮合齿轮泵。

(2) 叶片泵：分为单作用式叶片泵和双作用式叶片泵。

(3) 柱塞泵：分为径向柱塞泵和轴向柱塞泵。

(4) 螺杆泵。

三、液压泵的图形符号

由于液压泵的结构类型很多，其图形符号是以液压泵在转速不变的条件下排出流量大小能否改变来进行分类。画法如图 3-2 所示。

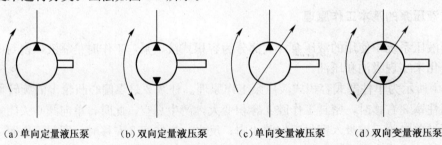

　　(a) 单向定量液压泵　　　(b) 双向定量液压泵　　　(c) 单向变量液压泵　　　(d) 双向变量液压泵

图 3-2　液压泵的图形符号

四、液压泵的主要性能参数

1. 液压泵的压力

液压泵的压力包括工作压力、额定压力和最大压力。

（1）工作压力 p：是指液压泵在实际工作时输出的油液压力，即克服外负载所必须建立起来的压力，其大小取决于外负载。

（2）额定压力 p_n：是指液压泵在正常工作状态下，按试验标准规定的连续运转的最高压力。当液压泵的工作压力超过额定压力时称为过载。一般情况下，额定压力为液压泵出厂时标牌上所标注的压力。

（3）最大压力：是指液压泵在短时间内过载时所允许的极限压力，由液压系统中的安全阀限定。

2. 液压泵的排量

排量 V：是指液压泵在没有泄漏的情况下每转一转所输出的油液的体积。其取决于液压泵密封腔的几何尺寸。

3. 液压泵的流量

液压泵的流量分为理论流量、实际流量和额定流量。

（1）理论流量 q_t：是指液压泵在没有泄漏的情况下单位时间内输出油液的体积，其等于排量和转速的乘积，即 $q_t=Vn$，流量的单位为 m^3/s，工程中也常用 L/min 或 mL/min 来表示。

（2）实际流量 q：是指液压泵在单位时间内实际输出油液的体积。液压泵在有压的情况下，存在着油液的泄漏，使实际输出流量小于理论流量。

（3）额定流量 q_n：是指液压泵在额定转速和额定压力下输出的流量，即在正常工作条件下，按试验标准规定必须保证的流量。

4. 液压泵的功率

液压泵的功率包括输入功率和输出功率。

（1）输入功率 P_i：是指电机驱动液压泵轴的机械功率，它等于输入转矩与角速度的乘积，单位为 W，即

$$P_i=T\omega \tag{3-1}$$

式中　T——液压泵的输入转矩（N·m）；

　　　ω——液压泵的角速度，$\omega=2\pi n$（rad/s）。

（2）输出功率 P_o：是指液压泵输出的液压功率，它等于泵输出的压力与输出流量的乘积，单位为 W，即

$$P_o=pq \tag{3-2}$$

式中　p——液压泵的输出压力（Pa）；

　　　q——液压泵的实际输出流量（m^3/s）。

由于能量损失的存在，其输出功率总是小于输入功率。

5. 液压泵的效率

液压泵的效率是由容积效率和机械效率两部分所组成。

（1）容积效率 η_v：液压泵的容积效率是由其容积损失（流量损失）来决定的。容积损失就是指流量上的损失，主要是由泵内的高压引起油液泄漏所造成的。压力越高，油液的黏

度越小，其泄漏量就越大。在液压传动中，一般用容积效率 η_v 来表示容积损失，则液压泵的容积效率可表示为

$$\eta_v=\frac{q}{q_t}=\frac{q_t-\Delta q}{q_t}=1-\frac{\Delta q}{q_t} \tag{3-3}$$

式中　Δq——液压泵的流量损失，即泄漏量。

$$\Delta q=kp \tag{3-4}$$

式中　k——液压泵泄漏系数。

（2）机械效率 η_m：液压泵的机械效率是由机械损失所决定的。机械损失是指液压泵在转矩上的损失，主要原因是液体因黏性而引起的摩擦转矩损失及泵内部件相对运动引起的摩擦损失。在液压传动中，以机械效率 η_m 来表示机械损失，设 T_t 为液压泵的理论转矩；而 T 为液压泵的实际输入转矩，则液压泵的机械效率可表示为

$$\eta_m=\frac{T_t}{T} \tag{3-5}$$

（3）总效率 η：液压泵的总效率等于泵的输出功率与输入功率的比值，也等于泵的机械效率与容积效率的乘积，即

$$\eta=\frac{P_o}{P_i}=\eta_v\eta_m \tag{3-6}$$

【例 3-1】已知某齿轮泵的额定流量 $q_n=100$ L/min，额定压力 $p_n=25\times10^5$ Pa，泵的转速 $n_1=1\,450$ r/min，泵的机械效率 $\eta_m=0.9$，由实验测得：当泵的出口压力 $p_1=0$ 时，其流量 $q_1=106$ L/min；$p_2=25\times10^5$ Pa 时，其流量 $q_2=101$ L/min。试求：

（1）该泵的容积效率 η_v；

（2）如泵的转速降至 500 r/min，在额定压力下工作时，泵的流量 q_3 为多少？容积效率 η'_v 为多少？

（3）在这两种情况下，泵所需功率为多少？

解：（1）认为泵在负载为 0 的情况下的流量为其理论流量，所以泵的容积效率为

$$\eta_v=\frac{q_2}{q_1}=\frac{101}{106}=0.953$$

（2）泵的排量为

$$V=\frac{q_1}{n_1}=\frac{106}{1\,450} \text{ L/min}=0.073 \text{ L/min}$$

泵在转速为 500 r/min 时的理论流量为

$$q'_3=V\times500=(0.073\times500) \text{ L/min}=36.5 \text{ L/min}$$

由于压力不变，可认为泄漏量不变，所以泵在转速为 500 r/min 时的实际流量为

$$q_3=q'_3-(q_1-q_2)=[36.5-(106-101)] \text{ L/min}=31.5 \text{ L/min}$$

泵在转速为 500 r/min 时的容积效率为

$$\eta'_v=\frac{q'_3}{q_3}=\frac{31.5}{36.5}=0.863$$

（3）泵在转速为 1 450 r/min 时的总效率和驱动功率为

$$\eta=\eta_m\eta_v=0.9\times0.953=0.857\,7$$

$$P_1=\frac{p_2q_2}{\eta}=\frac{25\times101\times10^2}{0.857\,7\times60} \text{ W}=4.91\times10^3 \text{ W}$$

泵在转速为 500 r/min 时的总效率和驱动功率为

$$\eta' = \eta_m \eta_v' = 0.9 \times 0.863 = 0.776\,7$$

$$P_2 = \frac{p_2 q_3}{\eta'} = \frac{25 \times 31.5 \times 10^2}{0.776\,7 \times 60}\ \text{W} = 1.69 \times 10^3\ \text{W}$$

第二节　齿　轮　泵

齿轮泵是液压系统中最常见的一种液压泵，其包括外啮合齿轮泵和内啮合齿轮泵。其中以外啮合齿轮泵的应用最为广泛。

一、外啮合齿轮泵

1. 工作原理

外啮合齿轮泵一般为三片式，主要由一对相互啮合的齿轮、泵体、及齿轮两端的两个端盖所组成，其工作原理如图 3-3 所示。

外啮合齿轮泵的工作腔是齿轮上每相邻两个齿的齿间槽、壳体与两端盖之间形成的密封空间。当齿轮按图示方向旋转时，其右侧吸油腔内相互啮合的轮齿逐渐脱开，使得工作腔容积增大，形成部分真空，油箱中的油在大气压力的作用下被压入吸油腔内。随着齿轮的旋转，工作腔中的油液被带入左侧压油腔，这时，由于齿轮逐渐进行啮合，密封工作腔的容积不断减小，压力增高，油液通过压油口被挤压出去。由图可知，吸油腔和压油腔是通过相互啮合的齿轮和泵体间隔开的。

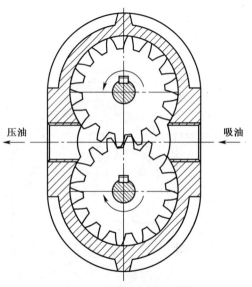

图 3-3　齿轮泵的工作原理

2. 齿轮泵结构

齿轮泵主要由一对啮合的齿轮及齿轮轴、泵体、端盖组成，如图 3-4 所示。

CB-B 型齿轮泵为无侧板型液压泵，是三片式结构的中低压齿轮泵，其结构简单，不能承受较高的压力。CB-B 型外啮合齿轮泵的额定压力为 2.5 MPa，额定转速为 1450 r/min。其结构如图 3-5 所示。用定位销 17 和螺钉 9 将泵体 7 与前端盖 8 和后端盖 4 连接紧固，构成齿轮泵的密封容腔。泄油孔 14 将泄漏到轴承的油，通过短轴中心孔流回吸油腔。

3. 流量计算

外啮合齿轮泵的流量为

$$q = 6.66 z m^2 B n \eta_v \tag{3-7}$$

式中　m——模数；

　　　z——齿数；

　　　B——齿宽；

　　　n——齿轮泵转速；

η_V——齿轮泵容积效率。

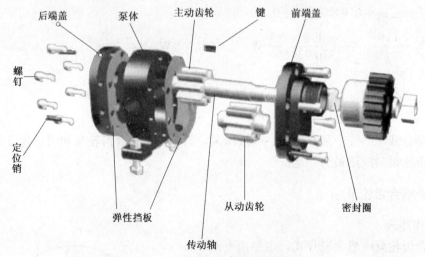

图 3-4　齿轮泵结构示意图

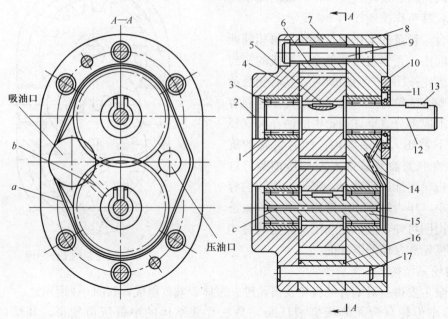

图 3-5　CB—B 型外啮合齿轮泵结构

1—轴承外环；2—堵头；3—滚子；4—后端盖；5—键；6—齿轮；7—泵体；8—前端盖；9—螺钉；
10—压环；11—密封环；12—主动轴；13—键；14—泄油孔；15—从动轴；16—泄油槽；17—定位销

实际上，齿轮泵的瞬时流量是脉动的，齿数越小，齿槽越深，流量脉动越大。流量脉动
会引起压力波动，使液压系统产生振动和噪声。

4. 齿轮泵结构中存在的几个问题

(1) 泄漏。液压泵在工作中其实际输出流量比理论流量要小，其主要原因是泄漏。齿轮
泵从高压腔到低压腔的油液泄漏主要通过以下三个渠道：

① 通过齿轮两侧面与两面侧盖板之间的间隙泄漏，也叫端面泄漏，约占泵总泄漏量的
75%～85%。

② 通过齿轮顶圆与泵体内壁之间的径向间隙泄漏。

③ 通过齿轮啮合处的间隙泄漏。

由于泵的泄漏，使得齿轮泵的输出压力上不去，影响了齿轮泵的使用范围。所以，解决齿轮泵输出压力低的问题，就要从解决端面泄漏入手。一些厂家采用在齿轮两侧面加浮动轴套或弹性挡板的方法，将齿轮泵输出的压力油引到浮动轴套或弹性挡板外部，增加对齿轮侧面的压力，以减小齿侧间隙，达到减少泄漏的目的，目前不少厂家生产的高压齿轮泵都是采用这种措施。

（2）困油。为了使齿轮泵能够平稳地运转及连续均匀地供油，其在设计上就要保证齿轮啮合的重合系数大于 1（$\varepsilon > 1$）。也就是说，齿轮泵在工作时，在啮合区有两对齿轮同时啮合，形成封闭的容腔，此密闭容腔既不与吸油腔相通，又不与压油腔相通，使油液困在其中，如图 3-6 所示。齿轮泵在运转中，封闭腔的容积不断变化，当封闭腔容积变小时，油液受很高压力，从各处缝隙挤压出去，造成油液发热，并使机件承受额外负载；当封闭腔容积增大时，又会造成局部真空，使油液中溶解的气体分离出来，并使油液本身汽化，加剧了流量的不均匀。两者都会使液压系统产生强烈的振动与噪声，从而降低泵的容积效率，影响泵的使用寿命。

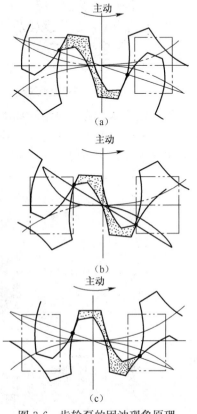

图 3-6　齿轮泵的困油现象原理

解决这一问题的方法是在两侧端盖各铣两个卸荷槽，如图 3-6 中的双点画线所示。两个卸荷槽间的距离应保证困油空间在达到最小位置以前与压力油腔连通，通过最小位置后与吸油腔通，同时又要保证任何时候吸油腔与压油腔之间不能连通，以避免泄漏，降低容积效率。

（3）径向力不平衡。在齿轮泵中，作用于齿轮外圆上的压力是不相等的，在吸油腔中压力最低，而在压油腔中压力最高。在整个齿轮外圆与泵体内孔的间隙中，压力是不均匀的，存在着压力的逐渐升级，因此，对齿轮的轮轴及轴承产生了一个径向不平衡力。这个径向不平衡力不仅加速了轴承的磨损，影响其使用的寿命，并且可能使齿轮轴变形，造成齿顶与泵体内孔的摩擦，损坏泵体，使泵不能正常工作。

解决这一问题的措施包括以下两种：

① 开压力平衡槽，将高压油引到低压区，但这会造成泄漏增加，影响容积效率，如图 3-7 所示。

② 采用缩小压油腔的办法，使作用于轮齿上的压力区域减小，从而减小径向不平衡力，如图 3-8 所示。

二、内啮合齿轮泵

内啮合齿轮泵一般分为摆线齿轮泵（转子泵）和渐开线齿轮泵两种，其工作原理和特点与外啮合齿轮泵相同。

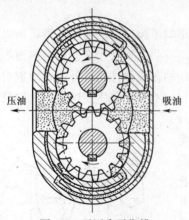

图3-7　开压力平衡槽

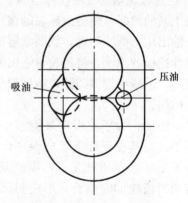

图3-8　缩小压油口直径

　　渐开线内啮合齿轮泵结构如图3-9所示。小齿轮是主动轮，它带动内齿轮旋转。在小齿轮与内齿轮之间要加一块月牙形的隔离板，以便将吸油腔与压油腔分开。在上半部，工作腔容积发生变化，进行吸油和压油。在下半部，工作腔容积不发生变化，只起过渡作用。

图3-9　渐开线内啮合齿轮泵结构

　　在摆线内啮合齿轮泵中（见图3-10），小齿轮比内齿轮少一个齿，小齿轮与内齿轮的齿廓由一对共轭曲线所组成，常用的是共轭摆线，它能保证小齿轮的齿顶在工作时不脱离内齿轮的齿廓。以保证形成封闭的工作腔。该泵在工作时，工作腔在左半区（与吸油窗口接触）容积增大，为吸油腔；而在右半区（与压油窗口接触）工作腔容积减小，为压油腔，如图3-10所示。

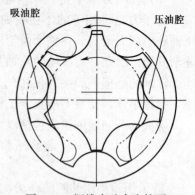

图3-10　摆线内啮合齿轮泵

三、螺杆泵

　　螺杆泵实际上是一种外啮合的摆线齿轮泵，它具有齿轮泵的许多特性。图3-11所示为一种三螺杆的螺杆泵，它是由三个相互啮合的双头螺杆装在泵体中，中间的为主动螺杆，是凸螺杆；两边的为从动螺杆，是凹螺杆。从横截面来看，它们的齿廓是由几对共轭曲线组成，螺杆的啮合线将主动螺杆和从动螺杆的螺旋槽分割成多个相互隔离的密封工作腔。

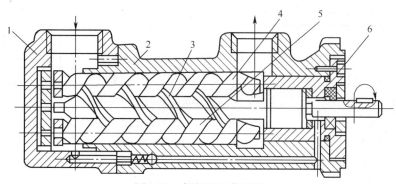

图 3-11 螺杆泵工作原理
1—后端盖；2—泵体；3—主螺杆；4、5—从动螺杆；6—前端盖

当原动机带动主动螺杆旋转时，这些密封的工作腔不断的在左端形成，并从左向右移动，在右端消失。在密封工作腔形成时，其容积增大，进行吸油；而在消失过程中，容积减小，将油压出。这种泵的排量取决于螺杆直径及螺旋槽的深度。同时，螺杆越长，其密封就越好，泵的额定压力就会越高。

螺杆泵除了具有齿轮泵的结构简单，紧凑、体积小、重量轻、对油液污染不敏感等优点外，还具有运转平稳、噪声小、容积效率高的优点。螺杆泵的缺点是螺杆形状复杂，加工困难、精度不易保证。

四、齿轮泵的优缺点

外啮合齿轮泵的优点：结构简单、重量轻、成本低，制造容易、工作可靠、维护方便，对油液的污染不敏感，可广泛用于压力要求不高的场合。外啮合齿轮泵的缺点：漏油较严重，轴承上承受不平衡力，磨损严重，压力脉动和噪声较大。

内啮合齿轮泵的优点：结构紧凑、尺寸小、重量轻，由于内外齿轮转向相同，相对滑移速度小，因而磨损小、寿命长，其流量脉动和噪声都比外啮合齿轮泵要小的多。

内啮合齿轮泵的缺点：齿形复杂、加工精度要求高，因而造价高。

五、齿轮泵的常见故障、产生原因和排除方法

齿轮泵使用中常见的故障主要有噪声、压力波动、供油压力不足等。产生故障的原因及排除方法如表 3-1 所示。

表 3-1 齿轮泵常见故障、产生原因及排除方法

故障	产 生 原 因	排 除 方 法
流量不足或压力不足	吸油位置太高或油位不足	在油箱内补油，降低吸油位置
	齿轮泵密封不严	更换密封元件，紧固连接件
	滤油器堵塞	清洗或更换滤油器的滤芯
	齿轮泵内齿顶圆与泵体内孔的径向间隙过大，齿轮侧面与前后盖板端面间隙过大	修复或更换泵的相关机件
	油液黏度太高或油温过高	采用合适黏度的液压油，安装冷却装置
	电动机功率与齿轮泵不匹配	选用相匹配的电动机
	溢流阀的压力调整过低或失灵	重新调整压力或更换溢流阀

故障	产 生 原 因	排 除 方 法
噪声大或压力波动严重	齿轮误差或两齿轮轴线不平行	更换主精度齿轮，保证两齿轮轴线平行
	齿轮泵进油管直径太小	更换直径较大的进油管
	滤油器堵塞或转速过高	清理滤油器或降低转速
	泵体与端盖的两侧没加纸垫而产生硬物冲击，泵体与端盖不垂直密封，旋转时吸入空气	泵体与端盖间加入纸垫，研磨泵体与端盖间的平行度，使其不超过 0.005 mm
	电动机与油泵轴不同心	调整泵体与电动机的同轴度，使其误差不超过 0.01 mm
油泵运转不正常或有咬死现象	泵体轴向间隙及径向间隙过小	调整轴向或径向间隙
	滚针转动不灵活	更换活动滚针轴承
	盖板与轴的同心度不够	更换盖板使其与轴同心
	压力阀失灵	更换弹簧，清除阀体小孔污物或换滑阀
	泵与电动机联轴器同心度不够	调整泵轴与电动机联轴器同心度，使其不超过 0.01 mm
	泵中有杂质	用细绸丝网过滤机油除污物
泄漏严重	端盖与密封圈配合过松	调整端盖与密封圈的间隙
	油封骨架弹簧脱落	更换密封件
	轴的密封面被划伤	重新磨密封面

第三节　叶　片　泵

叶片泵也是一种常见的液压泵。根据结构可将其分为单作用式叶片泵和双作用式叶片泵。单作用式叶片泵又称非平衡式泵，一般为变量泵；双作用式叶片泵又称平衡式泵，一般是定量泵。

一、双作用叶片泵

1. 工作原理

图 3-12 所示为双作用式叶片泵，其由定子 6、转子 3、叶片 4、配油盘和泵体 1 组成。转子 3 与定子 6 同心安装，定子 6 的内曲线是由两段长半径圆弧、两段短半径圆弧及四段过渡曲线所组成，共有八段曲线。转子 3 做顺时针旋转，叶片在离心力作用下，径向伸出，其顶部在定子 6 内曲线上滑动。此时，由两叶片、转子外圆、定子 6 的内曲线及两侧配油盘所组成的封闭的工作腔的容积不断变化，在经过右上角及左下角的配油窗口处时，叶片回缩，工作腔容积变小，油液通过压油窗口输出；在经过右下角及左上角的配油窗口处时，叶片伸出，工作腔容积增加，油液通过吸油窗口吸入。在每个吸油口与压油口之间，有一段封油区，对应于定子 6 的内曲线的四段圆弧处。

双作用式叶片泵每转一转，每个工作腔完成吸油两次、压油两次，所以称其为双作用式叶片泵，又因泵的两个吸油窗口与两个压油窗口是径向对称的，作用于转子上的液压力是平衡的，所以又称为平衡式叶片泵。

定子曲线是影响双作用式叶片泵性能的一个关键因素，它将影响叶片泵的流量均匀性、噪声、磨损等问题。过渡曲线的选择主要考虑叶片在径向移动时的速度和加速度应当均匀变

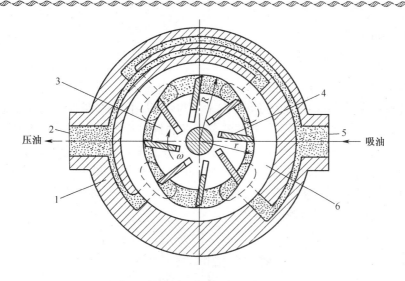

图 3-12　双作用式叶片泵的工作原理

1—泵体；2—压油口；3—转子；4—叶片；5—吸油口；6—定子

化，避免径向速度有突变，使得加速度无限大，而引起刚性冲击；同时又要保证叶片在做径向运动时，叶片顶部与定子的内曲线表面不应产生脱空现象。目前，常用的定子曲线有等加速—等减速曲线、高次曲线和余弦曲线等。

　　叶片泵在叶片数 z 确定后，由每两个叶片之间的工作腔所占的工作空间角度（$360°/z$）随之确定，该角度所占区域应在配油盘上吸油口与压油口之间（封油区内），否则会造成吸油口与压油口相通；而定子曲线中四段圆弧所占的工作角度应大于封油区所对应的角度，否则会产生困油现象。

　　2. 流量计算

　　双作用式叶片泵的排量计算是工作腔最大时（相对应长半径圆弧处）的容积与工作腔最小时（相对应短半径圆弧处）的容积的差，乘以两倍的工作腔数。考虑到叶片在工作时所占的厚度，实际上双作用式叶片泵的流量可用下式计算：

$$q=2B\left[\pi\left(R^2-r^2\right)-\frac{(R-r)\ bz}{\cos\theta}\right]n\eta_{\mathrm{v}} \tag{3-8}$$

式中　R——定子曲线圆弧的长半径；

　　　　r——定子曲线圆弧的短半径；

　　　　n——叶片泵的转速；

　　　　θ——叶片的倾角 一般取 $\theta=10°\sim14°$；

　　　　z——叶片数；

　　　　B——叶片的宽度；

　　　　b——叶片的厚度。

　　在双作用式叶片泵中，由于叶片具有一定的厚度，其瞬时流量是不均匀的，再考虑工作腔进入压油区时产生的压力冲击使油液被压缩（这个问题可以通过在压油窗口开设一个三角沟槽来缓解），因此，双作用式叶片泵的流量会出现微小的脉动。实验证明，在叶片数为4的倍数时，流量脉动最小，所以，双作用式叶片泵的叶片数一般为 12 或 16 片。

二、单作用叶片泵

1. 工作原理

单作用式叶片泵的工作原理如图 3-13 所示。其由转子 3、定子 6、叶片 4、配油盘和泵体 1 组成。定子 6 的内曲线是一个圆形，定子 6 与转子 3 的安装是偏心的。正是由于存在着偏心，使得由叶片、转子 3、定子 6 和配油盘形成的封闭工作腔在转子旋转工作时，才会出现容积的变化。转子 3 逆时针旋转时，当工作腔从最下端向上通过右边区域时，容积由小变大，产生真空，通过配油窗口将油吸入工作腔。而当工作腔从最上端向下通过左边区域时，容积由大变小，油液受压，从左边的配油窗口进入系统中去。在吸油窗口和压油窗口之间，有一段封油区，将吸油腔和压油腔隔开。

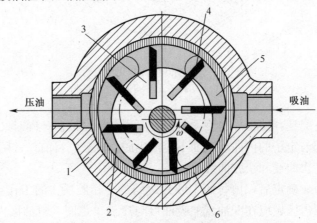

图 3-13　单作用叶片泵工作原理图
1—泵体；2—压油窗口；3—转子；4—叶片；5—吸油窗口；6—定子

由此可见，这种泵转子每转一转，吸油、压油各一次，因此称为单作用式叶片泵。这种泵的吸油窗口和压油窗口各一个，因此存在着径向不平衡力，所以又称非平衡式液压泵。

2. 流量计算

单作用叶片泵实际输出流量为

$$q = 2\pi BeDn\eta_v \tag{3-9}$$

式中　B——叶片宽度；

　　　e——转子与定子偏心距；

　　　D——定子内径；

　　　n——泵的转速；

　　　η_v——泵的容积效率。

单作用叶片泵的瞬时流量是脉动的，泵内叶片数越多，流量脉动率越小。此外，奇数叶片泵的脉动率比偶数叶片泵的脉动率小，所以单作用叶片泵的叶片数均为奇数，一般为 13 或 15 片。

3. 限压式变量叶片泵

单作用叶片泵通过改变转子和定子之间的偏心距就可以改变泵的排量，从而改变泵的流量。偏心距的改变可以是人工的，也可以是自动调节。常见的变量叶片泵是限压式变量叶片泵。

限压式变量泵可分为内反馈式和外反馈式。内反馈式限压式变量泵主要是利用单作用式叶片泵所受的径向不平衡力来进行压力反馈，从而改变转子与定子之间的偏心距，达到调节流量的目的；外反馈式限压式变量泵主要利用泵输出的压力油从外部来控制定子的移动，从而改变偏心距，达到调节流量的目的。这里只介绍外反馈式限压变量泵。

图 3-14 所示为外反馈变量叶片泵的工作原理。转子 1 是固定的，定子 3 可以左右移动。在定子 3 的左边安装有弹簧 2，右边安装有一个柱塞油缸，它与泵的输出油路相连。在泵的两侧面有两个配油盘，其配油窗口上下对称，当泵以逆时针旋转时，在上半部工作腔的容积由大到小，为压油区；而在下半部，工作腔的容积由小到大，为吸油区。

泵开始工作时，在弹簧力 F_s 的作用下定子 3 处于最右端，此时偏心距最大，泵的输出流量也最大。调节螺钉 6 用以调节定子能够达到的最大偏心位置，也就是由它来决定泵在本次调节中的最大流量。当油泵开始工作后，其输出压力升高，通过油路返回到柱塞油缸的油液压力也随之升高，在作用于柱塞 5 上的液压力小于弹簧力时，定子 3 不动，泵处于最大流量；当作用于柱塞 5 上的液压力大于弹簧力后，定子 3 开始左移，偏心距减小，泵输出的流量开始减少，直至偏心为零，此时，泵输出流量也为零，不管外负载再如何增大，泵的输出压力再不会增高。因此，这种泵被称为限压式变量泵。

图 3-15 所示为限压式变量泵工作时的压力—流量特性曲线。该曲线分为两段：第一段 AB 是在泵的输出油液作用于活塞上的力还没有达到弹簧的预压紧力时，定子不动，此时，影响泵的流量只是随压力增加而泄漏量增加，相当于定量泵；第二段出现在泵输出油液作用于活塞上的力大于弹簧的预压紧力后，转子与定子的偏心距改变，泵输出的流量随着压力的升高而降低；当泵的工作压力接近于曲线上的 C 点时，泵的流量已很小，这时，压力已较高，泄漏也较多。当泵的输出流量完全用于补偿泄漏时，泵实际向外输出的流量已为零。

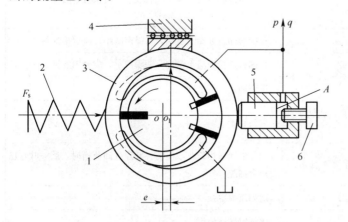 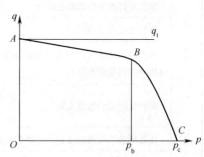

图 3-14 外反馈式限压式变量泵工作原理图   图 3-15 限压式变量泵特性曲线
1—转子；2—弹簧；3—定子；4—滑动支撑；5—柱塞；6—调节螺钉

从上述内容可以看出，限压式变量泵特别适用于工作机构有快、慢速进给要求的情况，例如组合机床的动力滑台等。此时，当需要有一个快速进给运动时，所需流量最大，正好应用曲线的 AB 段；当转为工作进给时，负载较大，速度不高，所需的流量也较小，正好应用曲线的 BC 段。这样，可以节省功率损耗，减少油液发热，与其他回路相比较，简化了液压系统。

三、叶片泵的优缺点

叶片泵的优点：输出流量均匀，运转平稳，噪声小。其特别适合于工作机械的中高压系统中，因此，在机床、工程机械、船舶、压铸及冶金设备中得到广泛的应用。

叶片泵的缺点：结构复杂，吸油特性不太好，对油液的污染也比较敏感。

四、叶片泵常见故障、产生原因及排除方法

叶片泵常见的故障、产生原因及排除方法如表 3-2 所示。

表 3-2　叶片泵常见故障、产生原因及排除方法

故障	产生原因	排除方法
流量不足	顶盖处螺钉松动，轴向间隙增大，容积效率下降	适当拧紧螺钉，保证间隙均匀、适当（间隙为 0.04～0.07 mm）
	个别叶片滑动不灵活	清洗。清洗后仍不灵活时，应单槽调配，使叶片在自重状态下能慢慢地自动下落为宜（间隙为 0.015～0.025 mm）
	定子内表面磨损，叶片不能与定子内表面良好接触	定子内表面磨损一般在吸油腔处，对于已预加工销孔的定子可翻转 180° 使用，否则更换新零件
	配油盘端面磨损严重	更换
	叶片与转子装反	使叶片倾角方向和转子的旋转方向一致
	系统泄漏大	逐个检查元件泄漏，同时检查压力表是否被脏物堵塞
噪声过大	滤油器堵塞，吸油不畅	清洗滤油器
	吸入端漏气	用涂黄油的方法，逐个检查吸油管接头处，若噪声减少应紧固接头
	泵端密封磨损	在轴端油封处涂上黄油，若噪声减小，应更换油封
	泵盖螺钉由于振动而松动	将螺钉连接处涂上黄油，若噪声小，应紧固螺钉
	泵与电动机轴不同心	重新调整，使之同心
	转子的叶片槽两侧与其两端面不垂直，或转子花键槽与其两端面不垂直	更换转子
	配油盘卸荷三角槽太短	用什锦锉适当修改，使前一叶片过卸荷槽时，后一叶片已脱离吸油腔
	花键槽轴端的密封过紧（有烫手现象）	适当调整更换
	泵的转速太高	按规定转速使用
吸不上油	油面过低，油液吸不上	检查并加注到规定油标线
	油液黏度过大，使叶片在转子槽内滑动不灵活	采用合适黏度的液压油
	配油盘端面与壳体内平面接触不良，高低压腔串通	整修配油盘端面
	泵体内部有砂眼，高低压腔串通	更换泵体
	电动机转向不正确	纠正电机的旋转方向

第四节　柱　塞　泵

柱塞泵是依靠柱塞在缸体内做往复运动，使泵内密封工作腔的容积发生变化，从而实现吸油和压油。柱塞泵一般分为径向柱塞泵和轴向柱塞泵。

一、轴向柱塞泵

轴向柱塞泵可分为斜盘式和斜轴式，下面主要介绍斜盘式。

1. 工作原理

斜盘式轴向柱塞泵的工作原理如图 3-16 所示。轴向柱塞泵是由斜盘 1、柱塞 2、配油盘 4、缸体 3 等组成。柱塞 2 轴向均匀排列安装在缸体 3 同一半径圆周处，缸体由电机带动旋转，柱塞靠机械装置（如滑履）或在低压油的作用下顶在斜盘上。当缸体旋转时，柱塞即在轴向左右移动，使得工作腔容积发生变化。轴向柱塞泵是靠配油盘来配流的，配油盘上的配流窗口分为左右两部分，若缸体如图示方向顺时针旋转，则图中左边配流窗口 a 为吸油区（柱塞向左伸出，工作腔容积变大）；右边 b 压油区（柱塞向右缩回，工作腔容积变小）。轴向柱塞泵每旋转一转，工作腔容积变化一次，完成吸油、压油各一次。轴向柱塞泵是靠改变斜盘的倾角，从而改变每个柱塞的行程使得泵的排量发生变化的。

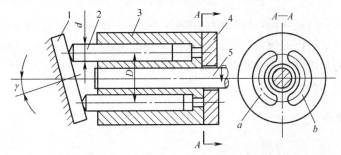

图 3-16　轴向柱塞泵工作原理图
1—斜盘；2—柱塞；3—缸体；4—配油盘；5—传动轴
a—吸油区；b—压油区

2. 流量计算

轴向柱塞泵的排量计算也是泵转一转每个工作腔容积变化的总和，实际流量的计算公式如下：

$$q = \frac{\pi}{4} d^2 D \tan\gamma z n \eta_v \qquad (3\text{-}10)$$

式中　γ——斜盘的倾角；

　　　D——柱塞的分布圆直径；

　　　d——柱塞的直径；

　　　n——柱塞泵的转速；

　　　z——柱塞数。

以上计算的流量是泵的实际平均流量。实际上，由于该泵在工作时，其柱塞轴向移动的速度是不均匀的，它是随着转子旋转的转角而变化的，因此泵在某一瞬时的输出流量也是随转子的旋转而变化的。通过计算得出，柱塞数在奇数时，流量脉动率较小。因此，一般轴向柱塞泵的柱塞数选择 7、9 等奇数。

3. 斜盘式轴向柱塞泵结构

图 3-17 所示为斜盘式轴向柱塞泵的结构简图。传动轴通过键带动缸体旋转,使均匀分布在缸体上的柱塞绕传动轴的轴线旋转,由于每个柱塞的头部通过滑履结构与斜盘连接。随着缸体的旋转,柱塞在轴向往复运动,使密封工作腔的容积发生周期性的变化,通过配油盘完成吸油和压油工作。通过调节装置调节斜盘的角度可以调节泵的排量。

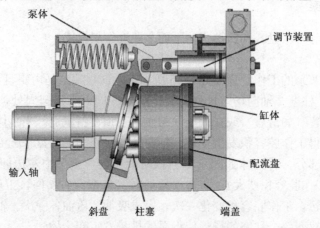

图 3-17　斜盘式轴向柱塞泵结构简图

轴向柱塞泵如果斜盘固定,不能调整角度,则为定量泵。由此可知,这种液压泵的流量改变主要是通过改变斜盘的倾角,因此,在斜盘的结构设计中,就要考虑变量控制机构。变量控制机构按控制方式分为手动控制、液压控制、电气控制、伺服控制等。按控制目的还可以分为恒压力控制、恒流量控制、恒功率控制等。

二、径向柱塞泵

1. 工作原理

径向柱塞泵的工作原理如图 3-18 所示。径向柱塞泵是由定子 4、转子 2、配油轴 5、柱塞 1 及轴套 3 等组成。柱塞 1 径向排列安装在转子中,转子由电动机带动旋转,柱塞 1 靠离心力(或在低压油的作用下)顶在定子的内壁上。由于转子与定子 4 是偏心安装的,所以,转子旋转时,柱塞 1 即沿径向里外移动,使得工作腔容积发生变化。径向柱塞泵是靠配油轴

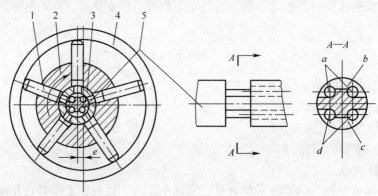

图 3-18　径向柱塞泵的工作原理
1—柱塞;2—转子;3—轴套;4—定子;5—配油轴

来配油的，轴中间分为上下两部分，中间隔开，若转子顺时针旋转，则上部为吸油区（柱塞向外伸出），下部为压油区，上下区域轴向各开有两个油孔，上半部的 a、b 孔为吸油孔，下半部的 c、d 孔为压油孔。轴套与工作腔对应开有油孔，安装在配流轴与转子中间。径向柱塞泵每旋转一转，工作腔容积变化一次，完成吸油、压油各一次。改变其偏心率可使其输出流量发生变化，成为变量泵。

由于该泵上下部分各为吸油区和压油区，因此，泵在工作时受到径向不平衡力作用。

2. 流量计算

柱塞泵的排量计算公式如下：

$$q = \frac{\pi}{4}d^2 2ezn\eta_v = \frac{\pi}{2}d^2 ezn\eta_v \tag{3-11}$$

式中　e—— 转子与定子间的偏心距；

　　　d—— 柱塞的直径；

　　　n—— 柱塞泵的转速；

　　　z—— 柱塞数。

由于径向柱塞泵其柱塞在缸体中径向移动速度是变化的，而每个柱塞在同一瞬时径向移动速度不均匀，因此径向柱塞泵的瞬时流量是脉动的。而这种脉动奇数柱塞要比偶数柱塞小得多，所以，径向柱塞泵均采用奇数柱塞。

三、柱塞泵的优点

（1）工作压力高。由于柱塞泵的密封工作腔是柱塞在缸体内孔中往复移动得到的，其相对配合的柱塞外圆及缸体内孔加工精度容易保证，因此，其工作中泄漏较小，容积效率较高。

（2）结构紧凑。特别是轴向柱塞泵其径向尺寸小，转动惯量也较小。

（3）流量调节方便。只要改变柱塞行程便可改变液压泵的流量，并且易于实现单向或双向变量。

柱塞泵特别适合于高压、大流量和流量需要调节的场合下，如工程机械、液压机、重型机床等设备中。

四、柱塞泵常见故障、产生原因及排除方法（表 3-3）

表 3-3　柱塞泵常见故障、产生原因及排除方法

故障	产生原因	排除方法
噪声过大	泵内存有空气	在泵运转时打开油泵加油口，使泵内的空气从加油口排放出去
	油箱的油面过低，吸油管堵塞使得泵吸油阻力变大造成泵吸空或进油管段有漏气，泵吸入了空气	加足油液；清洗滤清器，疏通进气管道；检查并紧固进油管段的连接螺丝
	油泵与电动机安装不当，也就是说泵轴与电动机轴同心度不一致，使油泵轴承受径向力产生噪声	检查调整油泵与电动机安装的同心度
	液压油的黏度过大，使得泵的自吸能力降低，容积效率下降	选用适当黏度的液压油，如果油温过低应开启加热器

故障	产生原因	排除方法
泵工作时压力不稳定	配油盘与缸体或柱塞与缸体之间磨损严重，使其内泄漏和外泄漏过大	检查、修复配油盘与缸体的配合面；单缸研配，更换柱塞；紧固各连接处螺钉，排除漏损
	变量机构的变量角过小，造成流量过小，内泄漏相对增大	适当加大变量机构的变量角，并排除内部泄漏
	进油管堵塞，吸油阻力变大及漏气	疏通油路管道洗进口滤清器，检查并紧固进油管段的连接螺钉，排除漏气
流量不足	油箱油面过低，油管、滤油器堵塞或阻力过大及漏气	检查油箱油面高度，及时添加液压油，紧固各连接处的螺钉
	油泵内运转前未充满油液，留有空气	从油泵回油口灌满油液，排除油泵内的空气
	油泵中心弹簧折断，使柱塞不能回程，缸体和配油盘密封不良	更换弹簧
	油泵连接不当，使泵轴承受轴向力，导致缸体和配油盘产生间隙，高低油腔串通	改变连接方法，消除轴向力
	如果是变量轴向柱塞泵，可能是变量角太小	适当调大变量角
	液压油不清洁，缸体与配油盘或缸体与柱塞磨损	检查缸体与配油盘和柱塞的磨损情况，视情况进行修配，更换柱塞
	油温过低，油液黏度下降，造成泵的内泄漏增大，泵并伴有发热的症状	选用合适黏度的液压油，找出油温过高或过低的原因，并及时排除
油液漏损	油泵各结合处密封不良，密封圈损坏	检查油泵各结合处的密封，更换密封圈
	配油盘与缸体或柱塞与合同工体之间磨损过大，引起回油管外泄漏增加	修磨配油盘和缸体的接触面；研配缸体与柱塞副

第五节　液压泵的性能比较及应用

　　液压泵是液压系统的核心部件，设计一个液压系统，如何来选择泵是非常关键的一个步骤。液压泵的选用就是根据液压设备的性能、系统工作压力和流量的需要来确定泵的类型、输出流量和出口压力。流量取决于执行元件所需的运动速度，出口压力取决于负载。此外还要计算电动机的规格。

一、液压泵的选用

　　在选择液压泵时，主要考虑满足系统的使用要求，在此前提下，可兼顾价格、质量、维护、外观等方面的需求。一般情况下，如功率要求不高，可选用齿轮泵和双作用叶片泵等，齿轮泵也常用于污染较大的地方；若有要求平稳性、高精度的设备，可选用螺杆泵和双作用式叶片泵；在负载较大、且速度变化较大的条件下（例如组合机床等），可选择限压式变量泵；若在功率、负载要求较大的条件下（例如工程机械、运输锻压机械），可选用柱塞泵。常见液压泵的性能比较表 3-4 所示。

表 3-4　液压泵的性能比较

类型性能	外啮合齿轮泵	双作用叶片泵	限压式变量叶片泵	轴向柱塞泵	螺杆泵
输出压力	低压	中压	中压	高压	低压
流量调节	不能	不能	能	能	不能
效率	低	较高	较高	高	较高
输出流量脉动	很大	很小	一般	一般	最小
自吸特性	好	较差	较差	差	好
对油的污染敏感性	不敏感	较敏感	较敏感	很敏感	不敏感
噪声	大	小	较大	大	最小

二、液压泵参数确定

1. 确定输出流量

液压泵的输出流量应大于或等于液压系统中同时工作的各个执行元件所需的最大流量之和。即

$$q \geqslant K_1 \left(\sum q_i \right)_{\max} \tag{3-12}$$

式中　K_1——流量泄漏损失系数，一般取 $K_1 = 1.1 \sim 1.3$。

在液压泵的产品说明书上，均标明了泵的额定流量（排量）。该值是泵在额定压力和额定转速下的实际流量。根据系统中的流量选定液压泵时，应保证该泵额定流量所对应的规定转速。为了确保有较高的容积效率，应尽量避免通过改变转速来实现液压泵的流量变化，可使用节流阀或变量泵来实现。

2. 确定工作压力

液压泵的工作压力不小于液压系统中执行机构所允许的最大工作压力，即：

$$p_b \geqslant K_2 p_{\max} \tag{3-13}$$

式中　K_2——压力损失系数，一般取 $1.1 \sim 1.5$。

3. 泵用电动机的选择

液压泵拖动电动机功率 P 的单位为 kW，其计算公式为

$$P = \frac{pq}{60\eta} \tag{3-14}$$

在液压泵的产品说明书中，附有液压泵拖动电动机的功率数值。此值是指泵在额定流量及额定压力下所需值。大多数情况下，泵的实际工作压力比额定压力小。所以最好按实际工作压力计算和选取拖动电动机功率，以避免能源浪费。应用中可通过减速器来实现转速的匹配。

第六节　液压马达

液压马达是一种液压执行机构，其将液压系统的压力能转化为机械能，以旋转的形式输

出转矩和角速度。

一、液压马达的分类

与液压泵类似，液压马达按其结构可分为齿轮马达、叶片马达及柱塞马达。若按其输入的油液的流量能否变化可分为变量液压马达及定量液压马达。

二、液压马达的工作原理

从理论上讲，液压泵与液压马达是可逆的。也就是说，液压泵也可做液压马达使用。但由于各种泵的结构不一样，如果想作为马达使用，在有些泵的结构上还需要做一些改进才行。

齿轮泵作为液压马达使用时，要注意进出油口尺寸应一致，只要在进油口中通入压力油，压力油作用于齿轮渐开线齿廓上的力会产生一个转矩，使得齿轮轴转动。

叶片泵是在离心力的作用下使叶片紧贴定子内曲线上，形成密封的工作腔而工作的，因此，叶片泵作为液压马达要采取在叶片根部加弹簧等措施。否则，开始时，泵处于静止状态，没有离心力就无法形成工作腔，马达就不能工作。这种马达主要是靠压力油作用于工作腔内（双作用式叶片泵在过渡曲线段区域内）的两个不同接触面积叶片上的力的不平衡而产生转矩，从而使马达旋转。

轴向柱塞马达工作原理如图 3-19 所示。当压力油输入时，处于高压腔中的柱塞被顶出，压在斜盘 1 上。假设斜盘作用在柱塞上的反力为 F，F 的轴向分力 F_x 与柱塞上的液压力平衡，而径向分力 F_y 则使处于高压腔中的每个柱塞都对转子中心产生一个转矩，使缸体和马达轴旋转。如果改变液压马达压力油的输入方向，马达轴则反转。

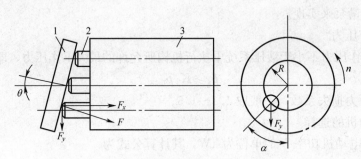

图 3-19　轴向柱塞马达工作原理图
1—斜盘；2—柱塞；3—缸体

三、液压马达的主要性能参数

液压马达是一个将油液的压力能转化为机械能的能量转换装置。

1. 液压马达的压力

（1）工作压力（工作压差）：是指液压马达在实际工作时的输入压力。马达的入口压力与出口压力的差值为马达的工作压差，一般在马达出口直接回油箱的情况下，近似认为马达的工作压力就是马达的工作压差。

（2）额定压力：是指液压马达在正常工作状态下，允许达到的最高压力。

2. 液压马达的排量

液压马达的排量：是指马达在没有泄漏的情况下每转一转所需输入的油液的体积。它是通过液压马达工作容积的几何尺寸变化计算得出的。

3. 液压马达的流量

液压马达的流量分为理论流量、实际流量。

（1）理论流量：是指马达在没有泄漏的情况下单位时间内其密封容积变化所需输入的油液的体积，它等于马达的排量和转速的乘积。

（2）实际流量：是指马达在单位时间内实际输入的油液的体积。

由于存在着油液的泄漏，马达的实际输入流量大于理论流量。

4. 功率

液压马达的功率分为输入功率和输出功率。

（1）输入功率：是指驱动马达运动的液压功率，它等于液压马达的输入压力与输入流量的乘积，即。

$$P_i = \Delta p q \tag{3-15}$$

（2）输出功率：是指马达带动外负载所需的机械功率，它等于马达的输出转矩与角速度的乘积，即

$$P_o = T \omega \tag{3-16}$$

5. 效率

液压马达的效率分为容积效率和机械效率。

（1）容积效率：是指理论流量与实际输入流量的比值，即

$$\eta_{mv} = \frac{q_t}{q} = \frac{q - \Delta q}{q} = 1 - \frac{\Delta q}{q} \tag{3-17}$$

（2）液压马达的机械效率可表示为

$$\eta_{mm} = \frac{T}{T_t} = \frac{T}{T + \Delta T} \tag{3-18}$$

液压马达的总效率为

$$\eta_m = \eta_{mv} \eta_{mm} \tag{3-19}$$

6. 转矩和转速

对于液压马达的参数计算，常常是要计算马达能够驱动的负载及输出的转速为多少，由前面计算可推出，液压马达的输出转矩为

$$T = \frac{\Delta p V}{2\pi} \eta_{mm} \tag{3-20}$$

马达的输出转速为

$$n = \frac{q \eta_{mv}}{V} \tag{3-21}$$

【例 3-2】有一液压泵，当负载 $p_1 = 9$ MPa 时，输出流量为 $q_1 = 85$ L/min，而负载 $p_2 = 11$ MPa 时，输出流量为 $q_2 = 82$ L/min。用此泵带动一排量 $V_M = 0.07$ L/r 的液压马达，当负载转矩 $T_M = 110$ N·m 时，液压马达的机械效率 $\eta_{Mm} = 0.9$，转速 $n_M = 1\,000$ r/min，试求此时液压马达的总效率。

解：已知马达的机械效率为

$$\eta_{Mm}=\frac{2n_M\pi T_M}{p_M q_M}=\frac{2n_M\pi T_M}{p_M V_M n_M}=\frac{2\pi T_M}{p_M V_M}$$

则，$p_M=\dfrac{2\pi T_M}{V_M\eta_{Mm}}=\dfrac{2\pi\times110}{0.07\times0.9}=10.97\times10^6\ Pa=10.97\ MPa$

泵在负载 $p_2=11\ MPa$ 的情况下工作，此时输出流量为 $q_2=82\ L/min$，马达的容积效率为

$$\eta_{MV}=\frac{V_M n_M}{q_p}=\frac{0.07\times1\,000}{82}=0.854$$

马达的总效率

$$\eta_M=\eta_{MV}\cdot\eta_{MM}=0.854\times0.9=0.77$$

四、液压马达的图形和符号

液压马达的图形符号与液压泵类似（见图 3-20），需要注意的是，液压马达输入是液压油。

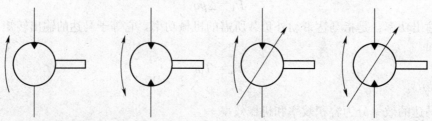

（a）单向定量液压马达　（b）双向定量液压马达　（c）单向变量液压马达　（d）双向变量液压马达

图 3-20　液压马达的图形符号

五、液压马达常见故障、产生原因及排除方法（表 3-5）

表 3-5　液压马达常见故障、产生原因及排除方法

故障	产 生 原 因	排 除 方 法
转速低，输出功率不足	泵输出流量或压力不足	查明原因，根据情况采取相应措施
	内部泄漏严重	加强密封
	外部泄漏严重	加强密封
	零件磨损严重	更换磨损件
	液压油黏度不恰当	选用黏度适当的液压油
噪声大	进油口堵塞	排除污物
	进油口漏气	拧紧接头
	油液不清洁，空气混入	加强过滤，排除气体
	安装不良	重新安装
	零件磨损	更换磨损零件
泄漏	密封件损坏	更换密封件
	接合面螺钉未拧紧	拧紧螺钉
	管接头松动	拧紧管接头
	配油装置发生故障	检修配油装置
	运动件间的间隙过大	重新装配或调整间隙

习　题

1. 填空题

（1）液压泵的工作压力是_____，其大小由_____决定。

（2）液压泵的公称压力是_____的最高工作压力。

（3）液压泵的排量是指_____。

（4）液压泵的公称流量是指_____。

（5）液压泵或液压马达的总效率等于_____和_____的乘积。

（6）在 CB-B 型齿轮泵中，减小径向不平衡力的措施是_____。

（7）在 YB_1 型叶片泵中，为了使叶片顶部和定子内表面紧密接触，采取的措施是_____。

2. 问答题

（1）什么是容积式液压泵？容积式液压泵必须满足什么条件？

（2）齿轮泵的径向不平衡力产生的原因是什么？应如何消除？

（3）什么是齿轮泵的困油现象？应如何解决？其他泵有无困油现象？

（4）齿轮泵压力提高主要受哪些因素影响？高压齿轮泵主要采取什么措施？

（5）双作用式叶片泵定子曲线是如何设计的？

（6）轴向柱塞泵的流量如何调节？

3. 计算题

（1）液压泵的排量 $V_P=25\ cm^3/r$，转速 $n_P=1\ 200\ r/min$，输出压力 $p_P=5\ MPa$，容积效率 $\eta_{PV}=0.96$，总效率 $\eta_P=0.84$，试求泵输出的流量和输入功率各为多大？

（2）某双作用叶片泵，当压力 $p_1=7\ MPa$ 时，流量 $q_1=54\ L/min$，输入功率 $P_{in}=7.6\ kW$，负载为 0 时，流量 $q_2=60\ L/min$，试求该泵的容积效率和总效率。

（3）已知轴向柱塞泵的额定压力为 $p_P=16\ MPa$，额定流量 $q_P=330\ L/min$，设液压泵的总效率为 $\eta_P=0.9$，机械效率为 $\eta_{Pm}=0.93$。试求：

①驱动泵所需的额定功率；

②计算泵的泄漏流量。

（4）要求设计输出转矩 $T_M=52.5\ N\cdot m$，转速 $n_M=30\ r/min$ 的液压马达。设马达的排量 $V_M=105\ cm^3/r$，马达的机械效率、容积效率均为 0.9，试求所需要的流量和压力各为多少？

第四章 液 压 缸

液压缸是液压系统中的执行元件，其功能是把液体压力能转换为往复运动或摆动的机械能。

第一节 液压缸的种类及特点

液压缸的种类繁多，分类方法亦有多种，可根据液压缸的结构形式、支承形式、额定压力以及作用的不同进行分类。详细分类如表 4-1 所示。

液压缸按基本结构形式可分为活塞缸（单杆活塞缸和双杆活塞缸）、柱塞缸和摆动缸（单叶片式、双叶片式）；按作用方式可分为单作用和双作用，单作用缸是缸一个方向的运动靠液压油驱动，反向运动必须靠外力（如弹簧力或重力）来实现，双作用缸是缸两个方向的运动均靠液压油驱动。

表 4-1 常见液压缸的种类及特点

分类	名 称	符 号	说 明
单作用液压缸	柱塞式液压缸		柱塞仅单向运动，返回行程是利用自重或负载将柱塞推回
	单活塞杆液压缸		活塞仅单向运动，返回行程是自重或负载将柱塞推回
	双活塞杆液压缸		活塞的两侧均装有活塞杆，只能向活塞一侧供给压力油，返回行程通常利用弹簧力、重力或外力
	伸缩液压缸		以短缸获得长行程。用液压油由大到小逐节推出，靠外力由小到大逐节缩回

续上表

分类	名 称	符 号	说 明
双作用液压缸	单活塞杆液压缸		单边有杆，两向液压驱动，两向推力和速度不等
	双活塞杆液压缸		双向有杆，双向液压驱动，可实现等速往复运动
	伸缩液压缸		双向液压驱动，伸出由大到小逐步推出，由小到大逐节缩回
组合液压缸	弹簧复位液压缸		单向液压驱动，由弹簧力复位
	串联液压缸		用于缸的直径受限制，而长度不受限制处，获得大的推力
	增压缸		由低压力室 A 缸驱动，使 B 室获得高压油源
	齿条传动液压缸		活塞往复运动经装在一起的齿条驱动齿轮获得往复回转运动
摆动液压缸			输出轴直接输出扭矩，其往复回转的角度小于 360°，也称摆动马达

一、活塞缸

1. 双作用双活塞杆液压缸

图 4-1 所示为双作用双活塞杆液压缸的工作原理图。在活塞的两侧均有杆伸出，两腔有效面积相等，当供油压力和流量不变时，缸在两个方向的运动速度和推力也都相等。即

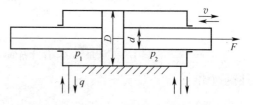

图 4-1 双作用双活塞杆液压缸工作原理

$$v = \frac{q\eta_v}{A} = \frac{4q\eta_v}{\pi(D^2 - d^2)} \qquad (4\text{-}1)$$

$$F = (p_1 - p_2)A\eta_m = \frac{\pi}{4}(p_1 - p_2)(D^2 - d^2)\eta_m \qquad (4\text{-}2)$$

式中 q——缸的输入流量；

    A——活塞有效作用面积；

    D——活塞直径（缸筒内径）；

    d——活塞杆直径；

    p_1——缸的进口压力；

    p_2——缸的出口压力；

    η_v——缸的容积效率；

η_{m}——缸的机械效率。

双作用双活塞杆液压缸特点：

① 往复运动的速度和推力相等。

② 工作台的运动范围大，当缸体固定时约为缸体长度的三倍；当活塞杆固定时约为缸体长度的两倍。

2. 双作用单活塞杆液压缸

图 4-2 所示为双作用单活塞杆液压缸的工作原理图。其一端伸出活塞杆，两腔有效面积不相等。

（1）无杆腔进油。

无杆腔进油的工作原理如图 4-2（a）所示，其运动速度和推力为

$$v_1 = \frac{q\eta_{\mathrm{v}}}{A_1} = \frac{4q\eta_{\mathrm{v}}}{\pi D^2} \tag{4-3}$$

$$F_1 = (p_1 A_1 - p_2 A_2)\eta_{\mathrm{m}} = \frac{\pi}{4}\left[p_1 D^2 - p_2(D^2 - d^2)\right]\eta_{\mathrm{m}} \tag{4-4}$$

式中　q——缸的输入流量；

　　　　D——活塞直径（缸筒内径）；

　　　　d——活塞杆直径；

　　　　A_1——无杆腔的活塞有效作用面积；

　　　　A_2——有杆腔的活塞有效作用面积；

　　　　η_{v}——缸的容积效率；

　　　　η_{m}——缸的机械效率；

　　　　p_1——缸的进口压力；

　　　　p_2——缸的出口压力。

（2）有杆腔进油。

有杆腔进油的工作原理如图 4-2（b）所示。其运动速度和推力为

$$v_2 = \frac{q\eta_{\mathrm{v}}}{A_2} = \frac{4q\eta_{\mathrm{v}}}{\pi(D^2 - d^2)} \tag{4-5}$$

$$F_2 = (p_1 A_2 - p_2 A_1)\eta_{\mathrm{m}} = \frac{\pi}{4}\left[p_1(D^2 - d^2) - p_2 D^2\right]\eta_{\mathrm{m}} \tag{4-6}$$

往返速比：

$$\varphi = \frac{v_2}{v_1} = \frac{D^2}{D^2 - d^2} \tag{4-7}$$

（3）差动连接。

差动连接的工作原理如图 4-2（c）所示。单活塞杆液压缸在其左右两腔同时接通压力油时，称为"差动连接"。由于无杆腔受力面积大于有杆腔受力面积，使得活塞所受向右的作用力大于向左的作用力，因此活塞杆作伸出运动，并将有杆腔的油液挤出，流进无杆腔。差动连接的运动速度和推力为

$$v_3 = \frac{q\eta_{\mathrm{v}}}{A_1 - A_2} = \frac{4q\eta_{\mathrm{v}}}{\pi d^2} \tag{4-8}$$

$$F_3 = p_1(A_1 - A_2)\eta_{\mathrm{m}} = \frac{\pi}{4}p_1 d^2 \eta_{\mathrm{m}} \tag{4-9}$$

差动连接时液压缸速度快、推力小。用于增速、负载小的场合。但差动连接时缸只能向一个方向运动，反向时必须断开差动（通过控制阀来实现）。

单活塞杆液压缸运动范围大致为缸体长的两倍，应用范围较广，常用于需要获得快进（差动连接）—工进（无杆腔进油）—快退（有杆腔进油）工作循环的组合机床和各类专用设备的液压系统中。若要求快速接近与快速退回的速度相等，即 $v_3 = v_2$，这可以通过选择 D 与 d 的尺寸来实现。D 与 d 的关系可由式（4-5）、式（4-8）求得

$$v_3 = v_2$$

$$\frac{4q\eta_v}{\pi d^2} = \frac{4q\eta_v}{\pi(D^2 - d^2)}$$

整理得

$$d = 0.7D$$

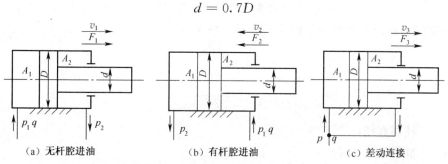

图 4-2　单活塞杆液压缸工作原理

【例 4-1】 设计一单杆活塞液压缸，已知负载 $F = 4$ kN，活塞与液压缸的摩擦阻力 $F_f = 0.8$ kN，液压缸的工作压力为 6 MPa，试确定液压缸内径 D。若活塞最大运动速度为 0.04 m/s，系统的泄漏损失为 6%，应选用多大流量的液压泵？若泵的总效率为 0.86，不计管路压力损失，电动机的驱动功率为多少？

解： $p \dfrac{\pi D^2}{4} = F + F_f$

$$D = \sqrt{\frac{4(F + F_f)}{\pi p}} = \sqrt{\frac{4 \times (4\,000 + 800)}{\pi \times 6 \times 10^6}} \text{ m} = 31.9 \times 10^{-3} \text{ m} = 31.9 \text{ mm}$$

选择液压缸内径 $D = 32$ mm

泵的流量为

$$q = \frac{vA}{\eta_v} = \frac{v\pi D^2}{4\eta_v} = \frac{0.04 \times \pi \times 32^2 \times 10^{-6}}{4 \times (1 - 0.06)} \text{ m}^3/\text{s} = 34.2 \times 10^{-6} \text{ m}^3/\text{s}$$

电机的驱动功率为

$$P = \frac{pq}{\eta} = \frac{6 \times 34.2}{0.86} \text{ W} = 238.6 \text{ W}$$

二、柱塞式液压缸

图 4-3（a）所示为柱塞式液压缸的结构示意图，它是单作用液压缸。工作时，压力油从进油口 1 进入缸筒 2 中，推动柱塞 3 向外伸出。柱塞端面是承受油压的工作面，动力通过柱塞本身传递；缸体内壁和柱塞不接触，因此缸体内孔可以只作粗加工或不加工，简化加工工艺；由于柱塞较粗，刚度强度大，所以适用于工作行程较长的场合；只能单方向运动，工作行程靠液压驱动，回程靠其他外力或自重驱动，可以用两个柱塞缸来实现双向运动（往复运

动），如图 4-3（b）所示。

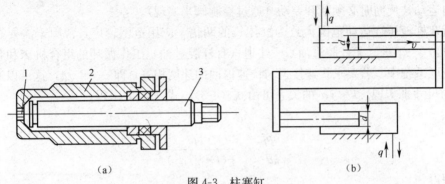

(a)　　　　　　　　　　　　　　　　　(b)

图 4-3　柱塞缸
1—进油口；2—缸筒；3—柱塞

柱塞缸的运动速度和推力分别为

$$v = \frac{4q\eta_\mathrm{v}}{\pi d^2} \tag{4-10}$$

$$F = \frac{\pi}{4} p d^2 \eta_\mathrm{m} \tag{4-11}$$

式中　d——柱塞直径；

　　　q——缸的输入流量；

　　　p——液体的工作压力。

三、摆动缸

摆动缸（摆动马达）是输出转矩并实现往复摆动的执行元件，有单叶片式和双叶片式两种形式，如图 4-4 所示。单叶片摆动缸的摆动角度一般不超过 280°；双叶片式摆动缸的摆动角度不超过 150°，但可得到更大的输出转矩。摆动缸的主要特点是结构紧凑。

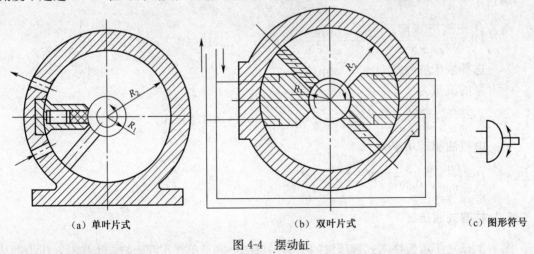

(a) 单叶片式　　　　　　　　(b) 双叶片式　　　　　　(c) 图形符号

图 4-4　摆动缸

四、其他形式液压缸

1. 伸缩套筒缸

伸缩套筒缸是由两个或多个活塞式液压缸套装而成的，前一级活塞缸的活塞是后一级活塞缸的缸筒。伸出时，由大到小逐级伸出（负载恒定时油压逐级上升）；缩回时，由小到大逐级缩回，如图 4-5 所示。这种缸的最大特点就是工作时行程长，停止工作时长度较短。各级缸的运动速度和推力可按活塞式液压缸的有关公式计算。伸缩缸常用于工程机械和其他行走机械，例如起重机伸缩臂液压缸、自卸汽车举升液压缸等。

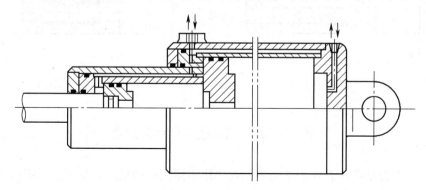

图 4-5 伸缩套筒缸

2. 增压缸

增压缸又叫增压器，其工作原理如图 4-6 所示。它是在同一个活塞杆的两端接入两个直径不同的活塞，利用两个活塞有效面积之差来使液压系统中的局部区域获得高压。具体工作过程：在大活塞侧输入低压油，根据力平衡原理，在小活塞侧必获得高压油（有足够负载的前提下），即

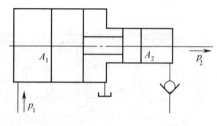

图 4-6 增压缸

$$p_1 A_1 = p_2 A_2$$

故

$$p_2 = p_1 \frac{A_1}{A_2} p_1 K \tag{4-12}$$

式中　p_1——输入的低压；

　　　p_2——输出的高压；

　　　A_1——大活塞的面积；

　　　A_2——小活塞的面积；

　　　K——增压比。

增压缸不能直接驱动工作机构，只能向执行元件提供高压，常与低压大流量泵配合使用来节约设备的费用。

3. 增速缸

图 4-7 所示为增速缸的工作原理图。先从 a 口供油使活塞 2 以较快的速度右移，活塞 2 运动到某一位置后，再从 b 口供油，活塞以较慢的速度右移，同时输出力也相应增大。常用于卧式压力机上。

4. 齿条缸

齿条缸由带有齿条杆的双活塞缸和齿轮齿条机构组成，如图 4-8 所示。它将活塞的往复直线运动经齿轮齿条机构转变为齿轮轴的转动，多用于回转工作台和组合机床的转位、液压机械手和装载机铲斗的回转等。

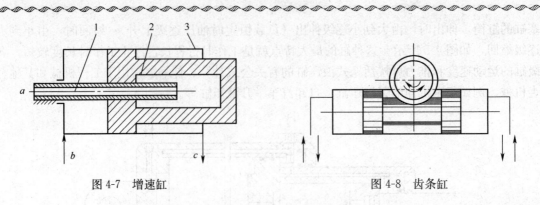

图 4-7　增速缸　　　　　　　　　　　　　图 4-8　齿条缸

第二节　液压缸的结构

在液压缸中最具有代表性的结构就是双作用单活塞杆液压缸，如图 4-9 所示（此缸是工程机械中的常用缸）。下面就以这种缸为例来讲解液压缸的结构。

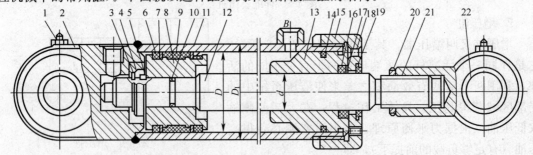

图 4-9　双作用单活塞杆液压缸结构

1—螺钉；2—缸底；3—弹簧挡圈；4—挡环；5—半环；6—密封圈；7—挡圈；8—活塞；9—支承环；
10—活塞与活塞杆之间的密封圈；11—缸筒；12—活塞杆；13—导向套；14—导向套和缸筒之间的密封圈；15—端盖；
6—导向套和活塞杆之间的密封圈；17—挡圈；18—锁紧螺钉；19—防尘圈；20—锁紧螺母；21—耳环；22—耳环衬套圈

液压缸的结构基本上可以分为缸筒和缸盖组件、活塞和活塞杆组件、密封装置、缓冲装置和排气装置五个部分。

一、缸筒与缸盖组件

1. 连接形式

（1）法兰连接结构，如图 4-10（a）所示。这种连接形式的特点是结构简单，容易加工、装拆；但外形尺寸和重量较大。

（2）半环连接结构，如图 4-10（b）所示。这种连接分为外半环连接和内半环连接两种形式（图 4-10（b）所示为外半环连接）。其特点是容易加工、装拆，重量轻；但削弱了缸筒强度。

（3）螺纹连接结构，如图 4-10（c）、（f）所示。这种连接有外螺纹连接和内螺纹两种形式。其特点是外形尺寸和重量较小；但结构复杂，外径加工时要求保证与内径同心，装拆要使用专用工具。

（4）拉杆连接结构，如图 4-10（d）所示。这种连接的特点是结构简单，工艺性好、通用性强、易于装拆；但端盖的体积和重量较大，拉杆受力后会拉伸变长，影响密封效果，仅适用于长度不大的中低压缸。

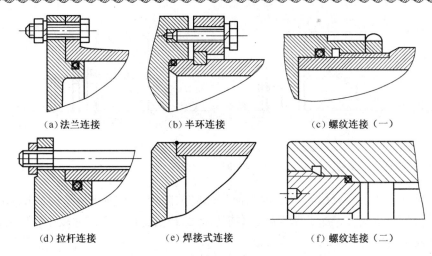

（a）法兰连接　　　　（b）半环连接　　　　（c）螺纹连接（一）

（d）拉杆连接　　　　（e）焊接式连接　　　　（f）螺纹连接（二）

图 4-10　缸筒和缸盖组件的连接形式

（5）焊接式连接结构，如图 4-10（e）所示。这种连接形式只适用于缸底与缸筒间的连接。其特点是外形尺寸小，连接强度高，制造简单；但焊后易使缸筒变形。

2. 密封形式

缸筒与缸盖间的密封属于静密封，主要的密封形式通常采用"O"形密封圈密封。

3. 导向与防尘

对于缸前盖还应考虑导向和防尘问题。导向的作用是保证活塞的运动不偏离轴线，以免产生"拉缸"现象，（H8/f8 间隙）并保证活塞杆的密封件能正常工作。导向套是用铸铁、青铜、黄铜或尼龙等耐磨材料制成，可与缸盖做成整体或额外压力。导向套不应太短，以保证受力良好，如图 4-9 中的 13 号件。防尘就是防止灰尘被活塞杆代入缸体内，造成液压油的污染。通常是在缸盖上装一个防尘圈，如图 4-9 中的 19 号件。

4. 缸筒与缸盖的材料

缸筒材料一般选用 35 钢或 45 钢调质无缝钢管，也可采用锻钢、铸钢或铸铁等材料。在特殊情况下也可采用合金钢。

缸盖的材料一般选用 35 钢或 45 钢锻件、铸件、圆钢或焊接件。也可采用球铁或灰口铸铁。

二、活塞和活塞杆组件

1. 连接形式

（1）螺纹连接结构，如图 4-11（a）所示。这种连接形式的特点是结构简单，装拆方便；但高压时会松动，必须加防松装置。

（2）卡键连接结构，如图 4-11（b）所示。这种连接方法可以使活塞在活塞杆上浮动，它比螺纹连接要好，但结构稍复杂。

（3）整体式和焊接式，适用于尺寸较小的场合。

2. 密封形式

活塞与活塞杆间的密封属于静密封，通常采用"O"形密封圈来密封。

活塞与缸筒间的密封属于动密封，既要封油，又要相对运动，对密封的要求较高，通常采用的形式有以下三种：

（1）图 4-12（a）所示为间隙密封，它依靠运动件间的微小间隙来防止泄漏。为了提高

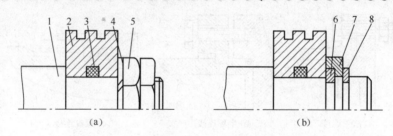

图 4-11　活塞和活塞杆组件的连接形式

1—活塞杆；2—活塞；3—密封圈；4—弹簧圈；5—螺母；6—卡键；7—套环；8—弹簧卡圈

密封能力，常制出几条环行槽，以增加油液流动时的阻力。其特点是结构简单、摩擦阻力小、可耐高温；但泄漏大、加工要求高、磨损后无法补偿。常用于尺寸较小、压力较低、相对运动速度较高的情况。

（2）图 4-12（b）所示为摩擦环密封，它依靠摩擦环支承相对运动，并依靠"O"形密封圈来密封。其特点是密封效果较好，摩擦阻力较小且稳定，可耐高温，磨损后能自动补偿；但加工要求高，装拆较不便。

（3）图 4-12（c）、（d）所示为密封圈密封，它采用橡胶或塑料的弹性使各种截面的环形圈贴紧在静、动配合面之间来防止泄漏。其特点是结构简单、制造方便、磨损后能自动补偿，性能可靠。

3. 活塞和活塞杆的材料

活塞的材料通常选用铸铁和钢；也可用铝合金制成。

活塞杆的材料一般选用 35 钢、45 钢的空心杆或实心杆。

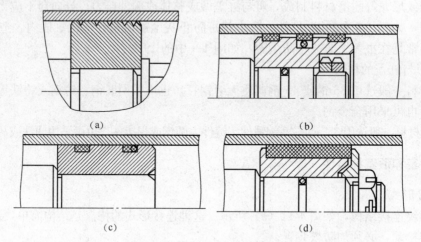

图 4-12　活塞与缸筒间的密封形式

三、缓冲装置

液压缸活塞运动速度较高和运动部件质量较大时，为了防止活塞在行程终点与缸盖或缸底发生机械碰撞，引起噪声、冲击，甚至造成液压缸或被驱动件的损坏，必须设置缓冲装置。其基本原理就是利用活塞或缸筒在走向行程终端时，在活塞和缸盖之间封住一部分油液，强迫它从小孔后细缝中挤出，产生很大阻力，使工作部件受到制动，逐渐减慢运动速度。

液压缸中常用的缓冲装置有节流口可调式和节流口变化式两种。

1. 节流口可调式

节流口可调式缓冲装置结构如图 4-13（a）所示。缓冲过程中，被封在活塞和缸盖间的油液经针形节流阀流出，节流阀开口大小可根据负载情况进行调节。这种缓冲装置的特点是起始缓冲效果大，后来缓冲效果差，因此制动行程长；缓冲腔中的冲击压力大；缓冲性能受油温影响。

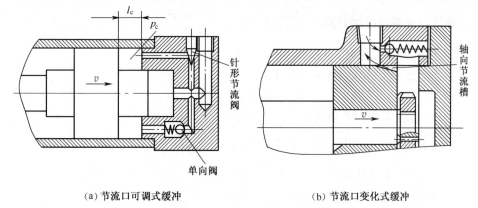

（a）节流口可调式缓冲　　　　　　　　（b）节流口变化式缓冲

图 4-13　缓冲方式

2. 节流口变化式

节流口变化式缓冲装置结构如图 4-13（b）所示。缓冲过程中，被封在活塞和缸盖间的油液经活塞上的轴向节流阀流出，节流口通流面积不断减小。这种缓冲装置的特点是当节流口的轴向横截面为矩形、纵截面为抛物线形时，缓冲腔可保持恒压；缓冲作用均匀，缓冲腔压力较小，制动位置精度高。

四、排气装置

液压系统在安装过程中或长时间停止工作之后会渗入空气，油中也会混有空气，由于气体有很大的可压缩性，会使执行元件产生爬行、噪声和发热等一系列不正常现象，因此在设计液压缸时，要保证能及时排除积留在缸内的气体。

一般利用空气比较轻的特点可在液压缸的最高处设置进出油口把气体带走，如不能在最高处设置油口时，可在最高处设置放气孔或专门的放气阀等放气装置，如图 4-14所示。

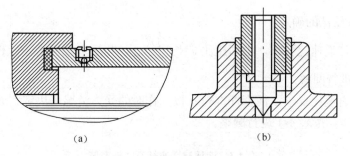

（a）　　　　　　　　　　　　（b）

图 4-14　排气装置

第三节　液压缸的设计与计算

液压缸的设计是在对所设计的液压系统进行工况分析、负载计算和确定了其工作压力的基础上进行的。首先根据使用要求确定液压缸的类型，再按负载和运动要求确定液压缸的主要结构尺寸，必要时需进行强度验算，最后进行结构设计。

液压缸的主要尺寸包括液压缸的内径 D、缸的长度 L、活塞杆直径 d。主要根据液压缸的负载、活塞运动速度和行程等因素来确定上述参数。

一、液压缸主要尺寸的计算

1. 缸筒内径 D 和活塞杆直径 d

通常根据工作压力和负载来确定缸筒内径，即

$$F = pA\eta_{\mathrm{m}}$$

式中　F——液压缸工作时总负载；

A——液压缸有效工作面积，对无杆腔 $A_{\text{无}} = \frac{1}{4}\pi D^2$，对有杆腔 $A_{\text{有}} = \frac{1}{4}\pi\,(D^2 - d^2)$；

p——液压缸工作压力；

η_{m}——液压缸机械效率，一般取 $\eta_{\mathrm{m}} = 0.95$。

（1）无杆腔进油：

$$D = \sqrt{\frac{4F}{\pi p\eta_{\mathrm{m}}}}$$

（2）有杆腔进油：

$$D = \sqrt{\frac{4F\varphi}{\pi p\eta_{\mathrm{m}}}}$$

其中，φ 为往返速比，$\varphi = \dfrac{D^2}{D^2 - d^2}$

缸筒直径 D 计算之后，根据表 4-2 进行圆整取标准值。

表 4-2　缸筒内径 D 系列　　　　　　　　（单位：mm）

8	10	12	16	20	25	32	40	50
63	80	100	125	160	200	250	320	400

2. 活塞杆直径 d 的确定

若液压缸有往返速比要求，根据速比 $\varphi = \dfrac{D^2}{D^2 - d^2}$，和活塞直径 D，计算 d，根据活塞杆直径系列表 4-4 进行圆整。

若液压缸没有速比要求，活塞杆直径 d 按工作时的受力情况来决定，如表 4-3 所示，计算出活塞杆直径 d，按表 4-4 进行圆整。

表 4-3　液压缸活塞杆直径推荐值

活塞杆受力情况	受拉伸	受压缩，工作压力（Pa）		
		$p \leqslant 5$	$5 \leqslant p < 7$	$p > 7$
活塞杆直径（mm）	$(0.3\sim0.5)D$	$(0.5\sim0.55)D$	$(0.6\sim0.7)D$	$0.7D$

表 4-4 活塞杆直径系列 （单位：mm）

4	5	6	8	10	12	14	16	18
20	22	25	28	32	36	40	45	50
56	63	70	80	90	100	110	125	140
160	180	200	220	250	280	320	360	

3. 最小导向长度 L

液压缸长度 L 应根据最大工作行程长度而定，一般长度不大于直径的 $20\sim30$ 倍。工作中受压的活塞杆，当活塞长度与活塞杆直径之比大于 10 时，应对活塞杆进行稳定性验算。

二、液压缸的校核

1. 缸筒壁厚的计算（主要是校核）

（1）当 $\delta/D \leqslant 1/10$ 时，按薄壁孔强度校核，即

$$\delta \geqslant \frac{pD}{2[\sigma]} \tag{4-13}$$

（2）当 $\delta/D > 1/10$ 时，按第二强度理论校核，即

$$\delta \geqslant \frac{D}{2}\left(\sqrt{\frac{[\sigma]+0.4p}{[\sigma]-1.3p}}-1\right) \tag{4-14}$$

式中 p——缸筒试验压力（缸的额定压力 $p_n \leqslant 16$ MPa 时，$p=1.5p_n$；缸的额定压力 $p_n > 16$ MPa 时，$p=1.25p_n$。）

$[\sigma]$——缸筒材料的许用拉应力；

D——缸筒内径；

δ——缸筒壁厚。

2. 活塞杆校核

$$d \geqslant \sqrt{\frac{4F_{max}}{\pi [\sigma]}} \tag{4-15}$$

式中 F_{max}——活塞杆上的最大作用力；

$[\sigma]$——活塞杆材料的许用拉应力。

【例 4-2】 一单杆液压缸快进时采用差动连接，快退时油液输入缸的有杆腔，设缸快进、快退时的速度均为 0.1 m/s，工进时杆受压，推力为 $25\,000$ N。已知输入流量 $q=25$ L/min，背压 $p_2=2\times10^5$ Pa，试求：

（1）缸和活塞杆直径 D、d；

（2）缸筒材料为 45 号钢时缸筒的壁厚。

解：（1）当油缸差动连接时，有

$$v=\frac{4q}{\pi d^2}$$

则，$d=\sqrt{\frac{4q}{\pi v}}=\sqrt{\frac{4\times25\times10^{-3}}{\pi\times0.1\times60}}$ mm$=0.072\,84$ mm

由于缸的进退速度相等，所以 $A_1=2A_2$，即 $\frac{\pi D^2}{4}=2\times\frac{\pi(D^2-d^2)}{4}$

$D=\sqrt{2}d=\sqrt{2}\times0.072\,84$ mm$=0.103$ mm

取标准直径 $D=100$ mm，$d=70$ mm

（2）工作进给时液压缸无杆腔的压力为

$$p_1 \frac{\pi D^2}{4} = F + p_2 \frac{\pi(D^2-d^2)}{4}$$

$$p_1 = \frac{4F}{\pi D^2} + p_2 \frac{D^2-d^2}{D^2} = \frac{4\times 25\,000}{\pi \times 0.1^2} + 2\times 10^5 \times \frac{0.1^2-0.07^2}{0.1^2} \text{Pa}$$

$$= 32.85\times 10^5 \text{ Pa} < 16 \text{ MPa}$$

故取实验压力 $p_y = 1.5p_1 = 49.3\times 10^5$ Pa。

缸筒材料是 45 号钢，其材料抗拉强度 $\sigma_b = 6\,100\times 10^5$ Pa，取安全系数 $n=5$，许用应力 $[\sigma] = \sigma_b/n = 1\,220\times 10^5$ Pa，

按薄壁圆筒计算液压缸筒壁厚：

$$\delta \geqslant \frac{p_y D}{2\,[\sigma]} = \frac{49.3\times 10^5 \times 0.1}{2\times 1220\times 10^5} \text{ m} = 0.002\,02 \text{ m} = 2.02 \text{ mm}$$

故缸筒壁厚取 3 mm

第四节　液压缸的安装、维护与常见故障

一、液压缸的安装及要求

液压缸的安装应扎实可靠。配管连接不得有松驰的现象发生，缸的安装面与活塞的滑动面应保持足够的平行度和垂直度。安装液压缸应注意以下三点：

（1）对于脚座固定式的移动缸，其中心轴线应与负载作用力的轴线同心，以避免引起侧向力，侧向力容易使密封件磨损及活塞损坏。对移动物体的液压缸，其安装时应使缸与移动物体在导轨面上的运动方向保持平行，其不平行度一般不大于 0.05 mm/m。

（2）安装液压缸体的密封压盖螺钉，其拧紧程度应能保证活塞在全行程上移动灵活，无阻滞和轻重不均匀的现象产生为宜。螺钉拧得过紧，会增加阻力，加速磨损；过松会引起漏油。

（3）在行程大和工作油温高的场合，液压缸的一端必须保持浮动，以防止热膨胀对其产生的影响。

二、液压缸常见故障及排除方法

液压缸作为液压系统的一个执行部分，其运行故障的发生，往往和整个系统有关，即存在影响液压缸正常工作的外部原因，当然也存在液压缸自身内在原因。所以在排除液压缸运行故障时要认真观察故障的征兆，采用逻辑推理、逐向逼近的方法，从外部到内在仔细分析故障原因，从而做出适当的解决办法，避免欠加分析盲目地大拆大卸，造成事倍功半、停机停产。虽然，液压缸运动故障的原因是多种多样的，但它和任何事物一样，其故障的发生也有一定条件和规律，只要掌握了这些条件和规律，加上实践经验的积累，排除其故障并不困难。

排除液压缸不能正常工作的故障，可参考方法：

（1）明确液压缸在启动时产生的故障性质。例如运动速度不符合要求；输出的力不合适；没有运动；运动不稳定；运动方向错误；动作顺序错误；爬行等。不论出现哪种故障，都可归结到一些基本问题上，例如流量、压力、方向、方位、受力情况等方面。

（2）列出对故障可能发生影响的元件目录。例如缸速太慢，可以认为是流量不足所产生，此时应列出对缸的流量造成影响的元件目录，然后分析是否流量阀堵塞或不畅；缸本身

泄漏；压力控制阀泄漏过大等，有重点的进行检查试验，对不合适的元件进行修理或更换。

（3）如相关元件均无问题，各油段的液压参数也基本正常，则进一步检查液压缸自身的因素。

液压缸常见故障及排除方法如表 4-5 所示。

表 4-5　液压缸常见故障及排除方法

故障现象		原 因 分 析	排 除 方 法
活塞杆不能动作	压力不足	油液未进入液压缸	
		换向阀未换向	检查换向阀未换向的原因并排除
		系统未供油	检查液压泵和主要液压阀的原因并排除
		有油，但没有压力	
		系统有故障，主要是泵或溢流阀有故障	更换或溢流阀的故障原因并排除
		内部泄漏，活塞与活塞杆松脱，密封件损坏严重	将活塞与活塞杆紧固牢靠，更换密封件
		压力达不到规定值	
		密封件老化、失效，唇口装反或有破损	检查泵密封件，并正确安装
		活塞杆损坏	更换活塞环
		系统调定压力过低	重新调整压力，达到要求值
		压力调节阀有故障	检查原因并排除
		压力调速阀的流量过小，因液压缸内泄漏	调速阀的通过流量必须大于液压缸的泄漏量
	压力已达到要求，但仍不动作	活塞端面与缸筒端面紧贴在一起，工作面积不足，不能启动	端面上要加一条通油，使工作油液流向活塞的工作端面，缸筒的进出油口位置应与接触表面错开
		具有缓冲装置的缸筒上单向回路被活塞堵住	排除
		缸筒与活塞，导向套与活塞杆配合间隙过小	检查配合间隙，并配研到规定值
		活塞杆与夹布胶木导向套之间的配合间隙过小	检查配合间隙，修配导向套孔，达到要求的配合间隙
		液压缸装配不良	重新装配和安装、对不合格零件更换
		液压回路引起的原因，主要是液压缸背压腔油液未与油箱相通，回油路上的调速节流口调节过小或换向阀未动作	检查原因并消除
速度达不到规定	内泄漏严重	密封件破损严重	更换密封件
		油的黏度太低	更换适宜黏度的液压油
		油温过高	检查原因并排除
	外载过大	设计错误，选用压力过低	核算后更换元件，调大工作压力
		工艺和使用错误，造成外载比预定值增大	按设备规定值使用
	活塞移动"别劲"	加工精度差、缸筒孔锥度和圆度超差	检查零件尺寸，对无法修复的零件更换
		装配质量差	按要求重新装配
	脏物进入	油液过脏	过滤或更换油液
		防尘圈破损	更换防尘圈
		装配时未清洗干净或带入脏物	拆开清洗，装配时要注意清洁

续上表

故障现象		原 因 分 析	排 除 方 法
速度达不到规定	端部行程速度急剧下降	缓冲节流阀的节流口调节过小，在进入缓冲行程时，活塞可能停止或速度急剧下降	缓冲节流阀的开口度要调节适宜，并能起缓冲作用
		固定式缓冲装置中节流孔直径过小	适当加大节流孔直径
		缸盖上固定式缓冲节流环与缓冲柱塞之间间隙小	适当加大间隙
	活塞移动到中途速度较慢或停止	缸壁内径加工精度差，表面粗糙，使内泄量增大	修复或更换缸筒
		缸壁发生胀大，当活塞通过增大部位时，内泄量增大	更换缸筒
液压缸爬行	缸内进入空气	新液压缸，修理后的液压缸或设备停机时间过长的缸，缸内有气或液压缸管道中排气不净	空载大行程往复运动，直到把空气排完
		缸内部形成负压，从外部吸入空气	先用油脂封住结合面和接头处，若吸空情况有好转，则将螺钉及接头紧固
		从液压缸到换向阀之间的管道容积比液压缸内容积大得多，液压缸工作时，这段管道上油液未排完，所以空气也很难排完	可在靠近液压缸管道的最高处加排气阀，活塞在全行程情况下运动多次，把气排完后，再把排气阀关闭
		泵吸入空气	拧紧泵的吸油管接头
		油液中混入空气	液压缸排气阀放气，或换油（油质本身欠佳）
	活塞移动"别劲"	加工精度差、缸筒孔锥度和圆度超差	检查零件尺寸，对无法修复的零件更换
		装配质量差	按要求重新装配
缓冲装置故障	缓冲作用过度	缓冲节流阀的节流开口过小	将节流口调节到合适位置并紧固
		缓冲柱塞"别劲"（如柱塞头与缓冲间隙太小，活塞倾斜或偏心）	拆开清洗，适当加大间隙，对不合格零件应更换
		在斜柱塞头与缓冲之间有脏物	修去毛刺并清洗干净
		固定式缓冲装置柱塞头与衬套之间间隙太小	适当加大间隙
	失去缓冲作用	缓冲调节阀处于全开状态	调节到合适位置并紧固
		惯性能量太大	应设计合适的缓冲机构
		缓冲节流阀不能调节	修复或更换
		单向阀处于全开状态或单向阀阀座封闭不严	检查尺寸，更换锥阀芯和钢球，更换弹簧，并配研修复
		活塞上的密封件破损，当缓冲腔压力升高时，工作液体从此腔向工作压力腔倒流，故活塞不减速	更换密封件
		柱塞头或衬套内表面上有伤痕	修复或更换
		镶在缸盖上的缓冲环脱落	修理换新缓冲环
		缓冲柱塞锥面长度与角度不对	给予修正

故障现象		原 因 分 析	排 除 方 法
缓冲装置故障	缓冲行程段出现"爬行"	加工不良，如缸盖、活塞端面不合要求，在全长上活塞与缸筒间隙不均匀；缸盖与缸筒不同轴；缸筒内径与缸盖中心线偏差大，活塞与螺母端面垂直度不合要求造成活塞杆弯曲等	对每个零件均仔细检查，不合格零件不许使用
		配合不良，如缓冲柱塞与缓冲环相配合的孔有偏心或倾斜等	重新装配，确保质量
液压缸泄漏	装配不良	液压缸装配时端盖装偏，活塞杆与缸筒定心不良，使活塞杆伸出困难，加速密封件磨损	拆开检查，重新装配
		液压缸与工作台导轨面平行度差，使活塞杆伸出困难，加速密封件磨损	拆开检查，重新安装，并更换密封件
		密封件安装差错，如密封件划伤、切断、密封唇装反，唇口破损或轴倒角尺寸不对，装错或漏装	更换并重新安装密封件
		密封件压盖未装好	重新安装
	密封件质量不佳	保管期太长，自然老化失效	更换密封件
		保管不良，变形或损坏	
		胶料性能差，不耐油或胶料与油液相容性差	
		制品质量差，尺寸不对，公差不合要求	
	活塞杆和沟槽加工质量差	活塞杆表面粗糙，活塞杆头上的倒角不符合要求或未倒角	表面粗糙度应为 $Ra0.2\ \mu m$，并按要求倒角
		沟槽尺寸及精度不符合要求	
	油的黏度过低	用错了油品	更换合适的油液
		油液中渗有乳化液	
	油温过高	液压缸进油口阻力太大	检查进油口是否通畅
		周围环境温度太高	采取隔热措施
		泵或冷却器有故障	检查原因并排除
	高频振动	紧固螺钉松动	应定期紧固螺钉
		管接头松动	应定期紧固管接头
		安装位置变动	应定期紧固安装螺钉
	活塞杆拉伤	防尘圈老化，失效	更换防尘圈
		防尘圈内侵入砂粒，切屑等脏物	清洗更换防尘圈，修复活塞杆表面拉伤处

习 题

1. 填空题

(1) 排气装置应设在液压缸的_____位置。

(2) 在液压缸中为了减少活塞在终端的冲击，应采取_____措施。

(3) 柱塞缸只能实现_____运动。

(4) 伸缩缸的活塞伸出顺序是_____。

(5) 若使差动液压缸的往返速度相等，其活塞面积应为活塞杆面积的_____倍。

(6) 液压缸的运动速度取决于_____。

(7) 当工作行程较长时，采用_____缸较合适。

2. 问答题

(1) 液压缸的缓冲装置起什么作用？有那些形式？各有什么特点？

(2) 增压缸的工作原理如何？用于什么场合？

(3) 活塞式、柱塞式、摆动式液压缸各有什么特点

(4) 差动连接应用在什么场合？

3. 计算题

(1) 一单杆液压缸快进时采用差动连接，快退时油液输入缸的有杆腔，设缸快进、快退时的速度相等，工进时杆受压，推力为 10 000 N。已知输入流量 $q=25$ L/min，系统压力 $p=2\times10^6$ Pa，试求缸和活塞杆直径 D、d，及缸差动快进时的速度 v。

(2) 图 4-15 所示为两个互相串联的液压缸，无杆腔的面积 $A_1=100$ cm²，有杆腔面积 $A_2=80$ cm²，缸 1 输入压力 $p_1=9\times10^5$ Pa，输入流量 $q_1=12$ L/min，不计损失和泄漏，试求：

①两缸承受相同负载时（$F_1=F_2$），该负载的数值及两缸的运动速度。

②缸 2 的输入压力是缸 1 的一半时（$p_2=p_1/2$），两缸各能承受多少负载？

③缸 1 不受负载时（$F_1=0$），缸 2 能承受多少负载？

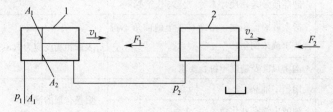

图 4-15　计算题（2）附图

(3) 设计一差动连接的液压缸，泵的流量为 $q=19.5$ L/min，压力为 63×10^5 Pa，工作台快进、快退速度为 5 m/min，试计算液压缸的内径 D 和活塞杆的直径 d；当外载为 25×10^3 N 时，溢流阀的调定压力为多少？

第五章　液压控制阀

一、学习要求

(1) 了解液压控制阀的功用、分类和结构。

(2) 掌握单向阀、液控单向阀的原理。

(3) 掌握换向阀的换向原理，换向阀的位、通、滑阀机能的概念。

(4) 掌握先导式溢流阀、减压阀和顺序阀的工作原理、区别及应用。

(5) 掌握节流阀、调速阀的特性和工作原理。

(6) 插装阀、叠加阀和电液比例阀的工作原理和应用。

二、重点与难点

(1) 单向阀、液控单向阀的导通原理和换向阀的滑阀机能。

(2) 先导式溢流阀、减压阀和顺序阀的工作原理、区别及应用。

(3) 节流阀、调速阀的流量—负载特性、压力和温度对流量的影响。

　　液压控制阀是用来控制液压系统中油液的流动方向或调节其压力和流量的。按用途可以将其分为方向控制阀、压力控制阀和流量控制阀；按控制方式可将其分为比例阀、伺服阀、数字阀；按结构形式可将其分为滑阀、锥阀、球阀、转阀、喷嘴挡板阀、射流管阀；按安装连接形式可将其分为管式连接、板式连接、集成式连接、叠加式连接、法兰式连接、插装式连接。

　　控制阀是标准件，其性能参数包括规格大小和工作性能。工作性能有压力、流量、压力损失、开启压力、允许背压、最小稳定流量等。

第一节　方向控制阀

方向控制阀是控制液压系统中油液流动方向的，它包括单向阀和换向阀。

一、单向阀

单向阀有普通单向阀和液控单向阀两种。

1. 普通单向阀

普通单向阀简称单向阀，它的作用是使油液只能沿一个方向流动，不许反向流动。图5-1所示为直通式单向阀的结构及图形符号。压力油从通口 p_1 流入时，克服弹簧 3 作用在阀芯 2 上的力，使阀芯 2 向右移动，打开阀口，油液从通口 p_1 流向通口 p_2 通口。当压力油从通口 p_2 流入时，液压力和弹簧力将阀芯压紧在阀座上，使阀口关闭，液流不能通过。

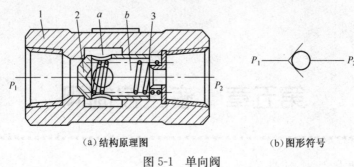

（a）结构原理图　　　　　　　　　（b）图形符号

图 5-1　单向阀

1—阀体；2—阀芯；3—弹簧

　　单向阀的弹簧主要用来克服阀芯的摩擦阻力和惯性力，使阀芯可靠复位。为了减小压力损失，弹簧刚度较小，一般单向阀的开启压力为 0.03～0.05 MPa。如换上刚度较大的弹簧，使阀的开启压力达到 0.2～0.6 MPa，便可当背压阀使用。

　　单向阀常安装在液压泵的出口，一方面防止系统的压力冲击影响泵的正常工作，另一方面防止泵工作时系统的油液倒流。单向阀还可以与其他阀并联组成复合阀，例如单向减压阀、单向节流阀等。若将单向阀安装在系统的回油路上，则可作背压阀使用，使回油具有一定压力，增加运动的稳定性，此时应更换刚度较大的弹簧，以提高其开启压力。

　　2. 液控单向阀

　　液控单向阀的结构及图形符号如图 5-2 所示。当控制口 K 不通压力油时，压力油只能从通口 p_1 流向通口 p_2，不能反向流动。当控制口 K 接通压力油时，活塞 1 右移，通过顶杆 2 顶开阀芯 3，使通口 p_1 和 p_2 接通，油液可在两个方向自由流动。液控单向阀的最小控制压力约为主油路压力的 30% 左右。

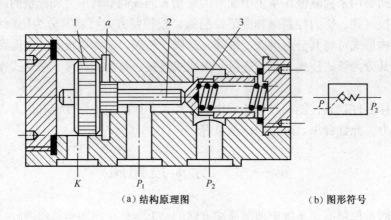

（a）结构原理图　　　　　　　　　（b）图形符号

图 5-2　液控单向阀

1—活塞；2—顶杆；3—阀芯

　　液控单向阀具有良好的单向密封性，常用于执行元件需要长时间保压、锁紧的情况下，这种阀也称为液压锁，其应用详见第七章的锁紧回路。

　　二、换向阀

　　换向阀的作用是利用阀芯与阀体相对位置的变动，改变阀体上各油口的通断状态，从而控制油路连通、断开或改变液流方向。换向阀种类繁多，应用广泛。按阀芯相对阀体运动的方式分，有转阀式换向阀和滑阀式换向阀两类；按操纵方式分，有手动、机动、电磁、液动、电液动等多种；按阀芯在阀体内工作位置数分，有二位阀、三位阀等；按阀体上主油口数目分，有二通、三通、四通和五通阀。

液压流经系统对换向阀性能的主要要求有以下三点：

（1）油液流经换向阀时压力损失要小。

（2）互不相通的油口间的泄漏要小。

（3）换向要平稳、迅速且可靠。

1. 滑阀式换向阀的主体结构形式

阀体和阀芯是换向阀的主体结构，表 5-1 所示为最常见的结构形式。由表可见，阀体上有多个通口，各油口之间的通、断取决于阀芯的工作位置。阀芯在外力作用下移动并可以停留在不同的工作位置上，利用阀芯（滑阀）和阀体间相对位置的改变，从而使相应的油路连通或断开。滑阀是一个具有多个环形槽的圆柱体，而阀体孔内有若干个沉割槽。每个沉割槽都通过相应的孔道与外部相同，其中 P 为进油口，T 为回油口，而 A 和 B 为通往液压缸两腔的油口。

表 5-1 滑阀式换向阀主体部分的结构形式

名 称	结构原理	图形符号	使用场合	
二位二通阀		$\begin{smallmatrix}A\\ \\P\end{smallmatrix}$	控制油路的接通与切断（相当于一个开关）	
二位三通		$\begin{smallmatrix}A\ B\\ \\P\end{smallmatrix}$	控制液流方向（从一个方向换成另一方向）	
二位四通		$\begin{smallmatrix}A\ B\\ \\P\ T\end{smallmatrix}$	不能使执行元件在任一位置上停止运动	执行元件正反向运动时回油方式相同
三位四通		$\begin{smallmatrix}A\ B\\ \\P\ T\end{smallmatrix}$	能使执行元件在任一位置上停止运动	
二位五通		$\begin{smallmatrix}A\ B\\ \\T_1 P\ T_2\end{smallmatrix}$	不能使执行元件在任一位置上停止运动	执行元件正反向运动时回油方式不同
三位五通		$\begin{smallmatrix}A\ B\\ \\T_1\ P\ T_2\end{smallmatrix}$	能使执行元件在任一位置上停止运动	

（注：使用场合中列"控制执行元件换向"贯穿后四项）

2. 滑阀式换向阀的操纵方式

常见的滑阀式换向阀操纵方式如表 5-2 所示。

表 5-2　滑阀式换向阀的操纵方式

操纵方式	图形符号	简要说明
手动		手动操纵，弹簧复位，中间位置时阀口互不相通
机动		挡块操纵，弹簧复位，通口常闭
电磁		电磁铁操纵，弹簧复位
液动		液压操纵，弹簧复位
电液动		电磁铁先导控制，液压驱动，阀芯移动速度可分别由两端的节流阀调节，使系统中执行元件能得到平稳的换向

3. 换向阀的中位机能

三位换向阀处于中位时各油口的连通方式称为它的中位机能。不同的中位机能，可以满足液压系统不同的使用要求。各中位机能的换向阀其阀体是通用的，仅阀芯的台肩尺寸和形状不同。中位机能不同，换向阀对系统的控制性能也不同。常用换向阀的各种机能型式、作用及特点如表 5-3 所示。

4. 换向阀的结构

换向阀的种类很多，在这里主要介绍换向阀的几种典型结构。

（1）手动换向阀。图 5-3（b）所示为自动复位式手动换向阀，放开手柄 1，阀芯 2 在弹簧 3 的作用下自动回复中位，该阀适用于动作频繁、工作持续时间短的场合，常用于工程机械的液压传动系统中。

表 5-3　三位四通换向阀的中位机能

型式	符 号	中位油口状况、特点及应用
O 型		P、A、B、T 四口全封闭；液压泵不卸荷，液压缸闭锁，可用于多个换向阀的并联工作
H 型		四口全串通；液压缸活塞处于浮动状态；在外力作用下可移动，泵卸荷
Y 型		P 口封闭，A、B、T 三口相通；液压缸活塞浮动，在外力作用下可移动，泵不卸荷
K 型		P、A、T 相通，B 口封闭；活塞处于闭锁状态，泵卸荷
M 型		P、T 相通，A 与 B 均封闭；活塞闭锁不动，泵卸荷，也可用多个 M 型换向阀并联工作
X 型		四油口处于半开启状态，泵基本上卸荷，但仍保持一定压力
P 型		P、A、B 相通，T 口封闭；泵与缸两腔相通，可组成差动回路
J 型		P 与 A 口封闭，B 与 T 口相通；活塞停止，但在外力作用下可向一边移动，泵不卸荷
C 型		P 与 A 口相通，B 与 T 口封闭；活塞处于停止位置，泵不卸荷
N 型		P 与 B 口封闭，A 与 T 口相通；与 J 型机能相似，只是 A 与 B 口互换了，功能也类似
U 型		P 与 T 口封闭，A 与 B 口相通；活塞浮动，在外力作用下可移动，泵不卸荷

如果将该阀阀芯 2 右端弹簧 3 的部位改为可自动定位的结构形式，即成为可在三个位置定位的手动换向阀。图 5-3（a）所示为手动换向阀的职能符号。

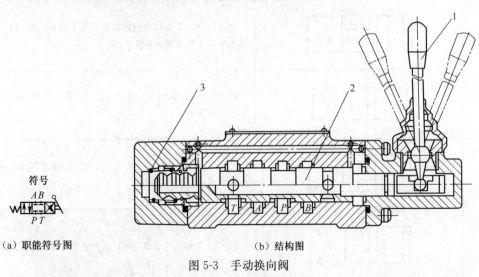

符号

（a）职能符号图　　　　　　　　　　　　　（b）结构图

图 5-3　手动换向阀

1—手柄；2—阀芯；3—弹簧

（2）液动换向阀。液动换向阀是利用控制油路的压力油来改变阀芯位置的换向阀，图 5-4 所示为三位四通液动换向阀的结构和职能符号。阀芯的移动是由其两端密封腔中油液的压差来实现的，当控制油路的压力油从阀右边的控制油口 K_2 进入滑阀右腔时，K_1 接通回油，阀芯向左移动，使油口 P 与 B 相通，A 与 T 相通；当 K_1 接通压力油，K_2 接通回油时，阀芯向右移动，使得 P 与 A 相通，B 与 T 相通；当 K_1、K_2 都通回油时，阀芯在两端弹簧和定位套作用下回到中间位置。

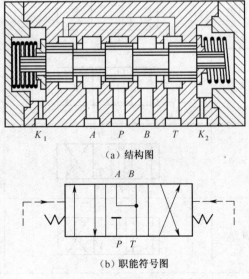

（a）结构图

（b）职能符号图

图 5-4　三位四通液动换向阀

（3）电液换向阀。电液换向阀是电磁阀和液动阀的组合，电磁阀起先导作用，以改变液动阀的阀芯位置。液动阀是控制主油路换向的，所以可以用较小的电磁铁来控制较大的液流。电液换向阀的结构和职能符号如图 5-5 所示。当两个电磁铁都不通电时，电磁阀阀芯 4 处于中位，液动阀阀芯 8 因两端都接通油箱，也处于中位。电磁铁 3 通电时，电磁阀阀芯 4 右移，压力油通过单向阀 1 进入液动阀阀芯 8 的左端，推动液动阀阀芯 8 右移，右端的油液经节流阀 6 和电磁阀回油箱，液动阀主油路 P 和 A 通，B 和 T 通。同理，当电磁铁 5 通电时，液动阀主油路 P 和 B 通，A 和 T 通。

图 5-5（a）所示的单向节流阀（1、2、6、7）称为阻尼调节器。调节节流阀开口，即可调节主阀换向时间，从而消除执行元件的换向冲击。

电液换向阀根据控制油的进回油方式不同分为内控内回、内控外回、外控内回和外控外回四种。进入先导电磁阀的控制油来自主阀的 P 腔，这种控制方式称为内部控制。其优点

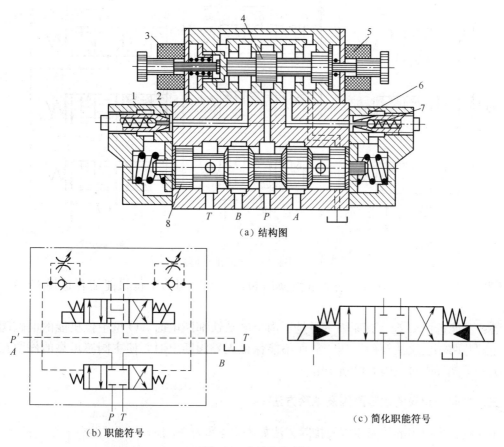

（a）结构图

（b）职能符号

（c）简化职能符号

图 5-5 电液换向阀

1—单向阀；2、6—节流阀；3、5—电磁铁；4—电磁阀阀芯；7—单向阀；8—液动阀阀芯（主阀芯）

是结构简单，但因泵的工作压力通常较高，故控制部分能耗大。进入先导电磁阀的压力油引自主阀 P 腔以外的油路，如专用的低压泵或系统的某一部分，这种控制方式称为外部控制。若先导电磁阀的回油口单独接油箱，这种回油方式称为外部回油；若先导阀的回油口与主阀的 T 口相通，则称为内部回油。内部回油式的优点是无需单设回油管路，但主回油路的背压需较小，而外部回油式不受此限制。图 5-5 所示为内控外回式电液换向阀。

5. 多路换向阀

多路换向阀是一种集中布置的组合式手动换向阀，常用于工程机械等要求集中操纵多个执行元件的设备中。多路换向阀的组合方式有并联式、串联式和顺序单动式三种，其图形符号如图 5-6 所示。

6. 方向控制阀的选用

选用方向控制阀的规格型号应根据液压系统图的要求进行，选用时主要考虑以下五个方面：

（1）额定压力。方向阀的额定压力应该与系统工作压力相容。

（2）额定流量。方向阀的额定流量应该大于工作流量。

（3）操作方式。

（4）响应时间。方向阀的响应时间往往与系统要求有关，是一个重要因素。

（5）油口连接方式及连接尺寸。

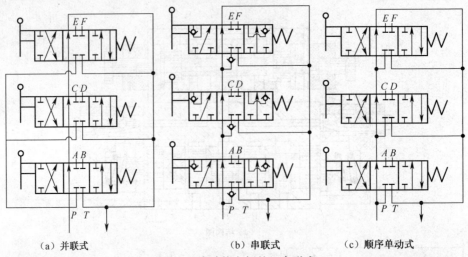

（a）并联式	（b）串联式	（c）顺序单动式

图 5-6　多路换向阀的组合形式

【**例 5-1**】弹簧对中型三位四通电液换向阀，其先导阀的中位机能能否选用 O 型？为什么？

答：不能选用 O 型。其原因主要是当两个电磁铁都断电时，O 型中位机能的电磁阀不能使主阀芯两端接通油箱而泄压，从而不能保证先导阀断电时，使主阀芯可靠的停留在中位，失去了先导阀对主阀的控制作用。

三、方向控制阀的故障原因及排除方法

单向阀、换向阀的故障原因及排除方法如表 5-4 和表 5-5 所示。

表 5-4　单向阀的故障原因及排除方法

故障现象	产 生 原 因	排 除 方 法
产生噪声	（1）单向阀的流量超过额定流量； （2）单向阀与其他元件产生共振	（1）更换大规格的单向阀或减少通过的流量； （2）适当调节阀的工作压力或改变弹簧刚度
泄漏	（1）阀座锥面密封不严； （2）锥阀的锥面（或钢球）不圆或磨损； （3）油中有杂质，阀芯不能关死； （4）加工、装配不良，阀芯或阀座拉毛，甚至损坏； （5）螺纹连接的结合部分没有拧紧或密封不严而引起外泄漏	（1）检查，研磨； （2）检查，研磨或更换； （3）清洗阀，更换液压油； （4）检查，更换； （5）拧紧，加强密封
单向阀失灵	（1）阀体或阀芯变形、阀芯有毛刺、油液污染引起的单向阀阀芯卡死； （2）弹簧折断、漏装或弹簧刚度太大； （3）锥阀（或钢球）与阀座完全失去密封作用； （4）锥阀与阀座同轴度超差或密封表面有生锈麻点，从而形成接触不良及严重磨损等	（1）清洗、修理或更换零件，更换液压油； （2）更换或补装弹簧； （3）研配阀芯和阀座； （4）清洗、研配阀芯和阀座
液控单向阀反向时打不开	（1）控制油压力低； （2）泄油口堵塞或有背压； （3）反向进油腔压力高，液控单向阀选用不当	（1）按规定压力调整； （2）检查外泄管路和控制油路； （3）选用带卸压阀芯的液控单向阀

表 5-5　换向阀常见故障及其排除方法

故障现象	产生原因	排除方法
阀芯不动或不到位	（1）滑阀卡住： ① 滑阀与阀体配合间隙过小，阀芯在孔中卡住不能动作或动作不灵活； ② 阀芯被碰伤，油液被污染； ③ 阀芯几何形状超差，阀芯与阀孔装配不同轴，产生轴向液压卡紧现象； ④ 阀体因安装螺钉的拧紧力过大或不均匀变形，使阀芯卡住不动； （2）液动换向阀控制油路有故障： ① 油液控制压力不多，弹簧过硬，使滑阀不能移动，不能换向或换向不到位； ② 节流阀关闭或堵塞； ③ 液动滑阀的两端（电磁阀的专用）泄油口没有接回油箱或泄油管堵塞； （3）电磁铁故障： ① 因滑阀卡住，交流电磁铁的铁心吸不到底面而烧毁； ② 漏磁，吸力不足； ③ 电磁铁接线焊接不良，接触不好； ④ 电源电压太低造成吸力不足，推不动阀芯； （4）弹簧折断、漏装、太软，不能使滑阀恢复中位； （5）电磁换向阀的推杆磨损后长度不够，使阀芯移动过小，引起换向不灵或不到位	（1）检查滑阀： ① 检查间隙情况，研修或更换阀芯； ② 检查、修磨或重配阀芯，换油； ③ 检查、修正形状误差及同轴度，检查液压卡紧情况； ④ 检查，使拧紧力适当、均匀； （2）检查控制回路： ① 提高控制压力，检查弹簧是否过硬，更换弹簧； ② 检查、清洗节流口； ③ 检查，将泄油管接回油箱，清洗回油管，使之畅通； （3）检查电磁铁： ① 清除滑阀卡住故障，更换电磁铁； ② 检查漏磁原因，更换电磁铁； ③ 检查并重新焊接； ④ 提高电源电压； （4）检查、更换或补装弹簧； （5）检查并修复，必要时更换推杆
电磁铁过热或烧毁	（1）电磁铁线圈绝缘不良； （2）电磁铁铁心与滑阀轴线同轴度太差； （3）电磁铁铁心吸不紧； （4）电压不对； （5）电线焊接不好； （6）换向频繁	（1）更换电磁铁； （2）拆卸，重新装配； （3）修理电磁铁； （4）改正电压； （5）重新焊线； （6）减少换向次数或采用高频性能的换向阀
电磁铁动作响声大	（1）滑阀卡住或摩擦力过大； （2）电磁铁不能压到底； （3）电磁铁接触面不平或接触不良； （4）电磁铁的磁力过大	（1）修研或更换滑阀； （2）校正电磁铁高度； （3）清除污物，修整电磁铁； （4）选用电磁力适当的电磁铁

第二节　压力控制阀

在液压系统中，用来控制油液压力或利用油液压力来控制油路通断的阀统称为压力控制阀，压力控制阀简称压力阀。这类阀的共同特点是利用液压力和弹簧力相平衡的原理进行工作。压力控制阀主要有溢流阀、减压阀、顺序阀、压力继电器等。这类阀的共同特点是利用作用在阀芯上的液压力和弹簧力相平衡的原理来工作的。

一、溢流阀

溢流阀的作用是控制系统中的压力保持基本恒定，实现稳压、调压或限压。常用的溢流阀有直动型和先导型两种。直动型一般用于低压系统；先导型用于中、高压系统。

1. 直动型溢流阀

直动型溢流阀的结构和图形符号如图 5-7 所示。阀芯在弹簧的作用下压在阀座上，阀体上开有进出油口 P 和 T，油液压力从进油口 P 作用在阀芯上。当液压力小于弹簧力时，阀芯压在阀座上不动，阀口关闭；当液压力超过弹簧力时，阀芯离开阀座，阀口打开，油液便从出油口 T 流回油箱，从而保证进口压力基本恒定。调节弹簧的预压力，便可调整溢流压力。

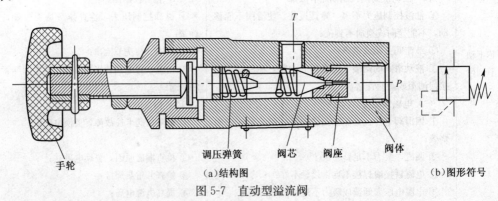

图 5-7　直动型溢流阀

直动型溢流阀的特点是结构简单，灵敏度高，但压力受溢流量的影响较大，一般用于低压或小流量系统。若控制的油压力较高时，需采用较大刚度的弹簧，这不仅使阀的结构尺寸变大，调节困难，而且当溢流量变化较大时，系统压力波动也较大，调压稳定性差。因此直动式溢流阀一般用于压力小于 2.5 MPa 的低压系统，或作先导阀使用。

2. 先导型溢流阀

先导型溢流阀的结构和图形符号如图 5-8 所示。它由先导阀和主阀两部分组成，由先导阀调压，主阀溢流。这种阀是利用主阀芯两端的压力差所形成的作用力和弹簧力相平衡的原理进行压力控制的。液压力同时作用于主阀芯及先导阀芯上。当先导阀未打开时，阀腔中油液没有流动，作用在主阀芯上下两个方向的液压力平衡，主阀芯在弹簧的作用下处于最下端位置，阀口关闭；当进油压力增大到使先导阀打开时，液流通过主阀芯上的阻尼孔 e、先导阀流回油箱。由于阻尼孔的阻尼作用，使主阀芯所受到的上下两个方向的液压力不相等，主阀芯在压差的作用下上移，打开阀口，实现溢流。调节先导阀的调压弹簧，便可调整溢流压力。

阀体上有一个远程控制口 K，当 K 口通过二位二通阀接油箱时，主阀芯在很小的液压力作用下便可移动，打开阀口，实现溢流，这时系统称为卸荷。若 K 口接另一个远程调压阀，便可对系统压力实现远程控制。

先导型溢流阀的导阀部分结构尺寸较小，调压弹簧不必很强，因此压力调整比较轻便。但是先导型溢流阀需要先导阀和主阀都动作后才能起控制作用，因此反应不如直动型溢流阀灵敏。

3. 溢流阀的静态特性

溢流阀工作时，随着溢流量的变化，系统压力会产生一些波动，不同的溢流阀其波动程

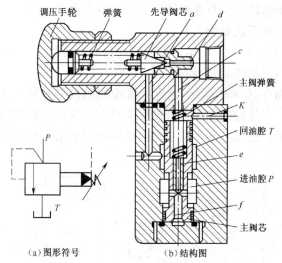

（a）图形符号 （b）结构图

图5-8 先导型溢流阀

度不同。因此一般用溢流阀稳定工作时的压力—流量特性来描述溢流阀的静态特性。

图 5-9 所示为溢流阀的压力—流量特性曲线，又称溢流阀的静态特性曲线。图中 p_T 为溢流阀调定压力，p_C 和 p_C' 分别为直动型溢流阀和先导型溢流阀的开启压力。

溢流阀理想的特性曲线最好是一条在 p_T 处平行于流量坐标的直线，即只有在 p 达到 p_T 时才溢流，且不管溢流量多少，压力始终保持在 p_T 值。实际溢流阀的特性不可能是这样的，而只能要求它的特性曲线尽可能接近这条理想曲线。

先导型溢流阀调压偏差（p_T-p_C'）比直动型溢流阀的调压偏差（p_T-p_C）小，如图5-9所示。所以先导型溢流阀比直动型溢流阀静态特性好。

先导型溢流阀中主阀弹簧主要用于克服阀芯的摩擦力，弹簧刚度小。当溢流量变化引起主阀弹簧压缩量变化时，弹簧力变化较小。因此阀进口压力变化也较小。故先导型溢流阀调压稳定性好。

溢流阀的阀芯在移动过程中要受到摩擦力的作用，阀口开大和关小时的摩擦力方向刚好相反，使溢流阀开启时的特性和闭合时的特性产生差异。以直动型溢流阀为例，图 5-9 所示的实线表示其开启特性，而虚线则表示其闭合特性。

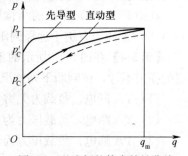

图 5-9 溢流阀的静态特性曲线

4. 溢流阀的应用

图 5-10 所示为溢流阀的四种应用实例。

（1）溢流作用。图 5-10（a）所示为采用定量泵供油的系统，溢流阀和节流阀配合使用，起溢流稳压作用。调节节流阀的开口大小，使泵输出压力油的一部分进入执行元件，多余的油则经溢流阀流回油箱。在系统正常工作时，溢流阀的阀口通常是打开的，系统的工作压力由溢流阀调定并保持恒定。

（2）安全作用。图 5-10（b）所示为采用变量泵供油的系统，用溢流阀限制系统压力不超过最大允许值，起防止系统过载、安全保护作用，故又称安全阀。在此系统中，执行元件需要的油量由变量泵本身调节，系统内没有多余的油液，其工作压力由负载决定。在系统正常工作时，溢流阀是闭合的，只有在系统压力超过最大允许值时，溢流阀阀口立即打开，系统的压力不再升高，确保系统安全。

（3）背压作用。图 5-10（c）所示为溢流阀连接在回油路上，可对回油产生阻力，即形成背压，从而提高执行元件的运动平稳性。

（4）卸荷作用。图 5-10（d）所示为先导式溢流阀的外控制口 K 与二位二通电磁阀连接，当电磁阀通电时，溢流阀的主阀芯弹簧腔通过电磁阀与油箱相同，主阀芯在压力油的作用下，阀口全开，泵输出的压力油直接经过溢流阀流回油箱，使泵卸荷。

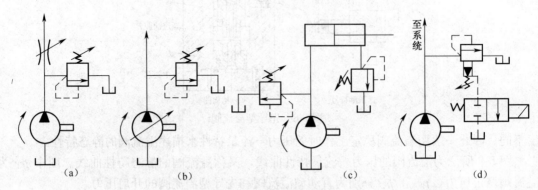

(a)　　　　　　　　　(b)　　　　　　　　　(c)　　　　　　　　　(d)

图 5-10　溢流阀的应用

【例 5-2】先导式溢流阀中的阻尼小孔起什么作用？是否可以将阻尼小孔加大或堵塞？

答：阻尼小孔的作用是产生主阀芯动作所需要的压力差，是先导型溢流阀正常工作的关键。若扩大，则不能产生足够的压力差使主阀芯动作；若堵塞，则先导阀失去了对主阀的控制作用。

【例 5-3】在图 5-11 所示系统中，溢流阀的调整压力分别为 $p_A = 4\ \text{MPa}$、$p_B = 3\ \text{MPa}$、$p_C = 2\ \text{MPa}$，当外负载趋于无限大，试求该系统的压力 p。

解：在图 5-11（a）所示的结构中，三个溢流阀串联。当负载趋于无穷大时，则三个溢流阀都必须工作，则 $p_{泵} = p_A + p_B + p_C = 9\ \text{MPa}$；

在图 5-11（b）所示的结构中，三个溢流阀并联。当负载趋于无穷大时，A 必须工作，而 A 的溢流压力取决于远程调压阀 B，B 取决于 C，所以 $p_{泵} = p_C = 2\ \text{MPa}$。

【例 5-4】在图 5-12 所示的系统中，溢流阀的调定压力为 4 MPa，如果阀芯阻尼小孔造成的损失不计，试判断下列情况下压力表的读数是多少？

（1）YA 断电，负载为无穷大；

（2）YA 断电，负载压力为 2 MPa；

（3）YA 通电；负载压力为 2 MPa。

答：（1）YA 断电，负载为无穷大时，压力表的读数 $p_A = 4\ \text{MPa}$；

　　（2）YA 断电，负载压力为 2 MPa 时，$p_A = 2\ \text{MPa}$；

　　（3）YA 通电；负载压力为 2 MPa 时，$p_A = 0$。

二、减压阀

减压阀主要用于降低并稳定系统中某一支路的油液压力，常应用于夹紧、控制、润滑等油路中。减压阀按调节要求不同有用于保证出口压力为定值的定值减压阀；用于保证进出口压力差不变的定差减压阀；用于保证进出口压力成比例的定比减压阀。其中定值减压阀应用

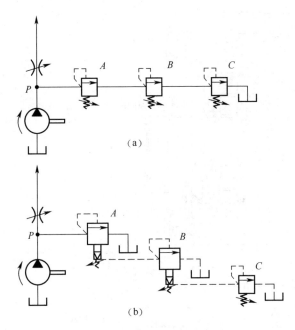

（a）

（b）

图 5-11 例 5-3 附图

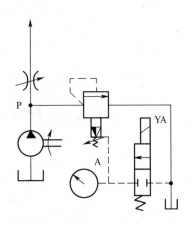

图 5-12 例 5-4 附图

最广，简称为减压阀，这里仅介绍定值输出减压阀。

减压阀也有直动型和先导型之分，直动型较少单独使用；先导型应用较多，其典型结构及图形符号如图 5-13 所示。压力油由阀体的进油口 P_1 流入，经减压阀口 f 减压后由出口 P_2 流出。出口压力油经阀体与端盖上的通道及主阀芯上的阻尼孔 e 流到主阀芯的上腔和下腔，并作用在先导阀芯上。当出口油液压力低于先导阀的调定压力时，先导阀芯关闭，主阀芯上、下两腔压力相等，主阀芯在弹簧作用下处于最下端，减压口开度 f 为最大，阀处于非工作状态。当出口压力达到先导阀调定压力时，先导阀芯移动，阀口打开，主阀弹簧腔的油液便由外泄口 L 流回油箱，由于油液在主阀芯阻尼孔内流动，使主阀芯两端产生压力差，主阀芯在压差作用下，克服弹簧力抬起，减压阀口 f 减小，压降增大，使出口压力下降到调定值。

当减压阀出口处的油液不流动时，此时仍有少量油液通过减压阀口经先导阀和外泄口 L 流回油箱，阀处于工作状态，阀出口压力基本上保持在调定值上。

减压阀在液压系统中可获得低于系统压力的二次压力油路。若某个执行元件所需的工作压力比液压泵的供油压力低，则可在其分支油路上串联一个减压阀，通过调节减压阀获得稳定的较低压力。图 5-14 所示为在使用定量泵的机床液压系统中，用溢流阀调节液压缸的工作压力 p_1，控制油路的压力 p_2 较低，润滑油路的压力 p_3 更低，皆可用减压阀调节。为使减压回路工作可靠，其最高调整压力应比系统压力低一定数值。

三、顺序阀

顺序阀的作用是利用油液压力作为控制信号控制油路通断。顺序阀也有直动型和先导型之分，根据控制压力来源不同，它还有内控式和外控式之分。

直动型顺序阀的结构和图形符号如图 5-15 所示。压力油从进油口 P_1（两个）进入，经阀体上的孔道 a 和端盖上的阻尼孔 b 流到控制活塞底部，当作用在控制活塞上的液压力能克

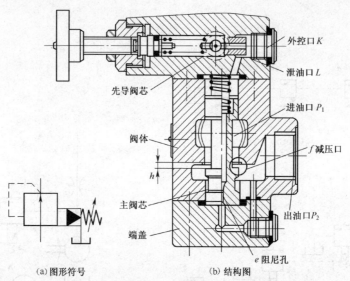

(a) 图形符号　　　　　　　　　　(b) 结构图

图 5-13　减压阀

服阀芯上的弹簧力时，阀芯上移，油液便从 P_2 流出。该阀称为内控式顺序阀，其图形符号如图 5-15（b）所示。

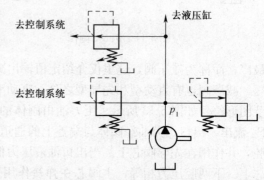

图 5-14　减压阀应用举例

　　若将图 5-15（a）中的端盖旋转 90°安装，切断进油口通向控制活塞下腔的通道，并去除外控口的螺塞，引入控制压力油，便成为外控式顺序阀，其图形符号如图 5-15（c）所示。

　　顺序阀的结构与溢流阀的结构相似，所不同的是溢流阀出油口直接与油箱相通，而顺序阀的出油口则接下一级液压元件，即顺序阀的进、出油口都通压力油，所以它的泄油口 L 要单独引回油箱。另外，顺序阀关闭时有良好的密封性能，故阀芯和阀体间的封油长度比溢流阀长。当顺序阀的进油压力低于调定压力时，阀口完全闭合；当进油压力达到调定压力时，阀口开启，顺序阀输出压力油使下游的执行元件动作。

　　顺序阀在液压系统中的主要用途：除控制执行机构的顺序动作（详见第七章），也可作卸荷阀、背压阀及平衡阀使用。

四、压力继电器

　　压力继电器是利用油液压力来启闭电气触点的液压电气转换元件。它在油液压力达到其调定值时，发出电信号，控制电气元件动作，实现液压系统的自动控制。

　　图 5-16 所示为常用柱塞式压力继电器的结构示意图和职能符号。当从压力继电器下端进油口通入的油液压力达到调定压力值时，推动柱塞 1 上移，此位移通过杠杆 2 放大后推动开关 4 动作。改变弹簧 3 的压缩量可以调节压力继电器的动作压力。

五、压力阀的常见故障及排除方法

　　压力阀的常见故障及排除方法如表 5-6 所示。

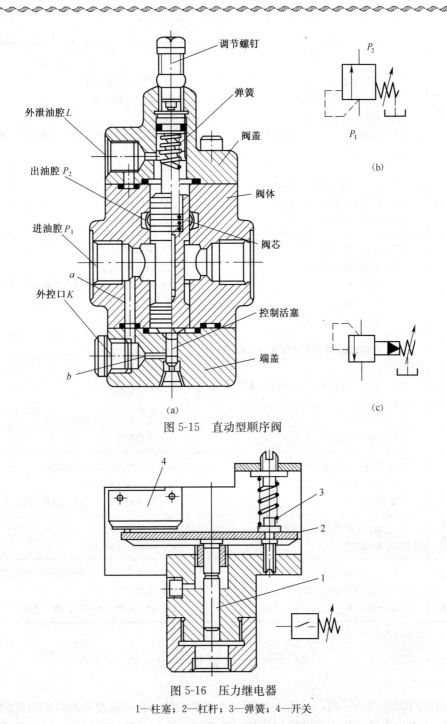

图 5-15　直动型顺序阀

图 5-16　压力继电器

1—柱塞；2—杠杆；3—弹簧；4—开关

表 5-6　压力阀常见故障排除方法

故障现象	产生原因	排除方法
溢流阀 压力波动	(1) 弹簧弯曲或弹簧刚度太低； (2) 锥阀与锥阀座接触不良或磨损； (3) 压力表不准； (4) 滑阀动作不灵； (5) 油液不清洁，阻尼孔不畅通	(1) 更换弹簧； (2) 更换锥阀； (3) 修理或更换压力表； (4) 调整阀盖螺钉紧固力或更换滑阀； (5) 更换油液，清洗阻尼孔

故障现象	产生原因	排除方法
溢流阀明显振动和噪声	(1) 调压弹簧变形，不复原； (2) 回油路有空气进入； (3) 流量超过额定值； (4) 油温过高，回油阻力过大； (5) 回油不畅通	(1) 检修或更换弹簧； (2) 紧固油路接头； (3) 调整； (4) 控制油温，将回油阻力降至 0.5 MPa 以下； (5) 清洗回油管路
溢流阀泄漏	(1) 锥阀与阀座接触不良或磨损； (2) 滑阀与阀盖配合间隙过大； (3) 紧固螺钉松动	(1) 更换锥阀； (2) 重配间隙； (3) 拧紧螺钉
溢流阀调压失灵	(1) 调压弹簧折断； (2) 滑阀阻尼孔堵塞； (3) 滑阀卡住； (4) 进、出油口接反； (5) 先导阀座小孔堵塞	(1) 更换弹簧； (2) 清洗阻尼孔； (3) 拆检并修正，调整阀盖螺钉紧固力； (4) 重装； (5) 清洗小孔
减压阀二次压力不稳定并与调定压力不符	(1) 油箱液面低于回油管口或滤油器，油中混入空气； (2) 主阀弹簧太软、变形或在滑阀中卡住，使阀移动困难； (3) 泄漏； (4) 锥阀与阀座配合不良	(1) 补油； (2) 更换弹簧； (3) 检查密封，拧紧螺钉； (4) 更换锥阀
减压阀不起作用	(1) 泄油口的螺堵未拧出； (2) 滑阀卡死； (3) 阻尼孔堵塞	(1) 拧出螺堵，接上泄油管； (2) 清洗或重配滑阀； (3) 清洗阻尼孔。并检查油液的清洁度
顺序阀振动与噪声	(1) 油管不适合，回油阻力过大； (2) 油温过高	(1) 降低回油阻力； (2) 降温至规定温度
顺序阀动作压力与调定压力不符	(1) 调压弹簧不当； (2) 调压弹簧变形，最高压力调不上去； (3) 滑阀卡死	(1) 反复几次，转动调整手柄，调到所需的压力； (2) 更换弹簧； (3) 检查滑阀配合部分，清除毛刺

第三节　流量控制阀

流量控制阀简称流量阀，是液压系统中的调速元件。它通过改变阀口的通流面积调节液压系统中液体的流量，从而调节执行元件（液压缸或液压马达）的运动速度。常用的流量阀有节流阀和调速阀。

一、节流阀

节流阀的结构和图形符号如图 5-17 所示。压力油从进油口 P_1 流入，经节流口从 P_2 流出。节流口的形式为轴向三角槽式。调节手轮可使阀芯轴向移动，改变节流口的通流截面面积，从而达到调节流量的目的。

通过节流阀的流量可用下式来表示：

$$q = CA_T \Delta p^{\psi} \tag{5-1}$$

式中　C——由节流口形状、油液流动状态、油液性质等因素决定的系数，具体数值由实验
　　　　得出；

　　　A_T——节流口的通流截面面积；

　　　Δp——节流口进出压差；

　　　ψ——由节流口形状决定的节流阀指数，一般薄壁孔取 0.5，细长孔取 1。

由式 5-1 可知，通过节流阀的流量与节流口前后的压差及油温等因素密切相关。在使用中，当节流阀的通流截面调整好以后，由于负载的变化，节流阀前后的压差也发生变化，使流量不稳定。ψ 越大，Δp 对流量 q 的影响越大，因此节流口制成薄壁孔比制成细长孔好。此外，油温的变化引起黏度变化，式（5-1）中的系数 C 将发生变化，从而引起流量变化。其中细长孔的流量受油温影响比较大，而薄壁孔受油温影响较小。

当节流阀的通流截面很小时，通过节流口的流量会出现周期性的脉动，甚至造成断流，这种现象称为节流阀阻塞。节流口发生阻塞的主要原因是由于油液中含有杂质或由于油液因高温氧化变质生成物黏附在节流口

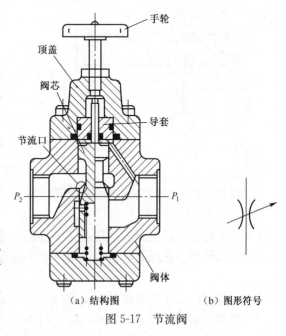

（a）结构图　　　（b）图形符号

图 5-17　节流阀

的表面上，当附着层达到一定厚度时，会造成节流阀断流。因此，节流阀有一个能保证正常工作（无断流，且流量变化率不大于 10%）的最小流量，称为节流阀的最小稳定流量。

二、调速阀

调速阀是由定差减压阀和节流阀串联而成的组合阀，其工作原理及图形符号如图 5-18 所示。节流阀用来调节通过的流量，定差减压阀则用来稳定节流阀前后的压差。设减压阀的进口压力为 p_1，出口压力为 p_2，通过节流阀后降为 p_3。当负载 F 变化时，p_3 和调速阀进出口压差（$p_1 - p_2$）随之变化，但节流阀两端压差（$p_2 - p_3$）保持不变。例如，当 F 增大时，p_3 增大，减压阀芯弹簧腔液压力增大，阀芯左移，阀口开度加大，使 p_2 增加，结果节流阀两端压差（$p_2 - p_3$）保持不变，反之亦然。

调速阀和节流阀的流量特性（q 与 Δp 之关系）曲线如图 5-19 所示。由图可知，通过节流阀的流量随其进出口压差发生变化，而调速阀的特性曲线基本上是一条水平线，即进出口压差变化时，通过调速阀的流量基本不变。只有当压差很小时，一般 $\Delta p \leqslant 0.5$ MPa，调速阀的特性曲线与节流阀的特性曲线重合，这是因为此时调速阀中的减压阀处于非工作状态，减压阀口全开，调速阀只相当于一个节流阀。

调速阀和节流阀在液压系统中的应用基本相同，主要与定量泵、溢流阀组成节流调速系统。调节节流阀的开口面积，便可调节执行元件的运动速度。节流阀适用于一般的节流调速

系统，而调速阀适用于执行元件负载变化大而运动速度要求稳定的系统中，也可用于容积节流调速回路中。

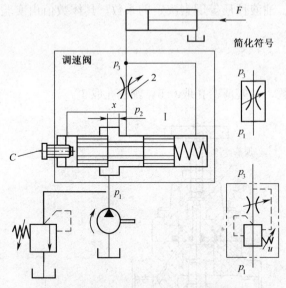

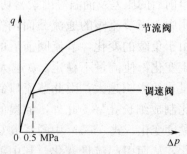

图 5-18　调速阀的工作原理和图形符号

1—定差减压阀；2—节流阀

图 5-19　调速阀和节流阀的流量特性

　　选用流量控制阀的类型和规格，主要考虑以下四点：

　　（1）流量阀的公称压力和公称流量应大于或等于流量阀的实际最高工作压力和最大控制流量。

　　（2）流量阀的最小稳定流量应满足执行元件最低运动速度的要求。

　　（3）流量控制精度要求高的系统应选用调速阀。

　　（4）油口连接尺寸。

三、流量控制阀的常见故障及其排除方法

　　节流阀的常见故障及排除方法如表 5-7 所示。

表 5-7　节流阀的常见故障及排除方法

故障现象	产生原因	排除方法
流量调节失灵或调节范围小	（1）节流阀阀芯与阀体间隙过大，发生泄漏； （2）节流口堵塞或滑阀卡住； （3）节流阀结构不良； （4）密封件损坏	（1）修复或更换磨损件； （2）清洗元件，更换液压油； （3）选用节流特性好的节流口； （4）更换密封件
流量不稳定	（1）油中杂质黏附在节流口边缘上，通流截面减小，速度减慢； （2）系统温升，油液黏度下降，流量增加，速度上升； （3）节流阀内、外泄漏大，流量损失大，不能保证运动速度所需要的流量； （4）系统中存在大量空气	（1）拆洗节流阀，清除污物，更换滤油器或更换油液； （2）采取散热、降温措施，必要时换带温度补偿的调速阀； （3）检查阀芯与阀体之间的间隙及加工精度，超差零件修复或更换。检查有关连接部位的密封情况或更换密封件； （4）排除空气

调速阀常见的故障及排除方法如表 5-8 所示。

表 5-8 调速阀常见的故障及排除方法

故障现象	产生原因	排除方法
压力补偿装置失灵	(1) 阀芯、阀孔尺寸精度及形位公差超差，间隙过小，压力补偿阀芯卡死； (2) 弹簧弯曲使压力补偿阀芯卡死； (3) 油液污染物使补偿阀芯卡死； (4) 调速阀进、出油口压力差太小	(1) 拆卸检查，修配或更换超差的零件； (2) 更换弹簧； (3) 清洗元件，疏通油路； (4) 调整压力，使之达到规定值
流量调节失灵或调节范围小	(1) 节流阀阀芯与阀体间隙过大，发生泄漏； (2) 节流口堵塞或滑阀卡住； (3) 节流阀结构不良； (4) 密封件损坏	(1) 修复或更换磨损件； (2) 清洗元件，更换液压油； (3) 选用节流特性好的节流口； (4) 更换密封件
流量不稳定	(1) 油中杂质黏附在节流口边缘上，通流截面减小，速度减慢； (2) 系统温升，油液黏度下降，流量增加，速度上升； (3) 节流阀内、外泄漏大，流量损失大，不能保证运动速度所需要的流量； (4) 系统中存在大量空气	(1) 拆洗节流阀，清除污物，更换滤油器或更换油液； (2) 采取散热、降温措施，必要时换带温度补偿的调速阀； (3) 检查阀芯与阀体之间的间隙及加工精度，超差零件修复或更换。检查有关连接部位的密封情况或更换密封件； (4) 排除空气

第四节 插装阀与叠加阀

一、插装阀

插装阀是一种新型的液压元件，它的特点是通流能力大，密封性能好，动作灵敏，结构简单，因而在大流量系统中获得广泛应用。

1. 插装阀的工作原理

插装阀的结构及图形符号如图 5-20 所示。它由控制盖板、插装单元（由阀套、弹簧、阀芯及密封件组成）、插装块体和先导控制元件（图中未画出）组成。由于这种阀的插装单元在回路中主要起通、断作用，故又称二通插装阀。二通插装阀的工作原理相当于一个液控单向阀。图中 A 和 B 为主油路仅有的两个工作油口，K 为控制油口（与先导阀相接）。当 K 口无液压力作用时，阀芯受到的向上的液压力大于弹簧力，阀芯开启，A 与 B 相通，至于液流的方向，视 A、B 口的压力大小而定；反之，当 K 口有液压力作用时，且 K 口的油液压力大于 A 和 B 口的油液压力，才能保证 A 与 B 之间关闭。

插装阀与各种先导阀组合，便可形成方向控制阀、压力控制阀和流量控制阀。

2. 方向控制插装阀

插装阀组成各种方向控制阀如图 5-21 所示。图 5-21 (a) 所示为单向阀，当 $p_A > p_B$ 时，阀芯关闭，A 与 B 不通；而当 $p_B > p_A$ 时，阀芯开启，油液从 B 流向 A。图 5-21 (b) 所示为二位二通阀，当二位二通电磁阀断电时，阀芯开启，A 与 B 接通；电磁阀通电时，阀芯关闭，A 与 B 不通。图 5-21 (c) 所示为二位三通阀，当二位四通电磁阀断电时，A 与 T 接通；电磁阀通电时，A 与 P 接通。图 5-21 (d) 所示为二位四通阀，电磁阀断电时，P

与 B 接通，A 与 T 接通；电磁阀通电时，P 与 A 接通，B 与 T 接通。

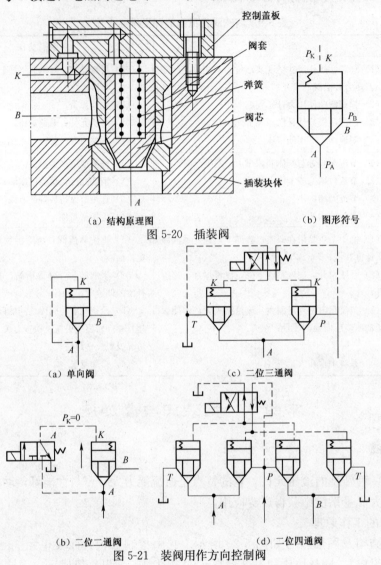

（a）结构原理图　　　　　　　　　（b）图形符号

图 5-20　插装阀

（a）单向阀　　　　　　　　　　　（c）二位三通阀

（b）二位二通阀　　　　　　　　　（d）二位四通阀

图 5-21　装阀用作方向控制阀

3. 压力控制插装阀

插装阀组成压力控制阀如图 5-22 所示。在图 5-22（a）所示的结构中，如 B 接油箱，则

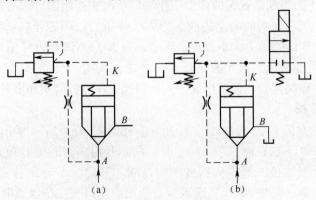

（a）　　　　　　　　　　　（b）

图 5-22　插装阀用作压力阀

插装阀用作溢流阀，其原理与先导式溢流阀相同；如 B 接负载时，则插装阀起顺序阀作用。在图 5-22（b）所示的结构中，若二位二通电磁阀通电，则作卸荷阀用；若二位二通电磁阀断电，则为溢流阀。

4. 流量控制插装阀

二通插装节流阀的结构及图形符号如图 5-23 所示。在插装阀的控制盖板上有阀芯限位器，用来调节阀芯开度，从而起到流量控制阀的作用。若在二通插装阀前串联一个定差减压阀，则可组成二通插装调速阀。

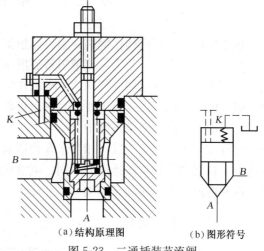

（a）结构原理图　　　　（b）图形符号

图 5-23　二通插装节流阀

二、叠加阀

液压控制阀有多种连接形式，管式连接和法兰式连接的阀，其占用空间大，装拆不便，现已很少使用。而板式连接和插装连接的阀则使用的越来越多。板式连接的液压阀，可以安装在集成块上，利用集成块上孔道实现油路间的连接。叠加阀是在板式阀集成化基础上发展起来的一种新型元件，其将阀体都做成标准尺寸的长方体，使用时将所用的阀在底板上叠加，然后用螺栓紧固。这种连接方式从根本上消除了阀与阀之间的连接管路，使组成的系统更加简单紧凑，配置方便灵活，工作可靠。

叠加阀液压系统如图 5-24 所示。标准式换向阀在最上面，与执行元件连接的底板在最

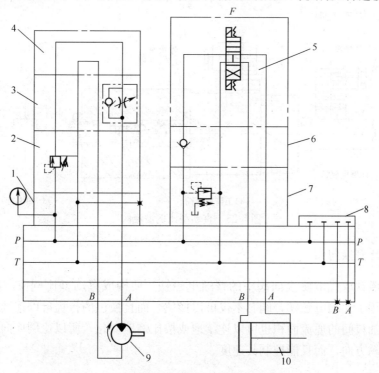

图 5-24　叠加阀系统

1—安装压力表板；2—顺序阀；3—单向进油节流阀；4—顶板；5—换向阀；
6—单向阀；7—溢流阀；8—备用回路盲板；9—液压马达；10—液压缸

下方，而叠加阀则安装在换向阀与底板之间。

第五节　电液比例控制阀

电液比例控制阀简称比例阀，它可以根据电信号的强弱，成比例远距离的控制液压系统的压力、流量和方向。与手动调节的普通液压阀相比，电液比例控制阀能够提高液压系统参数的控制水平；与电液伺服阀相比，电液比例控制阀在某些性能方向稍差一些，但其结构简单、成本低，所以广泛应用于要求对液压参数进行连续控制或程序控制，但对控制精度和动态特性要求不太高的液压系统中。

电液比例控制阀的构成：相当于在普通液压阀上，装上一个比例电磁铁以代替原有的控制部分。根据用途和工作特点的不同，电液比例控制阀可以分为电液比例压力阀、电液比例流量阀和电液比例方向阀三大类。

一、电液比例溢流阀

用比例电磁铁取代直动型溢流阀的手调装置，便成为直动型比例溢流阀，如图 5-25 所示。比例电磁铁的推杆通过弹簧座对调压弹簧施加推力。随着输入电信号强度的变化，比例电磁铁的电磁力将随之变化，从而改变调压弹簧的压缩量，使锥阀的开启压力随输入信号的变化而变化。若输入信号连续地、按比例地变化，则比例溢流阀所调节的系统压力也连续地、按比例地进行变化。因此比例溢流阀多用于系统的多级调压或实现连续的压力控制。把直动型比例溢流阀做先导阀与其他普通的压力阀的主阀相配，便可组成先导型比例溢流阀、比例顺序阀和比例减压阀。

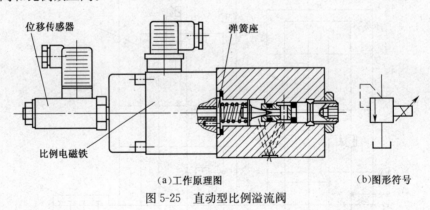

(a)工作原理图　　　　　　　　　　(b)图形符号

图 5-25　直动型比例溢流阀

二、电液比例换向阀

用比例电磁铁取代电磁换向阀中的普通电磁铁，便构成直动型比例换向阀，如图 5-26 所示。由于使用了比例电磁铁，阀芯不仅可以换位，而且换位的行程可以连续地或按比例地变化，因而通油口间的通流面积也可以连续地或按比例地变化，所以比例换向阀不仅能控制执行元件的运动方向，而且能控制其速度。

三、电液比例调速阀

用比例电磁铁取代节流阀或调速阀的手调装置，以输入电信号控制节流口开度，便可连

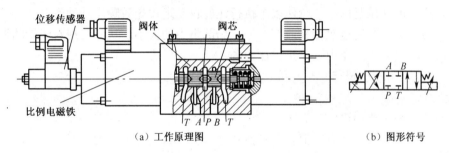

（a）工作原理图　　　　　　　　　　　（b）图形符号

图 5-26　直动型比例换向阀

续地或按比例地远程控制其输出流量，实现执行部件的速度调节。图 5-27 所示为电液比例
调速阀的结构原理及图形符号。节流阀芯由比例电磁铁的推杆操纵，输入的电信号不同，则
电磁力不同，推杆受力不同。当推杆所受的力与阀芯左端弹簧力平衡后，便有不同的节流口
开度。由于定差减压阀已保证了节流口前后压差为定值，所以一定的输入电流就对应一定的
输出流量，不同的输入信号变化，就对应着不同的输出流量变化。

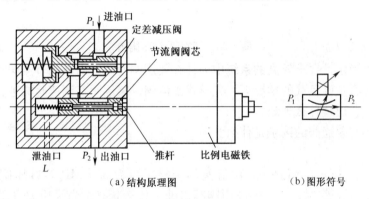

（a）结构原理图　　　　　　　　　　（b）图形符号

图 5-27　电液比例调速阀

　　在图 5-25 和图 5-26 所示的结构中，比例电磁铁前端均附有位移传感器（或称差动变压
器），因此这种比例电磁铁称为行程控制比例电磁铁。位移传感器能准确地测定电磁铁的行
程，并向放大器发出电反馈信号。放大器将输入信号和反馈信号加以比较后，再向电磁铁发
出纠正信号以补偿误差。

习　　题

1. 填空题

（1）液压控制阀按用途分为＿＿＿＿＿＿、＿＿＿＿＿、＿＿＿＿＿三类。

（2）液压控制阀按结构形式可分为：滑阀（或转阀）、滑阀（或转阀）、锥阀、球阀、
＿＿＿、＿＿＿六类。

（3）液压控制阀按连接方式可分为 ＿＿＿、＿＿＿＿、＿＿＿＿、＿＿＿＿、＿＿＿＿五类。

（4）根据结构不同，溢流阀可分为＿＿＿＿、＿＿＿＿两类。

（5）直动型溢流阀可分为＿＿＿＿、＿＿＿＿＿、＿＿＿＿＿三种形式。

（6）溢流阀卸荷压力是指：当溢流阀作卸荷阀用时，额定流量下进、出油口的＿＿＿＿称
卸荷压力。

（7）顺序阀的功用是以_____使多个执行元件自动地按先后顺序动动作。

（8）流量控制阀是通过改变来改变_____局部阻力的大小，从而实现对流量的控制。

（9）减压阀是使出口压力低于进口压力的_____。

（10）定压输出减压阀有_____和_____两种结构形式。

2. 简答题

（1）溢流阀的主要用途？

（2）液控单向阀为什么有内泄式和外泄式之分？什么情况下采用外泄式？

（3）什么是换向阀的常态位？

（4）二位四通电磁阀能否作二位二通阀使用？具体接法如何？

（5）画出下列各种方向阀的图形符号，并写出流量为 25 m/s 的板式中低压阀的型号。

（6）试改正图 5-28 所示方向阀图形符号的错误。

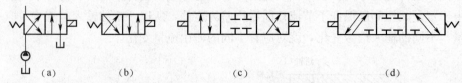

　（a）　　　　　　　（b）　　　　　　　　　（c）　　　　　　　　　（d）

图 5-28　简答题（6）附图

（7）在速度稳定性要求较高的系统中为什么要用调速阀，而不用节流阀？

（8）在系统有足够负载的情况下，先导式溢流阀、减压阀及调速阀的进、出油口可否对调工作？若对调会出现什么现象？

（9）比例阀与普通阀的区别是什么？

3. 计算题

（1）在图 5-29 所示的回路中，溢流阀的调整压力为 5.0 MPa，减压阀的调整压力为 2.5 MPa，试分析下列情况，并说明减压阀阀口处于什么状态？当泵压力等于溢流阀调整压力时，夹紧缸使工件夹紧后，A、C 点的压力各为多少？当泵压力由于工作缸快进压力降到 1.5 MPa 时（工作原先处于夹紧状态）A、C 点的压力各为多少？夹紧缸在夹紧工件前作空载运动时，A、B、C 三点的压力各为多少？

（2）在图 5-30 所示的结构中，顺序阀的调整压力为 $p_A = 3$ MPa，溢流阀的调整压力为 $p_Y = 5$ MPa，试求在下列情况下 A、B 点的压力是多少？

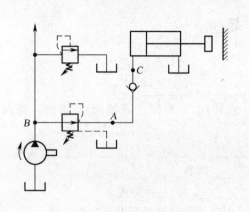

图 5-29　计算题（1）附图

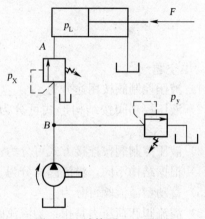

图 5-30　计算题（2）附图

①液压缸运动时，负载压力 $p_L = 4$ MPa；

②负载压力 $p_L = 1$ MPa；

③活塞运动到右端时。

（3）图 5-31 所示的溢流阀的调定压力为 5 MPa，减压阀的调定压力为 2.5 MPa，设液压缸的无杆腔面积 $A = 50$ cm²，液流通过单向阀和非工作状态下的减压阀时，其压力损失分别为 0.2 MPa 和 0.3 MPa。试求：当负载分别为 0 kN、7.5 kN 和 30 kN 时，

①液压缸能否移动？

②A、B 和 C 三点压力数值各为多少？

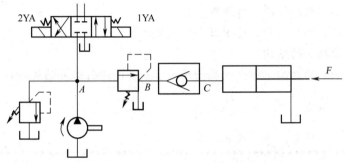

图 5-31　计算题（3）附图

第六章　液压辅助元件

一、学习要求

（1）掌握各辅助元件的工作原理、作用和符号。

（2）熟悉过滤器的结构、选用及安装位置。

（3）熟悉管接头的结构。

（4）了解油箱的结构，学会选用油箱的容积并能进行必要的设计计算。

二、重点与难点

蓄能器容量的计算；油管尺寸计算。

液压系统中的辅助装置，如蓄能器、过滤器、油箱、热交换器、管件等，对系统的动态性能、工作稳定性、工作寿命、噪声和温升等都有直接影响，必须予以重视。其中油箱必须根据系统要求自行设计，其他辅助装置则做成标准件，供设计时选用。

第一节　蓄能器

一、蓄能器的功用

蓄能器的主要功用是储存油液的压力能。它应用于间歇需要大流量的系统中，以达到节约能量、减少投资的目的；也用于液压系统中，起吸收压力脉动及减少液压冲击的作用。在液压系统中的主要有如下功能：

1. 短时间内大量供油

在间歇工作或实现周期性动作循环的液压系统中，蓄能器可以把液压泵输出的多余压力油储存起来。当系统需要时，由蓄能器释放出来。这样，系统中可选用流量较小的液压泵和功率小的电动机，从而减小电机功率消耗，降低液压系统温升。

2. 系统保压

某些系统中，要求液压缸到达某一位置时保持一定的压力，这时可使泵卸荷（停止供油），用蓄能器提供压力油来补偿系统中的泄漏并保持一定的压力，以节约能耗和降低温升。

3. 应急能源

在液压系统中，当液压泵停止供油时，蓄能器可向系统提供压力油，充当应急能源，使系统在一段时间内维持压力，可避免停电或系统故障等原因造成的油源突然中断而损坏机件。

4. 缓和冲击和吸收脉动冲击

蓄能器可用于吸收由于液流速度和方向急剧变化所产生的液压冲击，使其压力幅值大大减小，以避免造成元件损坏。在液压泵出口处安装蓄能器，可吸收液压泵的脉动压力。

二、蓄能器的类型及特点

蓄能器主要有弹簧式和气体隔离式两种类型，其结构简图和特点如表 6-1 所示。气体隔离式蓄能器应用较为广泛。

表 6-1　蓄能器的种类和特点

名　称	结构简图及图形符号	特点和说明
弹簧式	弹簧 活塞 液压油	（1）利用弹簧的伸缩来储存、释放压力能； （2）结构简单，反应灵敏，但容量小； （3）供小容量，低压（$p \leqslant 1 \sim 1.2$ MPa）回路缓冲之用，不适用于高压或高频的工作场合
气瓶式	压缩空气 液压油	（1）利用气体的压缩和膨胀来储存、释放压力能，气体和油液在蓄能器中直接接触； （2）容量大，惯性小，反应灵敏，轮廓尺寸小，但气体容易混入油内，影响系统工作压力平稳性； （3）只适用于大流量的中、低压回路
气体隔离式　活塞式	气口 壳体 活塞 油孔	（1）利用气体的压缩和膨胀来储存、释放压力能；气体和油液在蓄能器中由活塞隔开； （2）结构简单，工作可靠，安装容易，维护方便，但活塞惯性大，活塞和缸壁间由摩擦，反应不够灵敏，密封要求较高； （3）用来储存能量，或供中、高压系统吸收压力脉动之用

续上表

名　称		结构简图及图形符号	特点和说明
气体隔离式	皮囊式	充气阀 气囊 壳体 菌形阀	（1）利用气体的压缩和膨胀来储存、释放压力能；气体和油液在蓄能器中由皮囊隔开； （2）带弹簧的菌状进油阀使油液能进入蓄能器又可防止皮囊自油口被挤出。充气阀只在蓄能器工作前皮囊充气时打开，蓄能器工作时则关闭； （3）结构尺寸小，重量轻，安装方便，维护容易，皮囊惯性小，反应灵敏；但皮囊和壳体制造都较难； （4）折合型皮囊容量较大，可用来储存能量；波纹型皮囊适用于吸收冲击

三、蓄能器容量计算

蓄能器的容量是选用蓄能器的一个重要参数，下面以皮囊式蓄能器为例计算其容量。

1. 作蓄能使用时蓄能器容量的计算

由气体定律可知：

$$p_0 V_0^n = p_1 V_1^n = p_2 V_2^n \tag{6-1}$$

式中　　p_0——蓄能器的充气压力（绝对压力）；

　　　　V_0——压力为 p_0 时的气体体积，V_0 亦即蓄能器的容量；

　　　　p_1——系统最高工作压力（绝对压力），即泵对蓄能器储油结束时的压力；

　　　　V_1——最高工作压力下的气体体积；

　　　　p_2——蓄能器的最低工作压力（绝对压力），即蓄能器向系统供油结束时的压力；

　　　　V_2——最低工作压力下的气体容积；

　　　　n——指数，一般取 $n = 1.25$。

蓄能器在工作过程中，压力由 p_1 降到 p_2 时，排出油液体积为 $\Delta V = V_2 - V_1$，由式（6-1）可得，蓄能器的容量为

$$V_0 = \frac{\Delta V \left(\dfrac{p_2}{p_0} \right)^{\frac{1}{n}}}{1 - \left(\dfrac{p_2}{p_1} \right)^{\frac{1}{n}}} \tag{6-2}$$

一般取 $p_0 = (0.8 \sim 0.85) p_2$。

2. 吸收液压冲击时蓄能器容量计算

用于吸收液压冲击的蓄能器的容量与管路布置、油液流态、阻尼情况及泄漏等因素有关，准确计算容量比较困难。实际应用中常采用下述经验公式计算蓄能器容量，即

$$V_0 = \frac{0.004 q p_2 (0.0164L - t)}{p_2 - p_1} \tag{6-3}$$

式中　　V_0——蓄能器容量（L）；

　　L——产生冲击的管道长度，即压力油源到阀口的管道长度（m）；

　　q——阀口关闭前管内流量（L/min）；

　　t——阀口由开到关闭的持续时间（s）；

　　p_1——阀口关闭前的管内压力（绝对压力）（MPa）；

　　p_2——系统允许的最大冲击压力（绝对压力）（MPa），一般取 $p_2 = 1.5p_1$。

　　3. 吸收压力脉动时蓄能器容量的计算

　　一般按如下经验公式计算，即

$$V_0 = \frac{Vi}{0.6k} \tag{6-4}$$

式中　V——液压泵的排量；

　　i——排量变化率，$i = \dfrac{\Delta V}{V}$，ΔV 为超过平均排量的排出量；

　　k——压力脉动率，为脉动压力幅值 Δp 与泵出口平均压力 p 之比。

【例 6-1】某气囊式蓄能器用做动力源，容量为 3 L，充气压力 $p_0 = 3.2$ MPa。系统最高和最低工作压力分别为 7 MPa 和 4 MPa。试求蓄能器能够输出的油液体积。

　　解：因蓄能器作动力源使用，$n = 1.4$

$$\Delta V = V_0 p_0^{1/n}\left[\left(\frac{1}{p_2}\right)^{\frac{1}{n}} - \left(\frac{1}{p_1}\right)^{\frac{1}{n}}\right] = 3 \times \left[\left(\frac{3.2}{4}\right)^{\frac{1}{1.4}} - \left(\frac{3.2}{7}\right)^{\frac{1}{1.4}}\right] = 0.84 \text{ L}$$

蓄能器能够输出的油液体积是 0.84L。

四、蓄能器的使用和安装

蓄能器在液压回路中的安放位置随其功用而不同：吸收液压冲击或压力脉动时宜放在冲击源或脉动源近旁；补油保压时宜放在尽可能接近有关的执行元件处。

使用蓄能器应注意以下几点：

（1）充气式蓄能器中应使用惰性气体（一般为氮气），允许工作压力视蓄能器结构形式而定。例如，皮囊式为 3.5～32 MPa。

（2）蓄能器一般应垂直安装，将油口向下。

（3）装在管路上的蓄能器必须用支板或支架固定。

（4）用于吸收液压冲击和压力脉动的蓄能器应尽可能安装在振源附近。

（5）蓄能器与管路之间应安装截止阀，供充气和检修时使用。蓄能器与液压泵之间应安装单向阀，防止液压泵停车时蓄能器内压力油倒流。

第二节　过　滤　器

过滤器的作用是过滤掉油液中的杂质，降低液压系统中油液污染度，保证系统正常工作。

一、对过滤器的要求

液压油中往往含有颗粒状杂质，会造成液压元件相对运动表面的磨损、滑阀卡滞、节流孔口堵塞，以致影响液压系统正常工作和寿命。因此对过滤器一般有如下四点基本要求：

（1）能满足液压系统对过滤精度要求，即能阻挡一定尺寸的机械杂质进入系统。

（2）有足够的通流能力，即全部流量通过时，不会引起过大的压力损失。

（3）滤芯应有足够强度，不会因压力油的作用而损坏。

（4）易于清洗或更换滤芯，便于拆装和维护。

过滤器的过滤精度是指滤芯能够滤除的最小杂质颗粒的大小，以直径 d 作为公称尺寸表示，按精度可分为粗过滤器（$d > 100\ \mu m$），普通过滤器（$d \geqslant 10 \sim 100\ \mu m$），精过滤器（$d \geqslant 5 \sim 10\ \mu m$），特精过滤器（$d \geqslant 1 \sim 5\ \mu m$）。

二、过滤器的类型及特点

常用过滤器的种类及结构特点如表 6-2 所示。

表 6-2　常见的过滤器及其特点

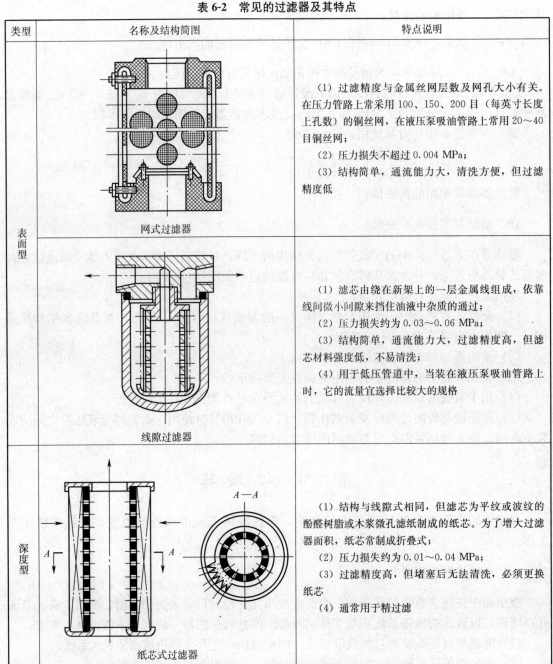

类型	名称及结构简图	特点说明
表面型	网式过滤器	（1）过滤精度与金属丝网层数及网孔大小有关。在压力管路上常采用 100、150、200 目（每英寸长度上孔数）的铜丝网，在液压泵吸油管路上常用 20～40 目铜丝网； （2）压力损失不超过 0.004 MPa； （3）结构简单，通流能力大，清洗方便，但过滤精度低
	线隙过滤器	（1）滤芯由绕在新架上的一层金属线组成，依靠线间微小间隙来挡住油液中杂质的通过； （2）压力损失约为 0.03～0.06 MPa； （3）结构简单，通流能力大，过滤精度高，但滤芯材料强度低，不易清洗； （4）用于低压管道中，当装在液压泵吸油管路上时，它的流量宜选择比较大的规格
深度型	纸芯式过滤器	（1）结构与线隙式相同，但滤芯为平纹或波纹的酚醛树脂或木浆微孔滤纸制成的纸芯。为了增大过滤器面积，纸芯常制成折叠式； （2）压力损失约为 0.01～0.04 MPa； （3）过滤精度高，但堵塞后无法清洗，必须更换纸芯； （4）通常用于精过滤

续上表

类型	名称及结构简图	特点说明
深度型	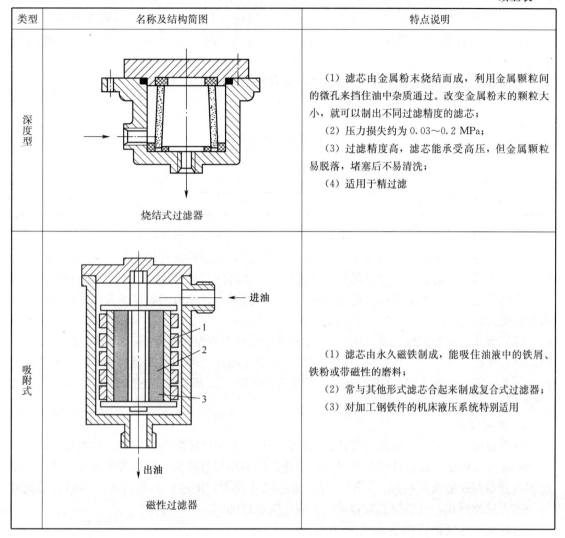 烧结式过滤器	（1）滤芯由金属粉末烧结而成，利用金属颗粒间的微孔来挡住油中杂质通过。改变金属粉末的颗粒大小，就可以制出不同过滤精度的滤芯； （2）压力损失约为 0.03～0.2 MPa； （3）过滤精度高，滤芯能承受高压，但金属颗粒易脱落，堵塞后不易清洗； （4）适用于精过滤
吸附式	进油 1 2 3 出油 磁性过滤器	（1）滤芯由永久磁铁制成，能吸住油液中的铁屑、铁粉或带磁性的磨料； （2）常与其他形式滤芯合起来制成复合式过滤器； （3）对加工钢铁件的机床液压系统特别适用

三、过滤器的主要性能指标

1. 过滤精度

过滤精度表示过滤器对各种不同尺寸的污染颗粒的滤除能力，用绝对过滤精度、过滤比和过滤效率等指标来评定。

绝对过滤精度是指通过滤心的最大坚硬球状颗粒的尺寸（y），它反映了过滤材料中最大通孔尺寸，以 μm 表示。它可以用试验的方法进行测定。

过滤比（β_x 值）是指过滤器上游油液单位容积中大于某给定尺寸的颗粒数与下游油液单位容积中大于同一尺寸的颗粒数之比，即对于某一尺寸 x 的颗粒来说，其过滤比 β_x 的表达式为

$$\beta_x = N_u / N_d \tag{6-5}$$

式中　N_u——上游油液中大于某一尺寸 x 的颗粒浓度；

　　　N_d——下游油液中大于同一尺寸 x 的颗粒浓度。

从上式可得，β_x 越大，过滤精度越高。当过滤比的数值达到 75 时，y 即被认为是过

滤器的绝对过滤精度。过滤比能确切地反映过滤器对不同尺寸颗粒污染物的过滤能力，它已被国际标准化组织采纳作为评定过滤器过滤精度的性能指标。一般要求系统的过滤精度要小于运动副间隙的一半。此外，压力越高，对过滤精度要求越高。其推荐值如表 6-3 所示。

过滤效率 E_c 可以通过下式由过滤比 β_x 值直接换算出来：

$$E_c = \frac{(N_u - N_d)}{N_u} = 1 - \frac{1}{\beta_x} \tag{6-6}$$

表 6-3　过滤精度推荐值表

系统类别	润滑系统	传动系统			伺服系统
工作压力/MPa	0～2.5	≤14	14<p<21	≥21	21
过滤精度/μm	100	25～50	25	10	5

2. 压降特性

液压回路中的过滤器对油液流动来说是一种阻力，因而油液通过滤芯时必然要出现压力降。一般来说，在滤芯尺寸和流量一定的情况下，滤芯的过滤精度越高，压力降越大；在流量一定的情况下，滤芯的有效过滤面积越大，压力降越小；油液的黏度越大，流经滤芯的压力降也越大。

滤芯所允许的最大压力降，应以不致使滤芯元件发生结构性破坏为原则。在高压系统中，滤芯在稳定状态下工作时承受到的仅仅是它那里的压力降，这就是为什么纸质滤芯亦能在高压系统中使用的道理。油液流经滤芯时的压力降，大部分是通过试验或经验公式来确定的。

3. 纳垢容量

纳垢容量是指过滤器在压力降达到其规定限值之前可以滤除并容纳的污染物数量，这项性能指标可以用多次通过性试验来确定。过滤器的纳垢容量越大，使用寿命越长，所以它是反映过滤器寿命的重要指标。一般来说，滤芯尺寸越大，即过滤面积越大，纳垢容量就越大。增大过滤面积，可以使纳垢容量至少成比例地增加。

过滤器过滤面积 A 的表达式为

$$A = \frac{q\mu}{a\Delta p} \tag{6-7}$$

式中　q——过滤器的额定流量（L/min）；

　　　μ——油液的黏度（Pa·s）；

　　　Δp——压力降（Pa）；

　　　a——过滤器单位面积通过能力（L/cm²），由实验确定。在 20 ℃时，对特种滤网，$a=0.003～0.006$；纸质滤心，$a=0.035$；线隙式滤心，$a=10$；一般网式滤心，$a=2$。

式（6-7）清楚地说明了过滤面积与油液的流量、黏度、压降和滤心形式的关系。

四、过滤器的选用和安装

1. 过滤器的选用

选用过滤器时应考虑以下几个问题：

（1）过滤精度。滤芯的滤孔尺寸可根据过滤精度的要求来选择。

（2）通油能力。滤芯应有足够的通流面积。通过的流量越高，则要求通流面积越大，一般可根据要求通过的流量，由产品样本选用相应规格的滤芯。

（3）耐压。包括滤芯的耐压以及壳体的耐压。一般滤芯耐压的数量级为 $10^4 \sim 10^5$ Pa。这主要靠设计时滤芯有足够的通流面积，使滤芯上的压降足够小，以避免滤芯被破坏。当滤芯堵塞时，压降便增加，故要在过滤器上装置安全阀或发讯装置报警。需要注意的是，滤芯的耐压与过滤器的使用压力是两回事。当提高使用压力时，只需考虑壳体（以及相应的密封装置）是否能承受，而与滤芯的耐压无关。

2. 过滤器的安装

过滤器在液压系统中的安装位置有以下几种情况：

（1）安装在液压泵的吸油路上，如图 6-1（a）所示。液压泵的吸油管路上一般安装网式或线隙式粗过滤器，目的是滤除较大颗粒的杂质，以保护液压泵。要求过滤器有很大的通流能力（大于液压泵流量的两倍）和较小的压力降。

（2）安装在压力油路上，如图 6-1（b）所示。这种安装方式常将过滤器安装在对杂质敏感的调速阀、伺服阀等元件之前。由于过滤器在高压下工作，要求滤芯有足够的强度。为了防止过滤器堵塞，可并联一旁通阀或堵塞指示器。

（3）安装在回油路上，如图 6-1（c）所示。安装在回油路上的过滤器能使油液在流回油箱之前得到过滤，以控制整个液压系统的污染度。

（4）安装在旁油路上，如图 6-1（d）所示。过滤器安装在溢流阀的回油路上，并有一安全阀与之并联。由于过滤器只通关溢流的部分流量，所以过滤器的尺寸可减小。它也能起到清除油液杂质的作用。

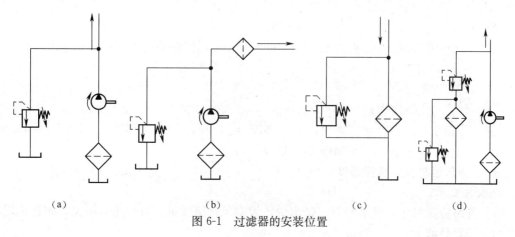

（a）　　　　　　　　　（b）　　　　　　　　　（c）　　　　　　　　　（d）

图 6-1　过滤器的安装位置

第三节　管件与压力计

液压系统的元件一般是利用油管和管接头进行连接，以传送工作液。油管与管接头应具有足够的强度、良好的密封性，并且压力损失小，装拆方便。

一、油管

1. 油管种类及特点

液压系统中常用油管的种类及特点如表 6-4 所示。

表 6-4　液压系统中常用油管的种类及特点

种　类		特点和适用场合
硬管	钢管	能承受高压，价格低廉，耐油，抗腐蚀，刚性好，但装配时不能任意弯曲。常在装拆方便处用做压力管道，中、高压用无缝管；低压用焊接管
	紫铜管	易弯曲，但承压压力一般不超过 6.5～10 MPa，抗振能力较弱，易使油液氧化。通常用在液压装置内配接不便之处
软管	尼龙管	乳白色半透明，加热后可以随意弯曲成形或扩口，冷却后又能定形不变，承压能力因材质而异，一般为 2.5～8 MPa
	塑料管	质轻且耐油，价格便宜，装配方便，但承压能力低，长期使用会变质老化，只宜用做压力低于 0.5 MPa 的回油管、泄油管等
	橡胶软管	高压管由耐油橡胶夹几层钢丝编织网制成，钢丝网层数越多，耐压越高，价格越高。常用做中、高压系统中两个相对运动件之间的压力管道。低压管由耐油橡胶夹帆布制成，可用做回油管道

2. 尺寸计算

油管的内径和壁厚可由下列公式算出后，查阅有关的标准进行选定。即

$$d = 2\sqrt{\frac{q}{\pi v}} \tag{6-8}$$

$$\delta = \frac{pdn}{2\sigma_b} \tag{6-9}$$

式中　d——油管内径；

　　　q——管内流量；

　　　v——管中油液流速，吸油管取 0.5～1.5 m/s，压油管取 2.5～5 m/s，回油管取 1.5～2.5 m/s；

　　　δ——油管壁厚；

　　　p——管内工作压力；

　　　n——安全系数，对钢管来说：$p < 7$ MPa 时，取 $n = 8$；7 MPa $< p <$ 17.5 MPa 时，取 $n = 6$；$p > 17.5$ MPa 时，取 $n = 4$；

　　　σ_b——管道材料的抗拉强度。

3. 安装要求

(1) 管路应尽量短，横平竖直，转弯少。为避免管路皱折、减少压力损失，硬管装配时的弯曲半径要足够大。

(2) 管路尽量避免交叉，平行管间距要大于 10 mm，以防接触振动并便于安装管接头。

(3) 软管直线安装时要有 30% 左右的余量，以适应油温变化、受拉和振动的需要。弯曲半径要大于软管外径的 9 倍。

【例 6-2】　有一液压泵向系统供油，工作压力为 6.3 MPa，流量为 40 L/min，试选定供油管尺寸。

解：选用钢管供油，$d = 2\sqrt{\dfrac{q}{\pi v}}$，

取 $v = 3$ m/s，$d = 2\sqrt{\dfrac{40 \times 10^{-3}}{\pi \times 60 \times 3}}$ mm ≈ 17 mm

$\delta = \dfrac{pdn}{2\sigma_b}$ ，取 $n = 8$，材料取普通碳素钢 Q235，$\sigma_b = 420\ \text{MPa}$

则 $\delta = \dfrac{6.3 \times 10^6 \times 0.017 \times 8}{2 \times 420 \times 10^6}\ \text{mm} \approx 1.02\ \text{mm}$

油管尺寸 $d = 17\ \text{mm}$，$\delta = 1.02\ \text{mm}$

二、管接头

管接头是油管与油管、油管与液压件之间的可拆式连接件。其应具有装拆方便，连接牢固，密封可靠，外形尺寸小，通流能力大，压降小，工艺性好等特点。液压系统中常用管接头如表 6-5 所示。

表 6-5　液压系统中常用的管接头

名称	结构简图	特点和说明
焊接式管接头		（1）连接牢固，利用球面进行密封，简单可靠； （2）焊接工艺必须保证质量，必须采用厚壁钢管，装拆不便
卡套式管接头		（1）用卡套卡住油管进行密封，轴向尺寸要求不严，装拆简便； （2）对油管径向尺寸精度要求较高，为此要求用冷拔无缝钢管
扩口式管接头		（1）用油管管端的扩口在管套的压紧下进行密封，结构简单； （2）适用于铜管、薄壁钢管、尼龙管和塑料管等低压管道的连接
扣压式管接头		（1）用来连接高压软管； （2）在中、低压系统中应用

续上表

名称	结构简图	特点和说明
固定铰接管接头	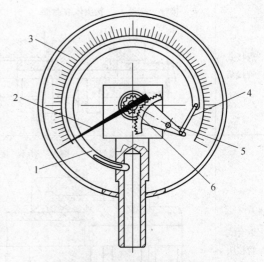（螺钉、组合垫圈、接头体、组合垫圈）	（1）是直角接头，优点是可以随意调整布管方向，安全方便，占用空间小； （2）接头与管子的连接方法，除本图卡套式外，还可以焊接式； （3）中间有通油孔的固定螺钉，把两个组合垫圈压紧在接头体上进行密封

三、压力计与压力计开关

1. 压力计

液压系统各工作点的压力可以通过压力计来观测，以达到调整和控制的目的。压力计的种类较多，最常见的是弹簧弯管式压力计，其工作原理如图 6-2 所示。压力油进入金属管弯管 1 时，弯管 1 变形而曲率半径加大，通过杠杆 4 使扇形齿轮 5 摆动，扇形齿轮 5 与小齿轮 6 啮合，小齿轮 6 带动指针 2 转动，在刻度盘 3 上就可读出压力值。

压力计精度等级的数值是压力计最大误差占量程（压力计的测量范围）的百分数。一般机床上的压力计用 2.5～4 级精度即可。选择压力计时，一般取系统压力为量程的 2/3～3/4（系统最高压力不应超过压力计量程的 3/4），压力计必须直立安装。

2. 压力计开关

压力油路与压力计之间通常装有压力计开关，用来接通或切断压力计和测量点的通道。压力计开关按它所能测量点的数目不同可分为一点、二点、六点几种；按连接方式不同，可分为板式和管式两种。图 6-3 所示为板式连接

图 6-2　弹簧弯管式压力计
1—金属弯管；2—指针；3—刻度盘；
4—杠杆；5—扇形齿轮；6—齿轮

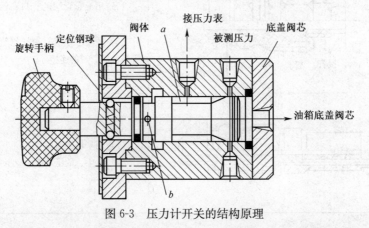

图 6-3　压力计开关的结构原理

的 K-6B 型压力计开关的结构原理。将手柄推进，阀芯上的沟槽 a 一方面使压力计与测量点接通，另一方面又隔断了压力计与油箱的通道，这样就可测出一个点的压力。若将手柄转到另一位置，便可测出另一点的压力。

第四节　油　　箱

油箱的主要作用是储存油液，此外还起到油液散热、杂质沉淀和使油中空气逸出等作用。

一、油箱的结构

油箱分开式油箱和闭式油箱两种。开式油箱应用普遍，油箱内液面直接与大气相通。开式油箱的典型结构如图 6-4 所示。油箱一般用 2.5～4 mm 的钢板焊接而成。油箱内装有隔板 7，它将液压泵的吸油管 4（装有过滤器 9）与系统回油管 2 分开，油箱侧壁装有油位计 13 和注油口 1，油箱盖板上装有空气过滤器 5，泵和电动机的安装板 6 固定在油箱盖板上，油箱底部装有放油口 8。

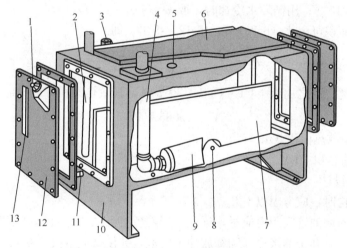

图 6-4　油箱结构图

1—注油口；2—回油管；3—泄油管；4—吸油管；5—装空气过滤器的通孔；6—电动机底板；
7—隔板；8—放油口；9—过滤器；10—箱体；11—泄油口；12—端盖；13—油位计

二、油箱的设计

1. 油箱容积计算

油箱有效容积（油面高度为油箱高度 80% 时的容积）的计算通常采用经验估算法，必要时再进行热平衡验算。

1）经验估算法

估算公式为

$$V = Kq_{n}$$
(6-10)

式中　V——油箱的有效容积（L）；

q_{n}——液压泵的额定流量（L/min）；

K——经验系数，低压系统 $K=2\sim4$；中压系统 $K=5\sim7$；高压系统 $K=10\sim12$。

2）热平衡验算法

液压系统工作时，泵和执行元件的功率损失、溢流阀的溢流损失、流量阀的压力损失等构成了液压系统总的能量损失，并转变为热能，使油液温度升高。

液压系统的功率损失为

$$\Delta P = P(1-\eta) \tag{6-11}$$

式中　P——液压泵的输入功率；

　　　η——液压系统总效率。

液压系统所产生的热量经油箱散发到空气中去，工作一段时间以后，达到热平衡，油温不再升高。其散热量可用下式计算：

$$Q_{\mathrm{H}} = kA\Delta t \tag{6-12}$$

式中　A——散热面积（m²）；

　　　Δt——系统温升（℃），即系统达到热平衡后的油温与环境温度之差；

　　　k——散热系数（kW·m⁻²·℃⁻¹）。

当通风很差时，取 $k=(8\sim9)\times10^{-3}$；通风良好时，取 $k=(15\sim17)\times10^{-3}$；用风扇冷却时，取 $\kappa=23\times10^{-3}$；用循环水冷却时，取 $k=(110\sim175)\times10^{-3}$。

油箱的散热面积可由式（6-11）和（6-12）得出。即

$$A = \frac{Q_{\mathrm{H}}}{k\Delta t} = \frac{\Delta P}{k\Delta t} = \frac{P(1-\eta)}{k\Delta t} \tag{6-13}$$

当油箱长、宽、高之比为 1∶1∶1～1∶2∶3 时，其散热面积可近似地用下式计算：

$$A = 0.065\sqrt[3]{V^2} \tag{6-14}$$

式中　A——油箱散热面积（m²）；

　　　V——油箱容积（L）。

2. 油箱结构设计

设计油箱结构时，应考虑以下几点：

（1）吸油管与回油管间距离应尽量远些。用隔板将吸油侧与回油侧分开，以增加油箱内油液的循环距离，有利于油液冷却和释放油中气泡，并使杂质多沉淀在回油管侧，隔板高度为油面高度 3/4。

（2）吸油管入口处应装粗过滤器。在最低液面时，过滤器和回油管端均应没入油中，以免液压泵吸入空气或回油混入气泡。回油管端应切成45°切口，并面向箱壁。管端与箱底、壁面间距离均不宜小于管径的三倍。

（3）为防止脏物进入油箱，油箱上各盖板、管口处都要妥善密封。注油器上要加滤网。通气孔上须设置空气过滤器。

（4）为了更好地散热和便于维护，箱底与地面距离至少应在 150 mm 以上。箱底应适当倾斜，在最低部位设置放油阀。箱体上在注油口的附近必须设液位计。

（5）油箱一般用 2.5～4 mm 钢板焊成。大尺寸油箱要加焊角板、筋条，以增加刚性。当液压泵及其驱动电机和其他液压件都要装在油箱上时，油箱顶盖要相应加厚。大容量油箱的侧壁通常要开清洗窗口，清洗窗口平时用侧盖密封，清洗时再取下。

（6）油箱中如果需要安装热交换器，必须考虑好它的安装位置，以及测温、控制等措施。

第五节　热交换器

液压系统中油液的工作温度一般以 40～60 ℃ 为宜，最高不超过 65 ℃，最低不低于 15 ℃。油温过高或过低都会影响系统正常工作。为控制油液温度，油箱上常安装冷却器和加热器。

一、冷却器

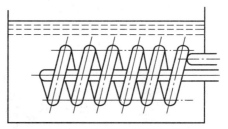

图 6-5　蛇形管冷却器示意图

图 6-5 所示为最简单的蛇形管冷却器，它直接安装在油箱内并浸入油液中，管内通冷却水。这种冷却器的冷却效果不好，耗水量大。

液压系统中用得较多的是一种强制对流式多管冷却器，如图 6-6 所示。油从油口 c 进入，从油口 b 流出；冷却水从右端盖 4 中部的孔 d 进入，通过多根水管 3 从左端盖 1 上的孔 a 流出，油在水管外面流过，三块隔板 2 用来增加油液的循环距离，以改善散热条件，冷却效果好。

液压系统中也可用风冷式冷却器进行冷却。风冷式冷却器由风扇和许多带散热片的管子组成，油液从管内流过，风扇迫使空气穿过管子和散热片表面，使油液冷却。风冷式冷却器结构简单，价格低廉，但冷却效果较水冷式差。

冷却器一般都安装在回油路及低压管路上，图 6-7 所示为冷却器常用的一种连接方式。安全阀 6 对冷却器起保护作用；当系统不需冷却时截止阀 4 打开，油液直通油箱。冷却器所造成的压力损失一般约为 0.01～0.1 MPa。

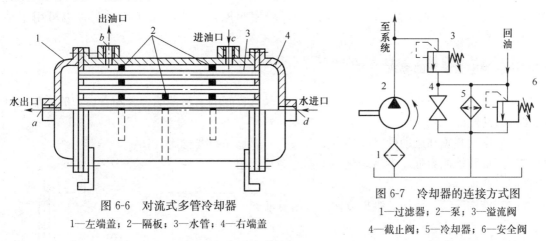

图 6-6　对流式多管冷却器
1—左端盖；2—隔板；3—水管；4—右端盖

图 6-7　冷却器的连接方式图
1—过滤器；2—泵；3—溢流阀
4—截止阀；5—冷却器；6—安全阀

二、加热器

液压系统中油温过低时可使用加热器，一般常采用结构简单，能按需要自动调节最高最低温度的电加热器。电加热器的安装方式如图 6-8 所示。电加热器水平安装，发热部分应全部浸入油中，安装位置应使油箱内的油液有良好的自然对流，单个加热器的功率不能太大，以避免其周围油液过度受热而变质。

冷却器和加热器的图形符号如图 6-9 所示。

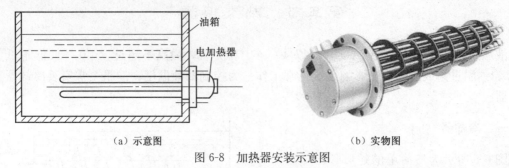

　　　　（a）示意图　　　　　　　　　　　　　（b）实物图

图 6-8　加热器安装示意图

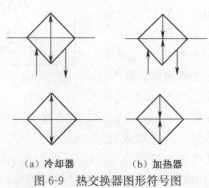

　　（a）冷却器　　　　　（b）加热器

图 6-9　热交换器图形符号图

第六节　密封装置

　　为了防止泄漏，提高液压系统的工作性能和效率，在可能发生泄漏的部位需要安装密封装置。密封装置的种类很多，最常用的是橡胶密封圈，它既可用于静密封，也可用于动密封。

一、对密封装置的要求

　　（1）在工作压力和一定的温度范围内，应具有良好的密封性能，并随着压力的增加能自动提高密封性能。

　　（2）密封装置和运动件之间的摩擦力要小，摩擦系数要稳定。

　　（3）抗腐蚀能力强，不易老化，工作寿命长，耐磨性好，磨损后在一定程度上能自动补偿。

　　（4）结构简单，使用、维护方便，价格低廉。

二、O 形密封圈

　　O 形密封圈截面为圆形，如图 6-10 所示。它的特点是结构简单、安装尺寸小、使用方便，摩擦阻力小、价格低，故应用十分广泛。

　　O 形密封圈通常装在外圆或内孔的密封槽内，它的截面直径在装入槽后一般压缩 8%～25%，如图 6-11（a）、（b）所示。该压缩量使 O 形圈在工作介质没

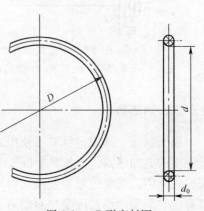

图 6-10　O 形密封圈

有压力或压力很低时，依靠自身弹性变形力密封接触面，如图6-11（c）所示。当工作介质压力较高时，O形圈被油液压力压向沟槽另一侧，如图6-11（d）所示。如果工作压力超过一定值，O形圈将从密封槽的间隙中被挤出而受到破坏，如图6-11（e）所示。

为避免出现挤出现象，当系统工作压力超过10 MPa时，应在O形圈侧面安放挡圈，如图6-12所示。当O形圈单向受压时，挡圈加在非受压侧，如图6-12（a）所示；O形圈双向受压，两侧同时加挡圈，如图6-12（b）所示。挡圈材料常用聚四氟乙烯、尼龙等。

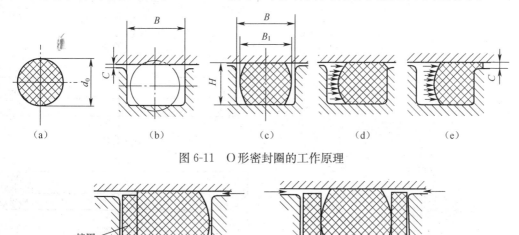

图 6-11　O形密封圈的工作原理

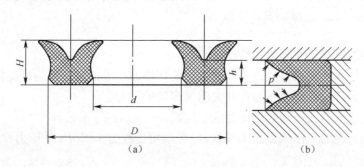

图 6-12　O形圈加用挡圈

三、唇形密封圈

唇形密封圈工作时，唇口对着有压力的一边，当工作介质压力等于零或很低时，靠预压缩密封，压力高时由介质压力的作用将唇边紧贴密封面密封。按其截面形状可分为Y形、YX形、V形、U形、L形和J形等多种，主要用于动密封。

1. Y形密封圈

Y形密封圈结构和密封原理如图6-13所示。当工作压力超过20 MPa时，应加挡圈，当工作压力波动大时要加支承环，如图6-14所示。

图 6-13　Y形密封结构的密封原理图

Y形密封圈摩擦力小、寿命长、密封可靠、磨损后能自动补偿，适用于运动速度较高的场合，工作压力可达20 MPa。

2. V形密封圈

V形密封圈是由压环、密封环和支承环组成的,如图 6-15 所示。当工作压力高于10 MPa 时,可增加密封环的数量,安装时开口应面向高压侧。此种密封圈耐高压,但密封处摩擦阻力大,适用于相对运动速度不高的场合。

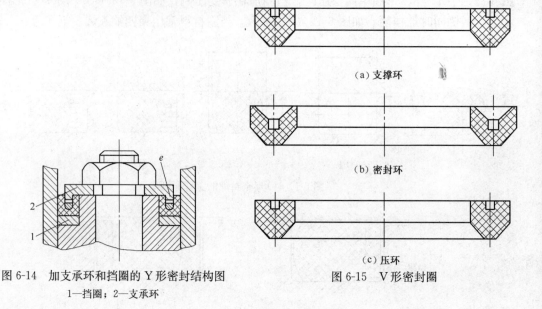

图 6-14　加支承环和挡圈的 Y 形密封结构图
1—挡圈;2—支承环

图 6-15　V 形密封圈

习　　题

1. 填空题

(1)　_____ 的功用是不断净化油液。

(2)　_____ 是用来储存压力能的装置。

(3) 液压系统的元件一般利用 _____ 和 _____ 进行连接。

(4) 当液压系统的原动机发生故障时,_____ 可作为液压缸的应急能源。

(5) 油箱的作用是 _____、_____ 和 _____。

(6) 按过滤材料和结构形式的不同,过滤器可分为 _____、_____、_____ 及 _____ 过滤器。

2. 判断题

(1) 过滤器的滤孔尺寸越大,精度越高。　　　　　　　　　　　　　　　(　)

(2) 装在液压泵吸油口处的过滤器通常比装在压油口处的过滤器的过滤精度高。(　)

(3) 一个压力计可以通过压力计开关测量多处的压力。　　　　　　　　　(　)

(4) 纸芯式过滤器比烧结式过滤器的耐压高。　　　　　　　　　　　　　(　)

(5) 某液压系统的工作压力为 15 MPa,可选用量程为 16 MPa 的压力计来测量压力。

　　　　　　　　　　　　　　　　　　　　　　　　　　　　　　　　(　)

3. 选择题

(1) 选择过滤器应主要根据 (　) 来选择。

　　A. 通油能力　　　　　　　B. 外形尺寸

　　　　　C. 滤芯的材料　　　　　　D. 滤芯的结构形式
（2）蓄能器的主要功用是（　　　）。
　　　　　A. 差动连接　　　　　　　B. 短期大量供油
　　　　　C. 净化油液　　　　　　　D. 使泵卸荷
（3）（　　　）管接头适用于高压场合。
　　　　　A. 扩口式　　　　　　B. 焊接式　　　　　　C. 卡套式
（4）液压泵吸油口通常安装过滤器，其额定流量应为液压泵流量的（　　　）倍。
　　　　　A. 1　　　　　　　　　B. 0.5　　　　　　　C. 2
（5）（　　　）接头适用于需要经常拆装的管路。
　　　　　A. 软管　　　　　　　B. 快换　　　　　　C. 活动铰接式

4. 问答题
（1）液压辅助元件主要包括哪些？
（2）常用的过滤器有哪几种类型？各有什么特点？
（3）蓄能器有哪些用途？蓄能器的类型有哪些？各有什么特点？
（4）油管和管接头的类型有哪些？分别适用什么场合？
（5）选择过滤器时应考虑哪些问题？
（6）常用的密封装置有哪几种类型？各适用于什么场合？
（7）油箱的功用是什么？设计油箱时，应注意哪些问题？
（8）热交换器的功用是什么？什么情况下需要使用热交换器？

第七章 液压基本回路

一、学习要求

(1) 掌握调压、减压、平衡回路的工作原理。

(2) 掌握卸荷回路的组成及工作原理。

(3) 掌握节流调速的三种基本形式，分析速度负载特性。

(4) 掌握容积调速回路和容积节流调速回路的组成和工作原理。

(5) 掌握换向回路和锁紧回路的工作原理。

(6) 掌握快速回路和速度切换回路的组成、工作原理和特点。

(7) 掌握顺序动作回路的组成和工作原理。

(8) 掌握同步回路的组成和工作原理。

(9) 掌握互不干涉回路的组成和工作原理。

(10) 能画出各种简单的基本回路。

二、重点与难点

(1) 各种基本回路（卸荷回路、调压回路、调速回路、顺序动作回路等）的工作原理、功能及应用。

(2) 能画出各种简单的基本回路。

任何复杂的液压系统都是由一些基本回路组成的。所谓基本回路就是由一定的液压元件所构成的用来完成特定功能的典型回路。液压基本回路按功能可分为速度控制回路、压力控制回路、方向控制回路和多缸顺序动作回路等。熟悉和掌握这些回路的组成、工作原理和性能，是分析和设计液压系统的重要基础。

第一节 压力控制回路

压力控制回路是用压力阀来控制和调节液压系统主油路或某一支路油液的压力，以满足执行元件速度换接回路所需的力或力矩的要求。利用压力控制回路可实现对系统进行调压（稳压）、减压、增压、卸荷、保压与平衡等各种控制。

一、调压回路

在定量泵系统中，液压泵的供油压力可以通过溢流阀来调节。在变量泵系统中，用安全阀来限定系统的最高压力，防止系统过载。当系统中如需要两种以上压力时，则可采用多级调压回路。

1. 单级调压回路

在图 7-1 所示的定量泵系统中，节流阀可以调节进入液压缸的流量，定量泵输出的流量大于进入液压缸的流量，而多余的油液便从溢流阀流回油箱。调节溢流阀便可调节泵的供油压力，溢流阀的调定压力必须大于液压缸最大工作压力和油路上各种压力损失的总和。如果将液压泵改换为变量泵，这时溢流阀将作为安全阀来使用，液压泵的工作压力低于溢流阀的调定压力，这时溢流阀不工作，当系统出现故障，液压泵的工作压力上升时，一旦压力达到溢流阀的调定压力，溢流阀将开启，并将液压泵的工作压力限制在溢流阀的调定压力下，使液压系统不会因压力过载而受到破坏，从而保护了液压系统。

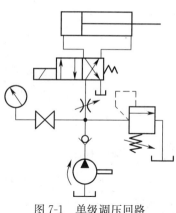

图 7-1　单级调压回路

2. 双向调压回路

当执行元件正反向运动需要不同的供油压力时，可采用双向调压回路，如图 7-2 所示。图 7-2（a）所示为当换向阀在左位工作时，活塞为工作行程，泵出口压力较高，由溢流阀 1 调定。当换向阀在右位工作时，活塞作空行程返回，泵出口压力较低，由溢流阀 2 调定。图 7-2（b）所示为当回路在图示位置时，阀 2 的出口高压油封闭，即阀 1 的远控口被堵塞，故泵压由阀 1 调定为较高压力。当换向阀在右位工作时，液压缸左腔通油箱，压力为零，阀 2 相当于阀 1 的远程调压阀，泵的压力由阀 2 调定。

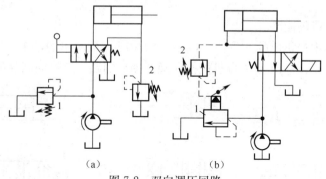

(a)　　　　　　　　(b)

图 7-2　双向调压回路

3. 多级调压回路

在不同的工作阶段，液压系统需要不同的工作压力，多级调压回路便可实现这种要求。

图 7-3（a）所示为二级调压回路。图示状态下，泵出口压力由溢流阀 3 调定为较高压力，阀 2 换位后，泵出口压力由远程调压阀 1 调为较低压力，需要注意的是，阀 1 的调定压力一定要小于阀 3 的调定压力，否则不能实现。图 7-3（b）所示为三级调压回路。溢流阀 1 的远程控制口通过三位四通换向阀 4 分别接远程调压阀（或小流量溢流阀）2 和 3，使系统有三种压力调定值：换向阀在左位时，系统压力由阀 2 调定；换向阀在右位时，系统压力由阀 3 调定，换向阀在中位时，系统压力由主阀 1 调定。在此回路中，远程调压阀的调整压力必须低于主溢流阀的调整压力，只有这样远程调压阀才能起作用。当阀 2 或阀 3 工作时，阀 2 或阀 3 相当于阀 1 上的另一个先导阀。图 7-3（c）所示为采用比例溢流阀的调压回路。

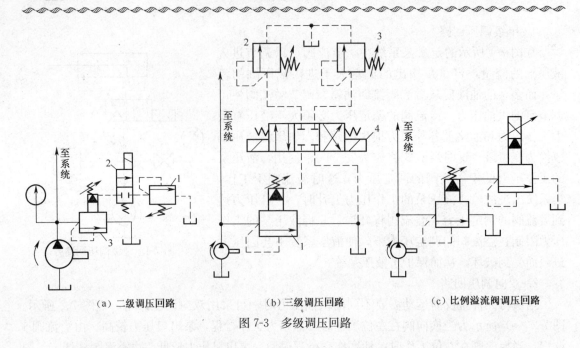

（a）二级调压回路　　　　　　（b）三级调压回路　　　　　（c）比例溢流阀调压回路

图 7-3　多级调压回路

二、卸荷回路

液压系统工作时，执行元件短时间停止工作，不宜采用开停液压泵的方法，而应使泵卸荷，即输出功率等于零，降低系统发热，延长泵和电动机的寿命。下面介绍几种常见的压力卸荷回路。

1. 用换向阀卸荷的回路

M、H 和 K 型中位机能的三位换向阀处于中位时，泵输出的油液直接流回油箱，使泵卸荷。图 7-4（a）所示为 M 型中位机能换向阀的卸荷回路，这种回路切换时压力冲击小。

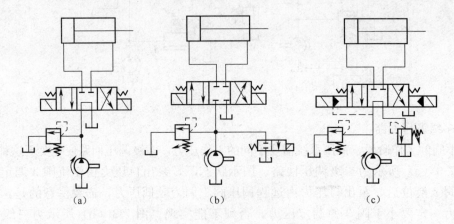

（a）　　　　　　　　　（b）　　　　　　　　　（c）

图 7-4　换向阀卸荷回路

图 7-4（b）所示为利用二位二通换向阀的卸荷回路。这种回路，因二位二通阀通过泵的全部流量，故选用的规格应与泵的额定流量相适应。

图 7-4（c）所示为装有换向时间调节器的电液换向阀卸荷回路。此回路适用流量较大的系统，卸荷效果很好。为保证控制油路能获得必须的控制压力，要在回油路上安装背压阀，使泵卸荷时，以保持 0.3～0.5 MPa 的启动压力。

2. 用先导型溢流阀卸荷的回路

由先导式溢流阀和二位二通电磁换向阀组合而成的复合阀。当二位二通换向阀电磁铁通电时，液压泵处于卸荷状态，如图7-5所示。这种卸荷回路卸荷压力小，切换时冲击也小。

三、卸压回路

液压系统在保压过程中，由于油液被压缩，机件产生弹性变形，若迅速改变运动状态会产生液压冲击。因此，对于液压缸直径大于25 cm、压力大于7 MPa的液压系统，通常要设置卸压回路，使液压缸高压腔的压力能在换向前缓慢释放。

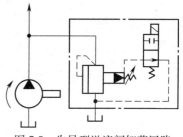

图7-5　先导型溢流阀卸荷回路

1. 用节流阀卸压的回路

节流阀卸压回路如图7-6所示。当工作行程结束后，换向阀先切换至中位，使泵卸荷，同时液压缸上腔通过节流阀卸压。当压力降至压力继电器调定的压力时，微动开关复位发出信号，使电磁换向阀切换至右位，压力油打开液控单向阀，液压缸上腔回油，活塞上升。

2. 用溢流阀卸压的回路

溢流阀卸压回路如图7-7所示。工作行程结束后，换向阀先切换至中位，使泵卸荷。同时溢流阀的外控口通过节流阀和单向阀通油箱，因而溢流阀开启使液压缸上腔卸压。调节节流阀即可调节溢流阀的开启速度，也就调节了液压缸的卸压速度。溢流阀的调定压力应大于系统的最高工作压力，因此溢流阀也起安全阀的作用。

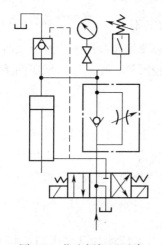

图7-6　节流阀卸压回路

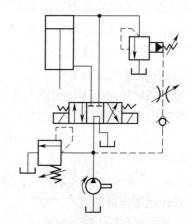

图7-7　溢流阀卸压回路

四、减压回路

液压系统中的定位、夹紧、控制油路等支路，工作中往往需要稳定的低压，为此，在该支路上需串接一个减压阀。采用减压回路虽能方便地获得某支路稳定的低压，但压力油经减压阀口时要产生压力损失。

图7-8所示为用于工件夹紧的减压回路。夹紧工件时，为了防止系统压力降低（例如进给缸空载快进）油液倒流，并短时保压，通常在减压阀后串接一个单向阀。在图示状态下，低压由减压阀1调定；当二通阀通电后，阀1出口压力则由远程调压阀2决定，故此回路为

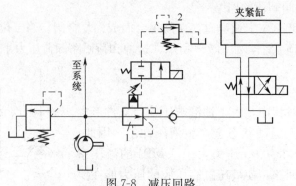

图 7-8　减压回路

二级减压回路。

图 7-9 所示为无级减压回路。此回路中采用了比例减压阀减压，根据输入信号的变化，可获得无级的稳定低压。

为了使减压回路工作可靠，减压阀的最低调整压力不应小于 0.5 MPa，最高调整压力至少应比系统压力小 0.5 MPa。当减压回路中的执行元件需要调速时，调速元件应放在减压阀的后面，以避免减压阀泄漏（指由减压阀泄油口流回油箱的油液）对执行元件的速度产生影响。

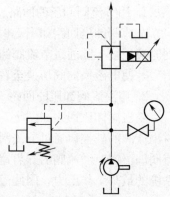

图 7-9　无级减压回路

五、增压回路

如果系统或系统的某一支油路需要压力较高但流量又不大的压力油，而采用高压泵又不经济，或者根本就没有必要增设高压力的液压泵时，就常采用增压回路，这样不仅易于选择液压泵，而且系统工作较可靠，噪声小。增压回路中提高压力的主要元件是增压缸或增压器。

1. 单作用增压缸的增压回路

在图 7-10 所示的回路中，当换向阀 1 在左位工作时，压力油经阀 1、液控单向阀 6 进入工作缸 7 的上腔，下腔油液经单向顺序阀 3 和阀 1 流回油箱，活塞下行。当负载增加、油液压力升高时，压力油打开顺序阀 2 进入增压缸 4 的左腔，推动活塞右行，增压缸右腔便输出高压油进入工作缸的上腔而增大其活塞推力。

2. 双作用增压缸的增压回路

单作用增压缸只能断续供给高压油，若获得连续输出高压油，可采用图 7-11 所示的双作用增压缸的增压回路。在图示位置中，液压泵压力油进入大缸右腔和右端的小腔，大缸左腔油液经换向阀流回油箱，活塞左移。左端小腔增压后的压力油经单向阀 4 输出，此时单向阀 3 和 2 均关闭。当活塞触动行程开关 6 时，换向阀换向，活塞开始右移，右端小腔的压力油增压后经单向阀 3 输出。这样采用电气控制的换向回路便可获得连续输出的高压油。

六、保压回路

在液压系统中，常要求液压执行机构在一定的行程位置上停止运动或在有微小的位移下稳定地维持一定的压力，这时需要采用保压回路。最简单的保压回路是密封性能较好的液控单向阀的回路，但是，阀类元件处的泄漏使得这种回路的保压时间不能维持太久。常用的保压回路有以下三种：

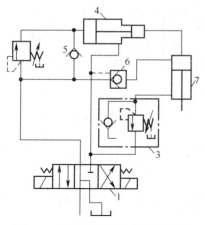

图 7-10　单作用增压缸的增压回路

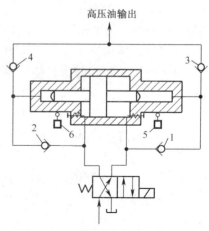

图 7-11　双作用增压缸的增压回路

1. 利用液压泵的保压回路

利用液压泵的保压回路也就是在保压过程中，液压泵仍以较高的压力（保压所需压力）工作。此时，若采用定量泵，则压力油几乎全经溢流阀流回油箱，系统功率损失大，易发热，故只在小功率的系统且保压时间较短的场合下才使用；若采用变量泵，在保压时泵的压力较高，但输出流量几乎等于零，因而，液压系统的功率损失小，这种保压方法能随泄漏量的变化而自动调整输出流量，因而其效率也较高。

2. 利用蓄能器的保压回路

在图 7-12（a）所示的回路中，当主换向阀在左位工作时，液压缸向前运动且压紧工件，进油路压力升高至调定值，压力继电器动作使二通阀通电，泵即卸荷，单向阀自动关闭，液压缸则由蓄能器保压。缸压不足时，压力继电器复位使泵重新工作。保压时间的长短取决于蓄能器容量，调节压力继电器的工作区间即可调节缸中压力的最大值和最小值。图 7-12（b）所示为多缸系统中的保压回路。在这种回路中，当主油路压力降低时，单向阀 3 关闭，支路由蓄能器保压补偿泄漏。压力继电器 5 的作用是当支路压力达到预定值时发出信号，使主油路开始动作。

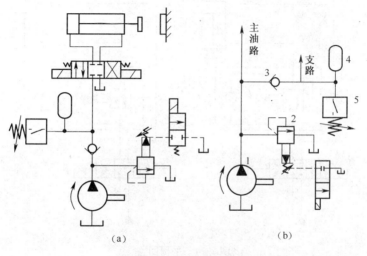

（a）　　　　　　　　　　　（b）

图 7-12　蓄能器保压回路

3. 自动补油保压回路

图 7-13 所示为液控单向阀和电接触式压力表的自动补油式保压回路。其工作原理为当 1YA 通电，换向阀右位接入回路，液压缸上腔压力上升至电接触式压力表的上限值时，上触点通电，使电磁铁 1YA 断电，换向阀处于中位，液压泵卸荷，液压缸由液控单向阀保压。当液压缸上腔压力下降到预定下限值时，电接触式压力表又发出信号，使 1YA 通电，液压泵再次向系统供油，使压力上升。当压力达到上限值时，上触点又发出信号，使 1YA 断电。因此，这一回路能自动地使液压缸补充压力油，使其压力能长期保持在一定范围内。

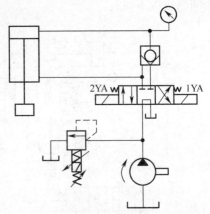

图 7-13　自动补油式保压回路

七、平衡回路

为了防止立式液压缸及其工作部件因自重而自行下滑，或在下行运动中由于自重而造成失控超速的不稳定运动，可在液压系统中设置平衡回路，即在立式液压缸下行的回路上增设适当的阻力，以平衡自重。

图 7-14 (a) 所示为单向顺序阀的平衡回路，当 1YA 通电后活塞下行时，回油路上就存在着一定的背压；只要将这个背压调至可支承活塞和与之相连的工作部件的自重，活塞就可以平稳地下落。当换向阀处于中位时，活塞就停止运动，不再继续下移。在这种回路中，当活塞向下快速运动时功率损失大，锁住时活塞和与之相连的工作部件会因单向顺序阀和换向阀的泄漏而缓慢下落，因此它只适用于工作部件重量不大、活塞锁住时定位要求不高的场合。图 7-14 (b) 所示为采用液控顺序阀的平衡回路。当活塞下行时，控制压力油打开液控顺序阀，背压消失，因而回路效率较高；当停止工作时，液控顺序阀关闭以防止活塞和工作部件因自重而下降。这种平衡回路的优点是只有上腔进油时活塞才下行，比较安全可靠；缺点是活塞下行时平稳性较差。这是因为活塞下行时，液压缸上腔油压降低，将使液控顺序阀关闭。当顺序阀关闭时，因活塞停止下行，使液压缸上腔油压升高，又打开液控顺序阀。因

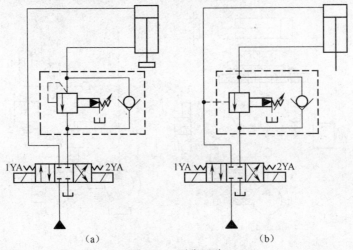

（a）　　　　　　　　　　　　（b）

图 7-14　平衡回路

此液控顺序阀始终工作于启闭的过渡状态，因而影响工作的平稳性。这种回路适用于运动部件重量不很大、停留时间较短的液压系统中。

第二节　速度控制回路

速度控制回路是调节和变换执行元件运动速度的回路。它包括调速回路、快速回路和速度换接回路，其中调速回路是液压系统用来传递动力的，它在基本回路中占重要地位。

一、调速回路

液压缸的运动速度 v 由输入流量 q 和缸的有效作用面积 A 决定，即 $v=\dfrac{q}{A}$；液压马达的转速 n 由输入流量 q 和马达的排量 V_M 决定，即 $n=\dfrac{q}{V_M}$。要想调节 v 或 n，可用改变输入液压缸或马达的流量 q，或改变马达的排量 V_M 的方法来实现。因此，调速回路主要有以下三种方式：

（1）节流调速回路。用定量泵供油，采用流量控制阀调节执行元件的流量，以实现速度调节。

（2）容积调速回路。改变变量泵的供油流量和（或）改变变量马达的排量，以实现速度调节。

（3）容积节流调速回路。采用变量泵和流量控制阀相配合的调速方法，又称联合调速。

（一）节流调速回路

节流调速回路是通过调节流量阀的通流截面积大小来改变进行执行机构的流量，从而实现运动速度的调节。根据流量控制阀在回路中的位置不同，分为进油路节流调速、出口节流调速和旁路节流调速三种调速回路。

1. 进油路节流调速回路

进油路节流调速回路如图 7-15（a）所示。节流阀串接在液压缸的进油路上，泵的供油压力由溢流阀调定。调节节流阀开口面积，便可改变进入液压缸的流量，即可调节液压缸的运动速度。泵的多余流量经溢流阀流回油箱。

下面分析一下节流阀进油路节流调速回路的静态特性。

（1）速度负载特性。液压缸在稳定的速度工作时，其受力平衡方程式为

$$p_1 A_1 = F + p_2 A_2 \tag{7-1}$$

式中　　p_1——液压缸进油腔压力；

　　　　p_2——液压缸回油腔压力；

　　　　F——液压缸的负载；

　　　　A_1——液压缸进油腔有效工作面积；

　　　　A_2——液压缸回油腔有效工作面积。

由于回油腔通油箱，视 p_2 为零，则有

$$p_1 = \frac{F}{A_1} \tag{7-2}$$

设液压泵的供油压力为 p_p，则节流阀进回油路的压差为

$$\Delta p = p_p - p_1 = p_p - \frac{F}{A_1} \tag{7-3}$$

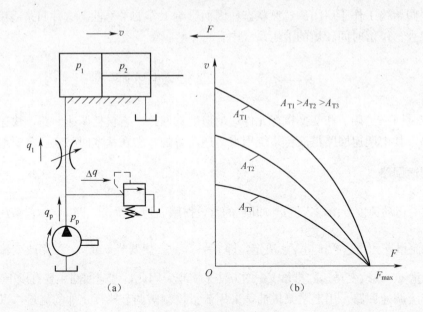

图 7-15　节流阀进油路节流调速回路

由薄壁孔流量公式知，流经节流阀进入液压缸的流量为

$$q_1 = CA_T \Delta p^m = CA_T\left(p_p - \frac{F}{A_1}\right)^m \tag{7-4}$$

式中　C——系数，视为常数；

　　　A_T——节流阀通流面积；

　　　m——节流阀指数。

故液压缸的运动速度为

$$v = \frac{q_1}{A_1} = C\frac{A_T}{A_1}\left(p_p - \frac{F}{A_1}\right)^m \tag{7-5}$$

式（7-5）即为进油路节流调速回路的速度负载特性方程。若以 v 为纵坐标，F 为横坐标，A_T 为参变量，可由式（7-5）绘出其负载特性曲线，如图 7-15（b）所示。速度 v 随负载 F 变化的程度叫速度刚性，表现在速度负载特性曲线的斜率上。特性曲线上某点处的斜率越小，速度刚性就越大，说明回路在该处速度受负载变化的影响就越小，即该点的速度稳定性好。

（2）最大承载能力。液压缸能产生的最大推力即最大承载能力可由式（7-5）求得

$$F_{max} = p_p A_1 \tag{7-6}$$

（3）功率和效率。

液压泵输出功率 $P_p = p_p q_p =$ 常数

液压缸输出功率 $P_1 = p_1 q_1$

回路的功率损失 $\Delta P = P_p - P_1 = p_p q_p - p_1 q_1 = p_p \Delta q + \Delta p q_1 \tag{7-7}$

式中　q_p——液压泵供油流量；

　　　Δq——溢流阀溢流量。

其余符号意义同前。

由式（7-7）可知，这种调速回路的功率损失由两部分组成，即溢流损失 $p_p \Delta q$ 和节流损

失 $\Delta p q_1$。回路的效率为

$$\eta = \frac{P_1}{P_p} = \frac{p_1 q_1}{p_p q_p} \tag{7-8}$$

由式（7-5）和图 7-15（b）可以看出：

（1）液压缸的工作速度 v 主要与节流阀通流面积 A_T 和负载 F 有关。当负载恒定时，液压缸速度 v 与节流阀通流面积 A_T 成正比，调节 A_T 可实现无级调速，且调速范围较大（速度比 $\lambda = \frac{v_{max}}{v_{min}}$ 可达 100）。

（2）当 A_T 调定后，速度随负载增大而减小，故这种调速回路的速度负载特性软，即速度刚性差。

（3）在相同的负载条件下，节流阀通流面积大的比小的速度刚性差，即高速时的速度刚性差。

由上可知，节流阀进油路节流调速回路适用于轻载、低速、负载变化不大和对速度稳定性要求不高的小功率液压系统，这种情况下功率损失较大，效率低。

2. 回油路节流调速回路

回油路节流调速回路如图 7-16 所示。它是将节流阀放置在回油路上，借助于节流阀控制液压缸的排油量 q_2 来实现速度调节。由于进入液压缸的流量 q_1 受回油路流量 q_2 的限制，所以用节流阀来调节液压缸的排油量 q_2，也就调节了 q_1，定量泵多余的油液经溢流阀流回油箱，从而使泵出口的压力稳定想调整值不变。

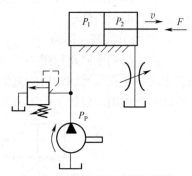

图 7-16　回油路节流调速回路

（1）速度负载特性

与式（7-5）的推导过程相类似，由液压缸活塞上的力平衡方程（$p_2 \neq 0$）和经过节流阀的流量方程（$\Delta p = p_2$），可得出液压缸的速度负载特性为

$$v = \frac{q_2}{A_2} = \frac{K A_T}{A_2} \left(p_p \frac{A_1}{A_2} - \frac{F}{A_2} \right)^m \tag{7-9}$$

式中　A_1、A_2——液压缸无杆腔和有杆腔的有效面积；

　　　　F——液压缸的外负载；

　　　　A_T——节流阀通流面积；

　　　　p_p——溢流阀的调定压力。

比较式（7-5）和式（7-9）可以发现，回油路节流调速和进油路节流调速的速度负载特性基本相同。若对于双活塞杆液压缸，则两种节流调速回路的速度负载特性完全一样。因此，对进油路节流调速回路的一些分析完全适用于回油路节流调速回路。

（2）最大承载能力

回油路节流调速的最大承载能力与进油路节流调速相同，即

$$F_{max} = p_p A_1$$

从以上分析可知，进、回油路节流调速回路有许多相同之处，但它们也有下述不同之处：

① 承受负值负载的能力。对于回油路节流调速，由于回油路上有节流阀而产生背压，

而且速度越快，背压也越高，因此具有承受负值负载的能力；而对于进油路节流调速，由于回油腔没有背压，在负值负载作用下，会出现失控而造成前冲，因而不能承受负值负载。

② 停车后的起动性能。对于回油节流调速，停车后液压缸油腔内的油液会流回油箱。当重新起动泵向液压缸供油时，液压泵输出的流量会全部进入液压缸，从而造成活塞前冲现象；而在进油节流调速回路中，进入液压缸的流量总是受到节流阀的限制，故活塞前冲很小。

③ 实现压力控制的方便性。在进油节流调速回路中，进油腔的压力将随负载变化而变化。当工作部件碰到止挡块而停止时，其压力升高并能达到溢流阀的调定压力，利用这一压力变化值，可方便地实现压力控制（例如用压力继电器）；但在回油节流调速回路中，只有回油腔的压力才会随负载变化而变化。当工作部件碰到止挡块后，其压力降为零，虽然可用这一压力变化来实现压力控制，但其可靠性低。

④ 运动平稳性。在回油节流调速回路中，由于有背压存在，因此运动平稳性较好，但对于单活塞杆液压缸，由于无杆腔的进油量大于有杆腔的回油量，所以进油节流调速回路能获得更低的稳定速度。

为了提高回路的综合性能，实际中较多的是采用进油路调速，并在回油路上加背压阀，以提高运动的平稳性。

3. 旁路节流调速回路

旁路节流调速回路如图 7-17（a）所示。它是将节流阀安放在与执行元件并联的支路上，用它来调节从支路流回油箱的流量，以控制进入液压缸的流量来达到调速的目的。回路中溢流阀起安全作用，泵的工作压力不是恒定的，它随负载发生变化。

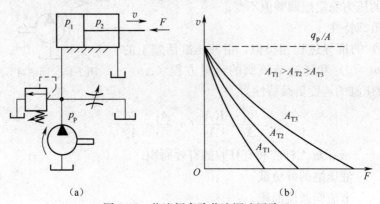

(a)　　　　　　　　　　　(b)

图 7-17　节流阀旁路节流调速回路

（1）速度负载特性。旁路节流调速回路的速度负载特性方程为

$$v=\frac{q_1}{A_1}=\frac{q_p-q_T}{A_1}=\frac{q_p-KA_T\left(\dfrac{F}{A_1}\right)^m}{A_1} \tag{7-10}$$

由式（7-10）绘出的速度负载特性曲线如图 7-17（b）所示。由曲线分析可知：

① 开大节流阀开口，活塞运动速度减小；关小节流阀开口，活塞运动速度增大。

② 当节流阀调定后，负载增大时活塞运动速度显著下降，其速度负载特性比进、回油路调速更软。负载越大，速度刚度越大。

③ 当负载一定时，节流阀通流面积 A_T 越小，速度刚度越大。

④ 因为 $p_p=p_1=F/A_1$，即液压泵出口压力随负载而变化，同时回路中只有节流功率损

失，无溢流功率损失，因此这种回路的效率较高，发热小。

（2）最大承载能力。旁路节流调速回路的最大承载能力随节流阀开口面积 A_T 的增大而减小，即该回路低速时承载能力很差，调速范围也小。同时该回路最大承载能力还受溢流阀的安全压力值的限制。

这种回路适用于高速、重载且对速度平稳性要求不高的较大功率的液压系统。

上述三种节流调速回路的特性比较如表 7-1 所示。

表 7-1　三种节流调速回路性能比较

特性	调速方式		
	进油路节流	回油路节流	旁路节流
回路的主要参数	p_1、Δp、q_1 均随负载 F 变化。$p_p=$ 常数，$p_2\approx 0$	p_2、Δp、q_2 均随负载 F 变化。$p_1=p_p=$ 常数	p_p、p_1、Δp 均随负载 F 变化。$p_p=p_1$，$p_2\approx 0$
速度负载特性及运动平稳性	速度负载特性较差，平稳性较差，不能在负值负载下工作	速度负载特性较差，平稳性较好，可以在负值负载下工作	速度负载特性差，平稳性差，不能在负值负载下工作
负载能力	最大负载由溢流阀所调定的压力来决定，属于恒转矩（恒牵引力）调速	同左	最大负载随节流阀开口增大而减小，低速承载能力差
调速范围	较大，可达 100	同左	由于低速稳定性差，故调速范围较小
功率消耗	功率消耗与负载、速度无关。低速、轻载时功率消耗较大，效率低，发热大	同左	功率消耗与负载成正比。效率较高，发热小
发热及泄漏的影响	油通过节流孔发热后进入液压缸，影响液压缸泄漏，从而影响液压缸速度	油通过节流孔后回油箱冷却，对泵、缸泄漏影响较小，因而对缸速度影响较小	泵、缸及阀的泄漏都影响速度
其他	（1）停车后起动冲击小；（2）便于实现压力控制	（1）停车后起动有冲击；（2）压力控制不方便	（1）停车后起动有冲击；（2）便于实现压力控制

【例 7-1】 在图 7-18 所示的结构中，各液压缸完全相同，负载 $F_2>F_1$。已知节流阀能调节液压缸速度并不计压力损失。试判断在图 7-18（a）和图 7-18（b）所示的两个液压回路中，哪个液压缸先动？哪个液压缸速度快？请说明道理。

答：在图 7-18（a）中，A 缸先动。因为 A 缸的进油腔压力小于 B 缸；A 缸、B 缸速度相等，这是因为节流阀安装在进油路上，调节着 A 缸、B 缸的流量，$q_A=q_B$。

在图 7-18（b）中，A 缸先动，速度快。因为节流阀安装在出油路上，两个液压缸并联，液压泵调定的压力相同，所以负载小的 A 缸回油压力大，即节流阀压差大，故 A 缸速度大，此时 B 缸不动。当 A 缸运动到缸底，B 缸运动，由于其负载大，回油压力小，即节流阀压差小，故 B 缸运动速度小。

（二）采用调速阀的节流调速回路

采用节流阀的节流调速回路，在负载变化时液压缸运行速度随节流阀进出口压差而变化，故速度平稳性差。如果用调速阀来代替节流阀，速度平稳性将大为改善，但功率损失将会增大。调速阀节流调速回路的速度负载特性曲线如图 7-19 所示。

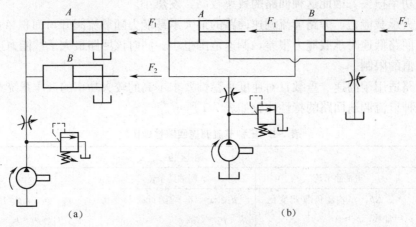

图 7-18　例 7-1 附图

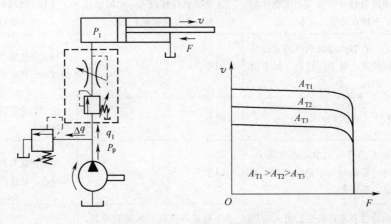

图 7-19　调速阀进油节流调速回路

采用调速阀也可按其安装位置不同，分为进油节流、回油节流、旁路节流三种基本调速回路。图 7-19（a）所示为调速阀进油调速回路。其工作原理与采用节流阀的进油节流阀调速回路相似。当负载 F 变化而使 p_1 变化时，由于调速阀中的前后压差 Δp 保持不变，从而使流经调速阀的流量 q_1 不变，所以活塞的运动速度 v 也不变。

其速度—负载特性曲线如图 7-19（b）所示。由于泄漏的影响，实际上随负载 F 的增加，速度 v 有所减小。在此回路中，调速阀上的压差 Δp 包括两部分：节流口的压差和定差输出减压口上的压差。所以调速阀的调节压差比采用节流阀时要大，一般 Δp 为 0.5 MPa，高压调速阀则达 1 MPa。这样泵的供油压力 p_p 相应地比采用节流阀时也要调得高些，故其功率损失也要大些。

综上所述，采用调速阀的节流调速回路的低速稳定性、回路刚度、调速范围等，要比采用节流阀的节流调速回路都好，所以它在机床液压系统中获得广泛的应用。

（三）容积调速回路

容积调速回路是通过改变液压泵或液压马达的排量来实现调速的。其主要优点是功率损失小（没有溢流损失和节流损失），系统效率高，油液温升小，适用于高速、大功率液压系统中。其缺点是变量泵和变量马达的结构复杂，成本高。

　　根据油路的循环方式的不同，容积调速回路可以分为开式回路和闭式回路。在开式回路中，液压泵从油箱吸油，液压执行元件的回油直接排回油箱。这种回路结构简单，油液在油箱中可以得到很好的冷却并使杂质沉淀；但油箱体积较大，由于油液和空气接触，使空气容易侵入系统。在闭式回路中，油液从执行元件排出后，直接流入泵的进油口，这样油液在循环过程中不与空气接触，吸油路保持压力，从而减少了空气侵入系统的可能性。为了补偿泄漏以及液压泵进油口与执行元件排油口的流量差，常采用一个较小的辅助泵补油。但闭式回路冷却条件较差，温升大，对过滤要求高，结构也较复杂。容积调速回路通常有三种形式：变量泵和定量马达容积调速回路；定量泵和变量马达容积调速回路；变量泵和变量马达容积调速回路。

　　1. 变量泵和定量液压执行元件组成的容积调速回路

　　这种调速回路可由变量泵与液压缸或变量泵与定量液压马达组成。其回路原理图如图7-20 所示。图 7-20（a）所示为变量泵与液压缸所组成的开式容积调速回路；改变变量泵的排量即可调节活塞的运动速度。安全阀 2 限制回路中的最大压力，只有系统过载时才打开。若不考虑泄漏，则这种回路的活塞运动速度为

$$v=\frac{q_\text{p}}{A_1}=\frac{q_\text{t}-K_\text{L}\dfrac{F}{A_1}}{A_1} \qquad (7\text{-}11)$$

式中　q_t——变量泵的理论流量；

　　　K_L——变量泵的泄漏系数。

　　图 7-20（b）所示为变量泵与定量液压马达组成的闭式容积调速回路。若不计损失，马达的转速 $n_\text{M}=q_\text{p}/V_\text{M}$，输出转矩 $T=\Delta p_\text{M}V_\text{M}/（2\pi）$。因为液压马达的排量为定值，系统工作压力由安全阀限制，故调节变量泵的流量 q_p 即可对马达的转速 n_M 进行调节。马达的输出功率 P（$P=\Delta p_\text{M}V_\text{M}n_\text{M}$）与转速 n_M 成正比，输出转矩恒定不变，所以该回路的调速方式称为恒转矩调速，该回路的工作特性曲线如图 7-21 所示。由于液压泵和液压马达都存在不同程度的泄漏，这种调速回路的速度稳定性要受到负载变化的影响，所以当 V_P 很小时，n_M、T_M 和 P_M 的实际值都等于零。

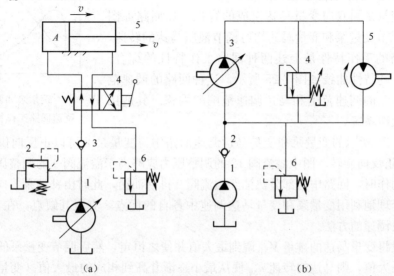

(a)　　　　　　　　　　　　　　　(b)

图 7-20　变量泵—定量执行元件容积调速回路

综上所述，变量泵和定量液动机所组成的容积调速回路为恒转矩输出，可正、反向实现无级调速，调速范围较大。适用于调速范围较大，要求恒转矩输出的场合，如大型机床的主运动或进给系统中。

2. 定量泵和变量马达容积调速回路

定量泵和变量马达组成的容积调速回路如图 7-22 所示。在这种回路中，液压泵转速和排量都是恒量，改变液压马达排量 V_M，可使液压马达转速 n_M 随 V_M 成反比变化，马达输出转矩 $T_M = \Delta p_M V_M / (2\pi)$，随 V_M 成正比变化。而马达的输出功率 $P_M = \Delta P_M V_M n_M = \Delta P_M q_p$ 不因调速而发生变化，所以这种回路通常叫做恒功率调速回路。由于液压泵和液压马达的泄漏损失和摩擦损失，在这种回路中，当 V_M 很小时，n_M、T_M 和 P_M 的实际值也都等于零，以致无力带动负载，造成液压马达停止转动的"自锁"现象，故这种调速回路很少单独使用。该回路的工作特性曲线如图 7-23 所示。

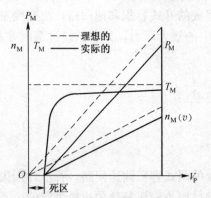

图 7-21　变量泵和定量马达容积调速回路工作特性曲线

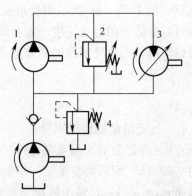

图 7-22　定量泵和变量马达容积调速回路

综上所述，定量泵变量马达容积调速回路，由于不能用改变马达的排量来实现平稳换向，调速范围比较小（一般为 3～4），因而较少单独应用。

3. 变量泵和变量马达调速回路

由双向变量泵和双向变量马达组成的容积调速回路如图 7-24 所示。调节变量泵和变量马达均可调节液压马达的转速，所以这种回路的工作特性是上述两种回路工作特性的综合。其理想情况下的特性曲线如图 7-25 所示。这种回路的调速范围很大，等于泵的调速范围和马达调速范围的乘积。其适用于大功率的液压系统。

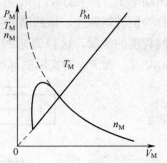

图 7-23　定量泵和变量马达容积调速回路工作特性曲线

在如图 7-24 所示的变量泵和变量马达调速回路中，变量泵 2 可以正反向供油，液压马达 10 便可以正反向旋转。图中溢流阀 12 的调整压力应略高于溢流阀 9 的调整压力，以保证液动换向阀动作时，回路中的部分热油经溢流阀 9 排回油箱，此时由补油泵 1 向回路输送冷却油液。为合理地利用变量泵和变量马达调速中各自的优点，克服其缺点，在实际应用时，一般采用分段调速的方法。

第一阶段将变量马达的排量 V_M 调到最大值并使之恒定，然后调节变量泵的排量从最小逐渐加大到最大值，则马达的转速 n_M 便从最小逐渐升高到相应的最大值（变量马达的输出转矩 T_M 不变，输出功率 P_M 逐渐加大）。这一阶段相当于变量泵定量马达的容积调速回路

（恒转矩调速）。

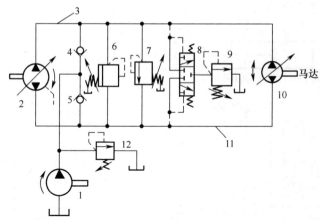

图 7-24　变量泵和变量马达容积调速回路

第二阶段将已调到最大值的变量泵的排量固定不变，然后调节变量马达的排量，使之从最大逐渐调到最小，此时马达的转速 n_M 便进一步逐渐升高到最高值（在此阶段中，马达的输出转矩 T_M 逐渐减小，而输出功率 P_M 不变）。这一阶段相当于定量泵变量马达的容积调速回路（恒功率调速）。

这种容积调速回路的调速范围是变量泵调节范围和变量马达调节范围之乘积，所以其调速范围大（可达 100），并且有较高的效率，它适用于大功率的场合，如矿山机械、起重机械以及大型机床的主运动液压系统。

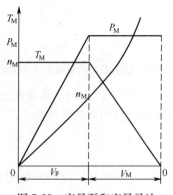

图 7-25　变量泵和变量马达
容积调速回路工作特性曲线

（四）容积节流调速回路

容积节流调速回路是由变量泵和节流阀或调速阀组合而成的一种调速回路。它保留了容积调速回路无溢流损失、效率高和发热少等优点，同时它的负载特性与单纯的容积调速相比得到改善和提高。下面讨论两种容积节流调速回路的工作原理及其工作特性。

1. 限压式变量泵和调速阀的容积节流调速回路

限压式变量泵和调速阀组成的容积节流调速回路如图 7-26 所示。变量泵输出的压力油经调速阀进入液压缸工作腔，回油则经背压阀返回油箱。活塞运动速度由调速阀中节流阀的通流截面面积来控制。变量泵输出的流量 q_p 和进入液压缸的流量 q_1 相适应。当 $q_p > q_1$ 时，泵的供油压力 p_p 上升，使限压式变量泵的流量自动减少到 $q_p \approx q_1$；反之，当 $q_p > q_1$ 时，泵的供油压力 p_p 下降，该泵又会自动使 $q_p = q_1$。可见调速阀在回路中的作用不仅是使进入液压缸的流量保持恒定，而且还使泵的供油量和供油压力基本上保持不变，从而变量泵和进入液压缸的流量匹配。

这种容积节流调速回路的速度刚性、运动平稳性、承载能力及调速范围都和调速阀节流调速回路相同。

这种调速回路的调速特性如图 7-27 所示。很明显，液压缸工作腔压力的正常工作范围是

$$p_2 \frac{A_2}{A_1} \leqslant p_1 \leqslant (p_p - \Delta p_T) \tag{7-12}$$

式中　Δp_T——保持调速阀正常工作所需的压差，一般在 0.5 MPa 以上；

　　　　p_2——液压缸回油腔压力。

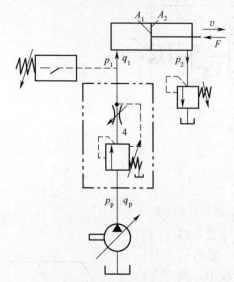
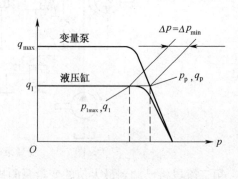

图 7-26　限压式变量泵和调速阀的容积节流调速回路　　图 7-27　限压式变量泵和调速阀的调速特性

当 $p_1 = p_{1max}$ 时，调速阀进出口压差 $\Delta p = \Delta p_{min}$；$p_1$ 越小，节流损失越大。令 $p_2 = 0$，则这种调速回路的效率为

$$\eta = \frac{p_1 q_1}{p_p q_p} = \frac{p_1}{p_p} \tag{7-13}$$

由上式可知，这种回路用在负载变化大，且大部分时间处于低速负载工作的场合显然是不合适的。

2. 差压式变量泵和节流阀的容积节流调速回路

差压式变量泵和节流阀组成的容积节流调速回路如图 7-28 所示。由节流阀控制进入液压缸的流量 q_1，并使变量泵输出的流量 q_p 自动和 q_1 相适应。当 $q_p > q_1$ 时，泵的供油压力上升，定子在左右两侧控制柱塞的作用下向右移动，减小泵的偏心量，使液压泵输出的流量减小到 $q_p = q_1$。反之，当 $q_p < q_1$ 时，泵的供油压力下降，加大泵的偏心量，使泵输出的流量增大到 $q_p = q_1$。

在这种容积节流调速回路中，输入液压缸的流量基本上不受负载变化的影响，因为节流阀进出口压差基本上是由作用在变量泵控制柱塞上的弹簧力确定的，这和调速阀的原理相似。因此这种回路的速度刚性、运动平稳性和承载能力与限压式变量泵和调速阀组成的调速回路相似。此外，这种回路因能补偿由负载变化引起的泵泄漏量的变化，因此它适合在低速小流量场合下使用。

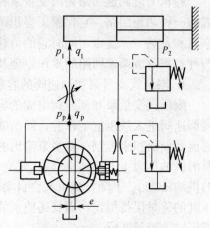

图 7-28　差压式变量泵和
节流阀的容积节流调速回路

由于这种容积节流调速回路不但没有溢流损失，而且泵的供油压力随负载而变化，回路中的功率损失只有节流阀压降造成的节流损失一项，因此发热少、效率高。这种回路的效率表达式为

$$\eta=\frac{p_1 q_1}{p_p q_p}=\frac{p_1}{p_1+\Delta p} \tag{7-14}$$

式中　p_1——液压缸工作压力；

　　　p_p——液压泵的供油压力；

　　　Δp——节流阀进出口压差。

这种回路适用于负载变化大，速度较低的中、小功率场合。

（五）调速回路的比较和选用

（1）调速回路的比较如表 7-2 所示。

表 7-2　调速回路的比较

回路类型 主要性能		节流调速回路				容积调速回路	容积节流调速回路	
		用节流阀		用调速阀			限压式	稳流式
		进回油	旁路	进回油	旁路			
机械特性	速度稳定性	较差	差	好		较好	好	
	承载能力	较好	较差	好		较好	好	
调速范围		较大	小	较大		大	较大	
功率特性	效率	低	较高	低	较高	最高	较高	高
	发热	大	较小	大	较小	最小	较小	小
适用范围		小功率、轻载的中、低压系统				大功率、重载高速的中、高压系统	中、小功率的中压系统	

（2）调速回路的选用。调速回路的选用主要考虑以下问题：

① 执行机构的负载性质、运动速度、速度稳定性等要求。负载小，且工作中负载变化也小的系统可采用节流阀节流调速；在工作中负载变化较大且要求低速稳定性好的系统，宜采用调速阀的节流调速或容积节流调速；负载大、运动速度高、油的温升要求小的系统，宜采用容积调速回路。

一般来说，功率在 3 kW 以下的液压系统宜采用节流调速；3~5 kW 范围宜采用容积节流调速；功率在 5 kW 以上的宜采用容积调速回路。

② 经济性要求。节流调速回路的成本低，功率损失大，效率也低；容积调速回路因变量泵、变量马达的结构较复杂，所以价钱高，但其效率高、功率损失小；而容积节流调速则介于两者之间。所以应根据需要综合分析应选用哪种回路。

【例 7-2】试说明题图 7-29 所示容积调速回路中单向阀 A 和 B 的功用。在液压缸正反向移动时，为了向系统提供过载保护，安全阀应如何接？试作图表示。

答：单向阀 A：液压缸右行时，小腔回油满足不了液压泵的吸油要求，需要从油箱吸油。单向阀 B：液压缸左行时，大腔回油多于液压泵的吸油流量，多余的液压油从液控单向阀排回油箱。为了给液压缸进行过载保护，将如所示油路接入回路，M 和 N 两点分别接到液压缸的进出口处。

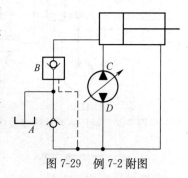

图 7-29　例 7-2 附图

二、快速回路

快速回路的功用是加快工作机构空载运行时的速度，以提高系统的工作效率。下面介绍几种常见的快速回路。

（一）液压缸差动连接快速回路

液压缸差动连接快速回路是在不增加液压泵输出流量的情况下，来提高工作部件运动速度的一种快速回路，其实质是改变了液压缸的有效作用面积。图 7-30 所示为用于快、慢速转换的回路，其中的快速运动是采用差动连接的回路。当换向阀 3 左端的电磁铁通电时，阀 3 左位进入系统，液压泵 1 输出的压力油同缸右腔的油经阀 3 的左位、阀 5 的下位（此时外控顺序阀 7 关闭）进入液压缸 4 的左腔，实现了差动连接，使活塞快速向右运动。当快速运动结束，工作部件上的挡铁压下机动换向阀 5 时，泵的压力升高，阀 7 打开，液压缸 4 右腔的回油只能经调速阀 6 流回油箱，这时是工作进给。当换向阀 3 右端的电磁铁通电时，活塞向左快速退回（非差动连接）。采用差动连接的快速回路方法简单，较经济，但快、慢速度的换接不够平稳。需要注意的是，差动油路的换向阀和油管通道应按差动时的流量选择，不然流动液阻过大，会使液压泵的部分油从溢流阀流回油箱，速度减慢，甚至不起差动作用。

（二）双泵供油快速回路

图 7-31 所示为双泵并联供油的快速回路。快速运动时，由于负载小，系统压力小于液控顺序阀 3 的开启压力，则阀 3 关闭。泵 1 的油液通过单向阀 8 与泵 2 汇合进入液压缸，以实现快速运动。工进时，负载大，系统压力升高，外控顺序阀 3 被打开，并关闭单向阀 8，使低压大流量泵 1 卸荷。此时系统仅由高压小流量泵 2 供油，实现工作进给。外控顺序阀 3 的开启压力应比快速运动时所需压力大 0.8～1.0 MPa。双泵供油回路功率利用合理、效率高，并且速度换接较平稳，在快、慢速度相差较大的机床中应用很广泛；缺点是要用一个双联泵，油路系统也稍复杂。

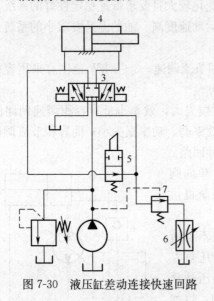

图 7-30　液压缸差动连接快速回路

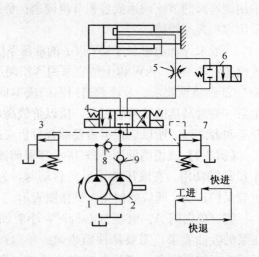

图 7-31　双泵供油快速回路

（三）增速缸快速回路

所谓增速缸实际上是一种复合液压缸。图 7-32 所示为增速缸快速回路，其活塞内含有柱塞缸，中间有孔的柱塞又和增速缸体固连。当换向阀 2 在左位工作时，液压泵输出的压力油先进入工作面积小的柱塞缸内，使活塞快进，增速缸Ⅰ腔内出现真空，便通过单向阀 7 补油。活塞快进结束时应使二通阀 4 在右位工作，压力油便同时进入增速缸Ⅰ腔和Ⅱ腔，此时因工作面积增大，便获得大推力、低速运动，实现工作进给。换向阀 2 在右位工作时，压力油便进入工作面积很小的Ⅲ腔并打开液控单向阀 7，增速缸快退。

（四）蓄能器快速回路

图 7-33 是采用蓄能器的快速回路。当液压缸停止工作时，液压泵向蓄能器充油，油液压力升至液控顺序阀的调定压力时，打开液控顺序阀，液压泵卸荷。当液压缸工作时，由蓄能器和液压泵同时供油，使活塞获得短期较大的速度。这种回路可以采用小容量液压泵，实现短期大量供油，减小能量损耗。其适用于系统短期需要大流量的场合。

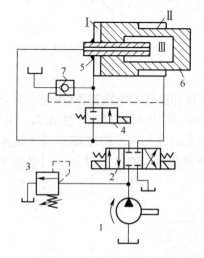

图 7-32　增速缸快速回路

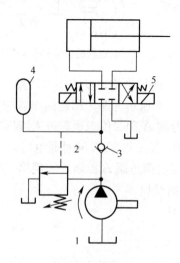

图 7-33　采用蓄能器的快速回路

三、速度换接回路

设备的工作部件在实现自动循环的工作过程中，往往需要进行速度转换，如从快进转为工进，从第一种工进转为第二种工进等。并且在速度换接过程中，尽可能不产生前冲现象，以保持速度换接平稳。

（一）快速与慢速的换接回路

图 7-34 所示为用二位二通电磁阀与调速阀并联的快慢速换接回路。这种回路可能实现快进—工进—快退—停止的工作循环。当电磁铁 1YA、3YA 通电时，液压泵的压力油经二位二通阀全部进入液压缸中，工作部件实现快速运动；当电磁铁 3YA 断电，切换油路，则液压泵的压力油经调速阀进入液压缸，将快进换接为工作进给。当工进结束后，运动部件碰到止挡块停留，液压缸工作腔压力升高，压力继电器发信号，使 1YA 断电，2YA、3YA 通电，工作部件快速退回。

图 7-35 所示为用行程阀切换的速度换接回路。在图示状态下，液压缸快进，当活塞上的止挡块压下行程阀 4 时，行程阀关闭，液压缸右腔的油液通过节流阀 6 才能流回油箱，液压缸则由快进转换为慢速。当换向阀 2 左位接入油路时，压力油经单向阀 5 进入液压缸右腔，活塞快速向左运动。这种回路的优点是快慢速换接比较平稳，而且换接点位置比较准

确；缺点是行程阀的安装位置有所限制。

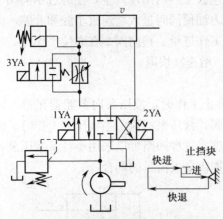

图 7-34　用电磁阀的速度换接回路

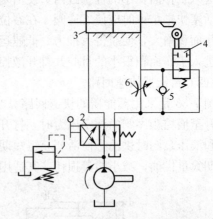

图 7-35　用行程阀的速度换接回路

（二）两种进给速度的换接回路

图 7-36 所示为两个调速阀串联的二次工进速度换接回路。当电磁铁 1YA 通电时，压力油经调速阀 A 和二位二通阀进入液压缸左腔，进给速度由调速阀 A 控制，实现第一次进给；当电磁铁 1YA 和 3YA 同时通电后，则压力油先经调速阀 A，再经调速阀 B 进入液压缸左腔，速度由调速阀 B 控制，实现第二次进给。在这种回路中，调速阀 B 的开口必须小于调速阀 A 的开口。

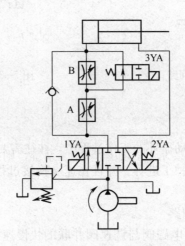

图 7-36　调速阀串联的二次进给速度换接回路

图 7-37 所示为两个调速阀并联的二次工进速度换接回路。图 7-37（a）当换向阀 1 在左位工作时，并使阀 2 电磁铁通电，根据二位三通阀 3 的不同工作位置，压力油需经调速阀 A 或 B 才进入液压缸内，便可实现第一次工进和第二次工进速度的换接。两个调速阀可单独调节，两种速度互不限制。但当一个调速阀工作时，另一调速阀无油通过，后者的减压阀处于非工作状态，其阀口完全打开；一旦换接，油液大量流过此阀，液压缸易产生前冲现象。若将两调速阀按图 7-37（b）所示的方式并联，则可克服液压缸前冲的现象，速度换接平稳。

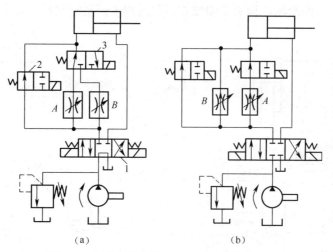

图 7-37 调速阀并联的两次进给速度换接回路

第三节 方向控制回路

在液压系统中，工作机构的启动、停止或变换运动方向等是利用控制进入执行元件油流的通、断及改变流动方向来实现的。实现这些功能的回路称为方向控制回路。

一、换向回路

各种操纵方式的四通或五通换向阀都可组成换向回路，只是性能和应用场合不同。手动换向阀的换向精度和平稳性不高，常用于换向不频繁且无需自动化的场合，如一般机床夹具、工程机械等。对速度和惯性较大的液压系统，采用机动换向阀较为合理，只需使运动部件上的挡块有合适的迎角或轮廓曲线，即可减小液压冲击，并有较高的换向精度。电磁阀使用方便，易于实现自动化，但换向时间短，故换向冲击大，适用于小流量、平稳性要求不高场合。流量比较大（超过 63 L/min）、换向精度与平稳性要求较高的液压系统，常采用液动或电液动换向阀。换向有特殊要求处，如磨床液压系统，则采用特别设计的组合阀液压操纵箱。

图 7-38 所示为手动转阀（先导阀）控制液动换向阀的换向回路。回路中用辅助泵 2 提供低压控制油，通过手动先导阀 3（三位四通转阀）来控制液动换向阀 4 的阀芯移动，实现主油路的换向。当转阀 3 在右位时，控制油进入液动阀 4 的左端，右端的油液经转阀回油箱，使液动换向阀 4 左位接入工件，活塞下移；当转阀 3 切换至左位时，即控制油使液动换向阀 4 换向，活塞向上退回。当转阀 3 中位时，液动换向阀 4 两端的控制油通油箱，在弹簧力的作用下，其阀芯回复到中位、主泵 1 卸荷。这种换向回路常用于大型压机上。

二、锁紧回路

锁紧回路可使液压缸活塞在任一位置停止，并可防止其停止后窜动。图 7-39 所示为采用液控单向阀的锁紧回路。在液压缸的两侧油路上串接液控单向阀（液压锁），并且采用 H 型中位机能的三位换向阀，活塞可以在行程的任一位置锁紧，左右都不能窜动。

当换向阀的中位机能为 O 型或 M 型等时，似乎无需液控单向阀也能使液压缸锁紧，但由于换向阀存在较大的泄漏，锁紧功能较差，只适用于锁紧时间短且要求不高的回路中。

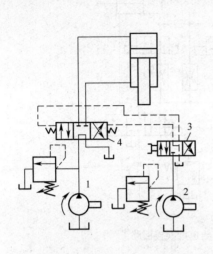

图 7-38　先导阀控制液动换向阀的换向回路

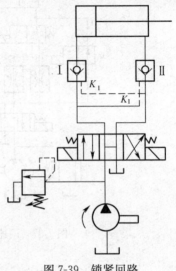

图 7-39　锁紧回路

第四节　多缸工作控制回路

一、顺序动作回路

顺序动作回路的功用是使多缸液压系统中的各个液压缸严格地按规定的顺序动作。例如，自动车床中刀架的纵横向运动、夹紧机构的定位和夹紧等。按控制方式的不同，可将其分为有行程控制和压力控制两类。

1. 行程控制的顺序动作回路

用行程开关控制的顺序动作回路如图 7-40 所示。在回路中，使阀 1YA 通电，缸 A 右行完成动作①后，触动行程开关 C_1 使阀 2YA 通电，缸 B 右行，实现动作②后，又触动行程开关 C_2，使阀 1YA 断电，缸 A 返回，完成动作③后，又触动行程开关 C_3，使阀 2YA 断电，缸 B 返回，实现动作④，最后触动行程开关 C_4。使泵卸荷或引起其他动作，完成一个工作循环。这种顺序动作回路换向位置准确，动作可靠。并且容易调整行程大小或改变动作顺序。

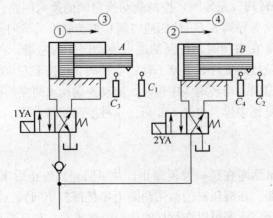

图 7-40　用行程开关控制的顺序动作回路

2. 压力控制顺序动作回路

(1) 用顺序阀控制的顺序动作回路如图 7-41 所示。回路中采用两个单向顺序阀，用来控制液压缸顺序动作。其中顺序阀 D 的调定压力值大于液压缸 A 右行时的最大工作压力，故压力油先进入液压缸 A 的左腔，实现动作①。缸 A 移动到位后，压力上升，直到打开顺序阀 D 进入液压缸 B 的左腔，实现动作②。换向阀切换至右位后，过程与上述相同，先后完成动作③和④。顺序阀的调定压力应比前一个动作的工作压力高出 1 MPa（中低压阀约为 0.5 MPa）左右，否则顺序阀因系统压力脉动易造成误动作。

这种回路的优点是动作较灵敏，安装连接方便；缺点是可靠性差，位置精度低。故适用于液压缸数目不多、负载变化小的系统。

(2) 用压力继电器控制的顺序回路。图 7-42 所示为机床的夹紧、进给系统，要求的动作顺序是先将工件夹紧，然后动力滑台进行切削加工，动作循环开始时，二位四通电磁阀处于图示位置，液压泵输出的压力油进入夹紧缸的右腔，左腔回油，活塞向左移动，将工件夹紧。夹紧后，液压缸右腔的压力升高，当油压超过压力继电器的调定值时，压力继电器发出讯号，指令电磁阀的电磁铁 2DT、4DT 通电，进给液压缸动作（其动作原理详见速度换接回路）。油路中要求先夹紧后进给，工件没有夹紧则不能进给，这一严格的顺序是由压力继电器保证的。压力继电器的调整压力应比减压阀的调整压力低 $3 \times 10^5 \sim 5 \times 10^5$ Pa。

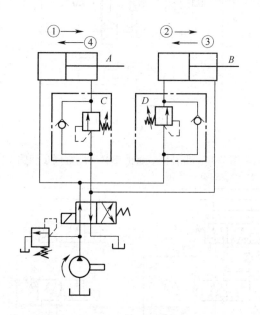

图 7-41　用顺序阀控制的顺序动作回路

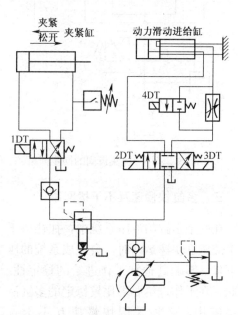

图 7-42　压力继电器控制的顺序回路

二、同步回路

同步回路的功用是保证系统中两个或两个以上液压缸在运动中位移量相同或以相同的速度运动。影响同步精度的因素很多，例如，液压缸外负载、泄漏、摩擦阻力、制造精度、结构弹性变形以及油液中含气量等。同步回路要尽量克服或减少这些因素的影响。

1. 采用分流集流阀的同步回路

分流集流阀是流量控制阀当中的一种。它能自动地对其输入（或输出）油液的流量等量或按比例地进行分配。采用分流阀的同步回路如图 7-43 所示。由等量分流阀 2 将液压泵输出的流量等量地分配给两个结构及尺寸都相同的液压缸，实现同步运动。

分流集流阀的同步精度一般为 2％～5％（同步精度是两个液压缸间最大位置误差与行程的百分比）。这种同步回路简单经济，且两缸在承受不同负载时仍能实现同步。

2. 带补偿装置的串联液压缸的同步回路

带补偿装置的串联液压缸的同步回路如图 7-44 所示。图中两液压缸串联，A 腔 B 腔工作面积相等、进出流量相等，两液压缸的升降便可得到同步运动。补偿装置是使同步误差在每一次下行运动中都可消除。即当阀 5 在右位工作时，液压缸下降，若缸 1 的活塞先运动到底，它就触动电气行程开关（图中未画）使阀 4 通电，压力油便通过该阀和单向阀向缸 2 的 B 腔补油，推动活塞继续运动到底，位置误差即被消除。若缸 2 先运动到底，阀 3 通电，控制压力油打开液控单向阀的反向通道，缸 1 的 A 腔通过液控单向阀回油，其活塞便可继续运动到底。这种串联液压缸同步回路，只适用于负载较小的液压系统。

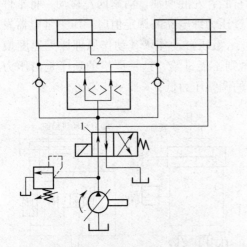

图 7-43　采用分流集流阀的同步回路

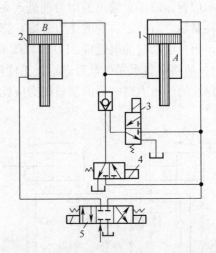

图 7-44　带补偿装置的串联液压缸同步回路

三、多缸快慢速互不干扰回路

在一个多缸的液压系统中，往往由于一个液压缸快速运动时，会造成系统的压力下降，影响其他缸工作进给的稳定性。因此，在工作进给要求比较稳定的多缸液压系统中，必须采用快慢速互不干扰回路。

双泵供油互不干扰回路如图 7-45 所示。回路中各液压缸快进、快退都由大流量泵 2 供油，且快进时为差动连接；工进则由小流量泵 1 供油，彼此互不干扰。具体工作情况参见该回路的电磁铁动作如表 7-3 所示。

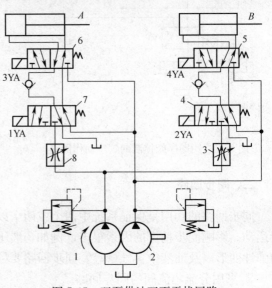

图 7-45　双泵供油互不干扰回路

表 7-3　双泵供油互不干扰回路电磁铁动作表

电磁铁	A 缸		B 缸	
	1YA	3YA	2YA	4YA
快进	−	+	−	+
工进	+	−	+	−
快退	+	+	+	+
停止	−	−	−	−

注："＋"为通电；"－"为断电

【例 7-3】在图 7-46 所示的液压回路中，它能否实现"夹紧缸Ⅰ先夹紧工件，然后进给缸Ⅱ再移动"的要求（夹紧缸Ⅰ的速度必须能调节）？为什么？应该怎么办？

答：不能实现"夹紧缸Ⅰ先夹紧工件，然后进给缸Ⅱ再移动"的要求。因为系统压力恒定在 p_y，若 $p_x > p_y$，则夹紧缸Ⅰ先夹紧而进给缸Ⅱ在Ⅰ夹紧后不动作；若 $p_x < p_y$，则夹紧缸Ⅰ和进给缸Ⅱ同时动作。应该将顺序阀的远程控制口放在单向阀的后面。

【例 7-4】在图 7-47 所示的液压回路可以实现"快进—工进—快退"动作的回路（活塞右行为"进"，左行为"退"），如果设置压力继电器的目的是为了控制活塞的换向，试问：图中有哪些错误？为什么是错误的？应该如何改正？

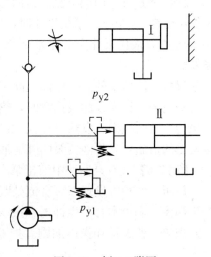

图 7-46　例 7-3 附图

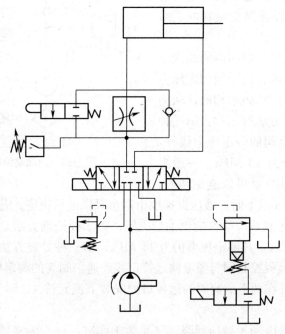

图 7-47　例 7-4 附图

答：（1）行程开关应为常开型，这是为了实现快进；（2）单向阀应反向，这是为了实现工进；（3）背压阀应接换向阀的右油口，这是为了使动作更加平稳，放在回油路上；（4）压力继电器应直接接在大腔进油口处，测大腔压力，原图接法，压力继电器的压力是不变化的。

第五节　　液压基本回路故障分析

液压基本回路的故障很多，有由元件本身故障引起的，也有由于回路设计不当造成的，这里就以几个典型的故障实例进行分析，希望能起到举一反三的作用。

【例 7-5】 有一回油节流调速回路，该回路中液压泵异常发热。该系统采用定量柱塞泵，工作压力为 26 MPa。系统工作时，回路中各元件工作均正常。经检查，发现油箱内油温为 45 ℃左右，液压泵外壳温度为 60 ℃。另发现液压泵的外泄油管接在泵的吸油管中，且用手摸发烫。

解析： 液压泵的温度较油温高 15 ℃左右，这是由于高压泵运转时内部泄漏造成的。当泵的外泄油管接入泵的吸油管时，热油进入液压泵的吸油腔，使油的黏度大大降低，从而造成更为严重的泄漏，发热量更大，以致造成恶性循环，使泵的壳体异常发热。排除液压泵异常发热的措施，是将液压泵的外泄油管单独接回油箱。另外，还可以扩大冷却器的容量。

【例 7-6】 某双泵回路中液压泵产生较大的噪声。

解析： 经检查发现双泵合流处距离泵的出口太近，只有 10 cm。这样在泵的排油口附近产生涡流。涡流本身产生冲击和振动，尤其是在两股涡流汇合处，涡流方向急剧变化，产生气穴现象，使振动和噪声加剧。排除故障的方法是将两泵的合流处安装在远离泵排油口的地方。

【例 7-7】 有一双泵系统，如图 7-48 所示。该系统有两个溢流阀，它们的调定压力均是 14 MPa，当两个溢流阀均动作时，溢流阀产生笛鸣般的叫声。

解析： 溢流阀产生笛鸣般叫声的原因是两个溢流阀产生共振。因为两个阀调定压力一样、结构一样，所以固有频率相同，从而产生共振。排除故障的方法有三种：第一种处理方法是将两个溢流阀的调定压力错开，一个为 14 MPa，一个为 13 MPa。一般来说，调定压力错开 1 MPa 就可以避免共振。

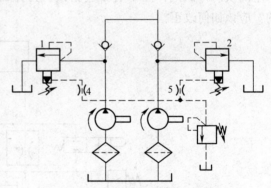

图 7-48　消除溢流阀共振的回路

但液压缸工作在 13 MPa 以下时，液压缸速度由两个泵供油量决定。若缸的工作压力在 13～14 MPa 之间时，缸的速度由一个泵的供油量决定；第二种处理方法是用一个大流量的溢流阀代替原来的两个溢流阀，其调定压力仍为 14 MPa；第三种处理方法是增加一个远程控制阀 3（见图 7-48），将远程控制阀与溢流阀远控口相连通。阀 3 的调定压力比阀 1、2 的调定压力低 1 MPa 以上，并在两上溢流阀的远控口处安装节流元件 4、5，用以增加溢流阀的调压稳定性。

【例 7-8】 现有图 7-49 所示减压回路。缸 4 为工作缸，缸 5 为夹紧缸。缸 5 将工件夹紧后，由缸 4 带动刀具进行切削加工，加工完毕，发现零件尺寸超差。

　　解析：现场了解的情况是溢流阀 1 调定压力为 10 MPa，减压阀 3 调定压力为 3 MPa，缸 4 的动作循环是快进—切削加工—快退。从压力表 6 上所见，快进时，只有 0.5 MPa。这样，减压阀 3 的入口压力太低，所以阀的出口压力更低，造成工件窜位。故障排除措施是在缸 4 的进油路上，安装一个顺序阀 2，其调节压力为 3.5 MPa，这样不管液压缸 4 是什么工况，均能保证减压阀工作所需的进油压力。另外，可以在减压阀 3 前，安装一个单向阀 8，而不安装顺序阀。当缸 4 压力小于减压回路的压力时，单向阀封死，从而保证夹紧缸 5 所需的压力。这两个措施对比而言，后者的经济效益更好些。

　　【例 7-9】 图 7-50 所示为液压平衡回路。该回路要求液压缸工进到位，立刻停止。但操作发现，当工进到位，换向阀处于中位时，液压缸并不停止，仍向下偏离指定位置一小段距离，碰伤刀具与工件。

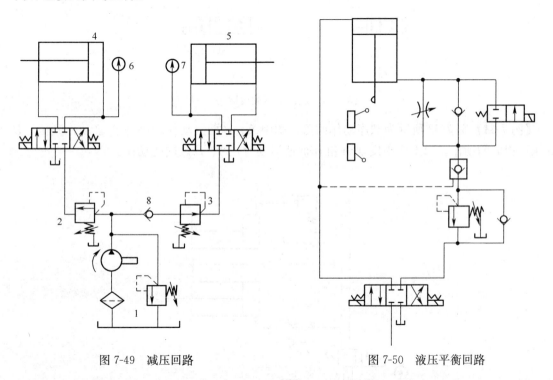

图 7-49　减压回路　　　　　　　　　　　　图 7-50　液压平衡回路

　　解析：该系统中采用 O 型机能的换向阀。当液压缸加工到位，换向阀处于中位时，因为是 O 型机能，所以将液压缸无杆腔的压力油封住，在此压力油作用下，液控单向阀被打开，使活塞下降一小段距离，偏离接触开关，这样下次发出信号时，就不能正确动作，并将刀具、工件碰伤，造成事故。为排除此故障，可将 O 型机能换向阀换成 Y 型即可。

　　【例 7-10】 图 7-51（a）所示为进油节流调速回路。该回路要求完成快进—加工—快退。希望动作转换时平稳、无冲击、转换时停位准确。但液压缸由加工转为快退时，停位不准确，有瞬时前冲，然后才快退，影响了加工精度，有时还损坏工件与刀具。

　　解析：该系统出现这个故障是由于油路设计不合理造成的。当液压缸进行慢速加工时，二位四通阀 1 与二位二通阀 2 均处于右位。当转为快退时，由于二通阀与四通阀的动作不同步，如二位二通阀先动作，已换为左位工作。二位四通阀尚未动作，仍在右位，这样就造成了液压缸瞬时前冲，造成事故。现增加一个单向阀，改进后的油路如

图 7-51（b）所示。当工进转快退时，只让三位四通换向阀换位即可完成，避免了图
（a）中两阀不同步的问题。

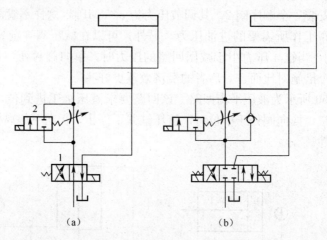

（a）　　　　　　　　　　　　（b）

图 7-51　进油节流调速回路

【例 7-11】 图 7-52 所示为顺序动作回路。图中 A、B 两缸动作顺序为 A 缸动作到位，B 缸执行相应的动作。但工作中发现 A 缸作低速运动时，A、B 缸同时动作。

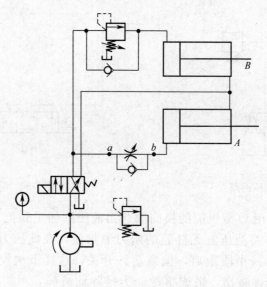

图 7-52　顺序动作回路

解析： 现场调查发现，A 缸负载为 B 缸负载的一半，溢流阀的调定压力比顺序阀高 1 MPa。故障产生的原因是 A 缸作低速运动时，节流阀起节流作用，即开口较小，泵出口压力升高，打开溢流阀实现溢流。同时泵出口压力超过了顺序阀的调定压力，所以缸 A 动作的同时，缸 B 也动作。故障排除的方法是采用外控顺序阀来代替图中的内控顺序阀，外控顺序阀的控制口与图中 b 点相连。外控顺序阀直接由缸 A 的负载压力来控制。因为缸 A 的负载只有 B 的一半，所以外控顺序阀的调定压力比缸 A 的负载压力高 0.5 MPa 以上。这样，缸 A 运动时，缸 B 绝对不会运动，只有缸 A 运动到位，压力升高，才能打开顺序阀，

使缸 B 运动,从而保证了缸 A 先动缸 B 后动的顺序。

习　　题

1. 填空题

(1) 速度换接回路的功用是使_____在一个_____中,从一种运动速度变换到另一种运动速度。

(2) 在进油路节流调速回路中,当节流阀的通流面积调定后,速度随负载的增大而_____。

(3) 液压泵的卸荷有_____卸荷和_____卸荷两种形式。

(4) 在定量泵供油的系统中,用_____实现对定量执行元件的速度进行调节,这种回路称为_____。

(5) 叠加阀既有液压元件的_____功能,又起_____的作用。

(6) 在容积调速回路中,随着负载的增加,液压泵和液压马达的泄漏_____,于是速度发生变化。

(7) 锁紧回路的功用是在执行元件不工作时,切断其_____、_____油路,准确地使它停留在原定位置上。

(8) 浮动回路是把执行元件的进、回油路连通或同时接通油箱,借助于自重或负载的惯性力,使其处于无约束的_____。

2. 选择题

(1) 在用节流阀的旁油路节流调速回路中,其液压缸速度(　　)。

　　A. 随负载增大而增加　　B. 随负载减小而增加　　C. 不受负载影响

(2) 在三位换向阀中,其中可使液压泵卸荷的有(　　)型。

　　A. H　　　　　　　　B. O　　　　　　　　C. K　　　　　　　　D. Y

(3) 在液压系统中,(　　)可作背压阀。

　　A. 溢流阀　　　　　　B. 减压阀　　　　　　C. 液控顺序阀

(4) (　　)节流调速回路可承受负载。

　　A. 进油路　　　　　　B. 回油路　　　　　　C. 旁油路

(5) 顺序动作回路可用(　　)实现。

　　A. 单向阀　　　　　　B. 溢流阀　　　　　　C. 压力继电器

(6) 要实现快速运动可采用(　　)回路。

　　A. 差动连接　　　　　B. 调速阀调速　　　　C. 大流量泵供油

(7) 大流量的系统中,主换向阀应采用(　　)换向阀。

　　A. 电磁　　　　　　　B. 电液　　　　　　　C. 手动

(8) 变量泵和定量马达组成的容积调速回路为(　　)调速,即调节速度时,其输出的(　　)不变;定量泵和变量马达组成的容积调速回路为(　　)调速,即调节速度时,其输出的(　　)不变。

　　A. 恒功率　　　　　　B. 恒转矩　　　　　　C. 恒压力

　　D. 最大转矩　　　　　E. 最大功率　　　　　F. 最大流量

(9) (　　)主要用于机械设备的配重平衡系统。

A. 溢流减压阀　　　　　　B. 减压阀　　　　　　C. 节流阀

（10）为使减压回路可靠地工作，其最高调定压力应（　　）系统压力。

A. 大于　　　　　　　　B. 小于　　　　　　　　C. 等于

3. 简答题

（1）简述回油节流阀调速回路与进油节流阀调速回路的不同点。

（2）简述积节流调速回路的工作原理。

（3）什么是锁紧回路？如何实现锁紧？

（4）在液压系统中，可以做背压阀的有哪些元件？

（5）液压缸活塞的有效作用面积为 $A = 100 \ cm^2$，负载在 $500 \sim 40\ 000$ N 的范围内变化，为使负载变化时活塞的运动速度稳定，在液压缸进油路处使用一个调速阀。若将泵的工作压力调到泵的额定压力 6.3 MPa，问是否适宜？为什么？

（6）在节流调速回路中，如何使运动速度能不随负载变化而变化？采用减压阀和节流阀两个标准元件串联使用，能否使速度稳定？

4. 计算题

（1）在图 7-53 所示回路中，液压缸两腔面积分别为 $A_1 = 100 \ cm^2$，$A_2 = 50 \ cm^2$。当液压缸的负载 F 从 0 增大到 30 000 N 时，液压缸向右运动速度保持不变，如调速阀最小压差 $\Delta p = 5 \times 10^5$ Pa。

试问：

① 溢流阀最小调定压力是多少（调压偏差不计）？

② 负载 $F = 0$ 时，泵的工作压力是多少？

③ 液压缸可能达到的最高工作压力是多少？

（2）在图 7-54 所示的回路中，溢流阀的调整压力为 5 MPa，两减压阀的调整压力分别为 3 MPa 和 1.5 MPa，如果活塞杆已运动至端点，A、B 点处的压力值是多少？

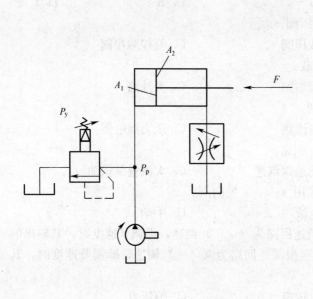

图 7-53　计算题（1）附图

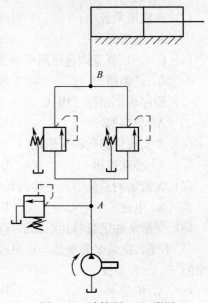

图 7-54　计算题（2）附图

（3）在图 7-55 所示的回路中，如溢流阀和两个串联的减压阀的调定压力分别为 $p_y =$ 4.5 MPa、$p_{j1} = 3.5$ MPa、$p_{j2} = 2$ MPa，负载为 $F = 1\ 200$ N，活塞面积为 $A_1 = 15$ cm²，减压阀全开口时的局部损失及管路损失可略去不计。活塞在到达终端位置时 a、b 和 c 各点处的压力各是多少？

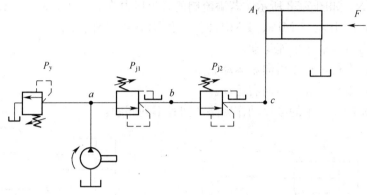

图 7-55　计算题（3）附图

（4）在图 7-56 所示的平衡回路中，两液压缸的有效作用面积 $A_1 = A_2 = 100$ cm²，缸 I 的负载 $F = 35$ kN，缸 II 运动时负载为零，不急摩擦阻力、惯性力和管路损失。溢流阀、顺序阀和减压阀的调定压力分别为 4.0 MPa、3.0 MPa、2.0 MPa。试求下列三种情况下 A、B、C 三点的压力：

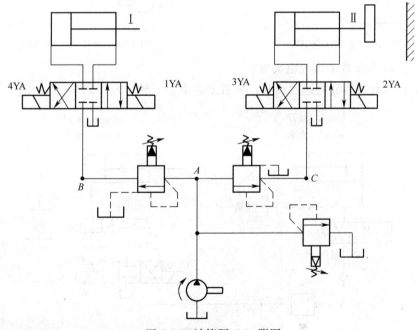

图 7-56　计算题（4）附图

① 液压泵起动后，两换向阀处于中位。

② 1YA 得电，液压缸 I 的活塞移动时及活塞运动到终点时。

③ 1YA 断电，2YA 得电，液压缸 II 的活塞移动时及活塞杆碰到固定挡铁时。

（5）在图 7-57 所示的回油路节流调速中，已知液压泵的流量 $q_p = 25$ L/min，负载 $F =$

40 kN，溢流阀调定压力 $p_y=5.4$ MPa，$A_1=80$ cm²，$A_2=40$ cm²，液压缸工作进给速度 $v=18$ cm/min。若不计管路损失和液压缸的摩擦损失，试计算当负载 $F=0$ 时，活塞的运动速度和回油腔的压力。

（6）已知两液压缸的活塞面积相同，液压缸无杆腔面积 $A_1=20$ cm²，负载分别为 $F_1=8$ kN、$F_2=4$ kN，如图 7-58 所示。若溢流阀的调定压力为 $p_y=4.5$ MPa，试分析减压阀压力调定值分别为 1 MPa、3 MPa、4 MPa 时，两液压缸的动作情况。

① 缸 1 向右行，缸 2 不能运动。

② 缸 2 先向右行，缸 1 后向右运动。

③ 缸 2 先向右行，缸 1 后向右运动。

（7）分析图 7-59 所示的顺序动作回路，回答下列问题：

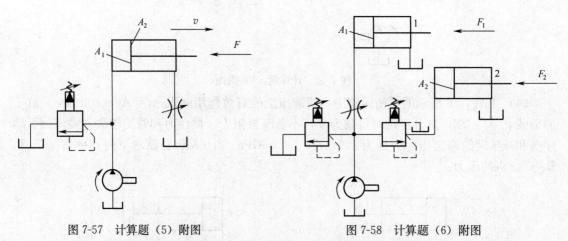

图 7-57　计算题（5）附图　　　　　图 7-58　计算题（6）附图

① 夹紧缸 A 为什么采用失电夹紧？

② 当动力滑台进给缸快速运动时，夹紧力会不会下降？为什么？

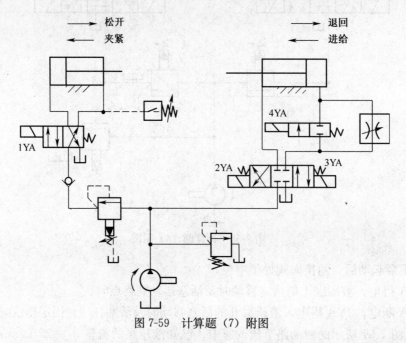

图 7-59　计算题（7）附图

（8）在图 7-60 所示的回路中，已知液压泵的流量 $q_p = 6$ L/min，溢流阀调定压力 $p_p = 3.0$ MPa，液压缸无杆腔面积 $A_1 = 20$ cm²，负载 $F = 4$ kN，节流阀为薄壁孔口，流量系数 $C_d = 0.62$，开口面积 $A_T = 0.01$ cm²，$\rho = 900$ kg/m³，试求：

① 活塞杆的运动速度。

② 溢流阀的溢流量。

③ 当节流阀开口面积增大到 $A_{T1} = 0.03$ cm² 和 $A_{T2} = 0.05$ cm² 时，液压缸的运动速度和溢流阀的溢流量。

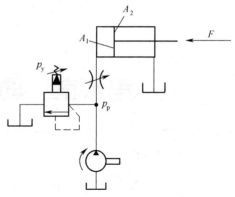

图 7-60 计算题（8）附图

（9）请列表说明题图 7-61 所示压力继电器式顺序动作回路是怎样实现①—②—③—④顺序动作的？在元件数目不增加的情况下，排列位置容许变更的条件下如何实现①—②—④—③的顺序动作，画出变动顺序后的液压回路图。

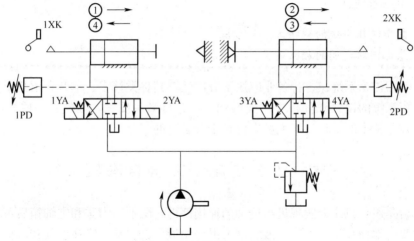

图 7-61 计算题（9）附图

	1	2	3	4	原位
1YA					
2YA					
3YA					
4YA					
1PD					
2PD					
1XK					
2XK					

第八章　典型液压传动系统

一、学习要求

(1) 掌握几种典型的液压系统的工作原理和性能特点。

(2) 能绘制电磁铁动作循环表。

(3) 熟悉各元件在系统中的作用。

(4) 掌握系统中各基本回路之间的相互关系。

(5) 了解阅读复杂液压系统的方法和步骤。

二、重点与难点

(1) 复杂液压系统的分析方法和步骤。

(2) 基本回路之间的相互关系。

如今，液压传动系统在各行各业应用十分广泛，其种类繁多。本章介绍几个典型的液压系统，为液压系统的设计和分析提供典型例子，并可举一反三。多熟悉一些机器的液压系统，对从事液压技术的工程技术人员来说是十分必要的。

第一节　组合机床动力滑台液压系统

动力滑台是组合机床上实现进给运动的通用部件，配上动力头和主轴箱后可以对工件完成各种孔加工、端面加工等工序。液压动力滑台用液压缸驱动，它在电气和机械装置的配合下可以实现一定的工作循环。

一、YT4543 型动力滑台液压系统

YT4543 型动力滑台的工作进给速度范围为 $6.6 \sim 660$ mm/min，最大快进速度为 7 300 mm/min，最大推力为 45 kN。YT4543 型动力滑台液压系统如图 8-1 所示。其电磁铁动作顺序表如表 8-1 所示。

1. 快速进给

按下启动按钮，电磁铁 1YA 通电，先导电磁阀 5 的左位接入系统，由泵 2 输出的压力油经先导电磁阀 5 进入液动阀 4 的左侧，使液动阀 4 换至左位，液动阀 4 右侧的控制油经阀 5 回油箱。这时，主油路工作情况：

进油路：过滤器 1→变量泵 2→单向阀 3→液动阀 4 左位→行程阀 7→液压缸左腔（无杆腔）。

回油路：液压缸右腔→液动阀 4 左位→单向阀 6→行程阀 7→液压缸左腔。这时形成差动回路。因为快进时滑台液压缸负载小，系统压力低，不至于打开外控顺序阀 16，液压缸为

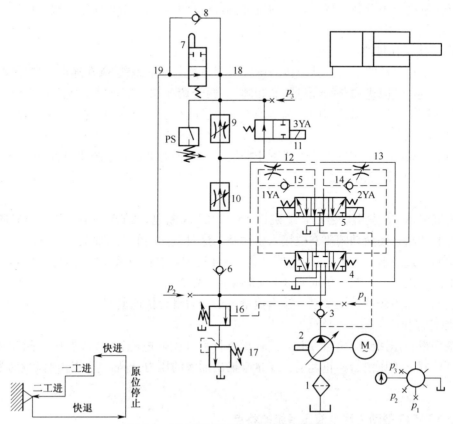

图 8-1　YT4543 型动力滑台液压系统图

表 8-1　电磁铁动作顺序表

元件 动作	1YA	2YA	3YA	PS	行程阀 7
快进（差动）	+	—	—	—	导　通
第一次工进	+	—	—	—	切　断
第二次工进	+	—	+	—	切　断
止挡块停留	+	—	+	+	切　断
快退	—	+	±	—	切断/导通
原位停止	—	—	—	—	导　通

差动连接。又因变量泵 2 在低压下输出流量大，所以滑台快速进给。

2. 第一次工作进给

当快进终了时，挡块压下行程阀 7，使油路 18 与 19 断开。电磁铁 1YA 继续通电，液动阀左位仍接入系统，电磁阀 11 的电磁铁 3YA 处于断电状态，这时主油路必经调速阀 10，使阀前主系统压力升高，外控顺序阀 16 被打开，这时的油路工作情况：

进油路：过滤器 1→变量泵 2→单向阀 3→液动阀 4→调速阀 10→电磁阀 11→液压缸左腔。

回油路：液压缸右腔→液动阀 4→外控顺序阀 16→背压阀 17→油箱。

因工作进给压力升高，变量泵 2 的流量会自动减少，动力滑台作第一次工作进给。进给速度由调速阀 10 调节。

3. 第二次工作进给

第一次工作进给终了时，挡块压下电气行程开关，使电磁铁 3YA 通电，电磁阀 11 处于油路断开位置，这时进油路须经过阀 9 和阀 10 两个调速阀，实现第二次工作进给，进给量大小由调速阀 9 调定。而调速阀 9 调节的进给速度应小于调速阀 10 的工作进给速度。

4. 止挡块停留

动力滑台第二次工作进给终了碰到止挡块时，不再前进，其系统压力进一步升高，使压力继电器 PS 动作而发出信号。

5. 快速退回

压力继电器 PS 发出信号后，电磁铁 1YA、3YA 断电，2YA 通电，先导电磁阀 5 的右位接入控制油路，使液动阀 4 右位接入主油路。这时主油路的工作情况：

进油路：过滤器 1→变量泵 2→单向阀 3→液动阀 4 右位→液压缸右腔。

回油路：液压缸左腔→单向阀 8→液动阀 4→油箱。

这时系统压力较低，变量泵 2 输出流量大，动力滑台快速退回。

6. 原位停止

当液压滑台退回到原始位置时，挡块压下行程开关使电磁铁 2YA 断电，阀 5 和阀 4 都处于中间位置，液压滑台停止运动，变量泵输出油液的压力升高，直到输出流量为零，变量泵卸荷。

二、YT4543 型动力滑台液压系统的特点

从以上叙述中可知，该系统具有下列特点：

（1）采用限压式变量泵、调速阀和背压阀组成的容积调速回路，使动力滑台获得稳定的低速运动、较好的调速刚性和较大的速度范围。回油路中设置背压阀，是为了改善滑台运动使其得到稳定的低速运动和较好的平稳性以及承受一定的负载荷。

（2）采用限压式变量泵和差动连接回路，快进时能量利用比较合理；工进时只输出与液压缸相适应的流量；止挡块停留时只输出补偿泵及系统内泄漏需要的流量。系统无溢流损失，效率高。

（3）采用行程阀和顺序阀实现速度的切换，不仅简化了电路，而且动作平稳可靠，无冲击。

第二节　YA32-200 型四柱万能液压机液压系统

液压机是锻压、冲压、冷挤、校直、弯曲、粉末冶金、塑料制品的压制成形等工艺中广泛应用的压力加工机械，它是最早应用液压传动的机械之一。液压机液压系统的工作压力常采用 20～30 MPa，主缸工作速度不超过 50 m/s，快进速度不超过 300 m/s。

一、YA32-200 型四柱万能液压机液压系统

YA 32—200 型液压机的液压系统如图 8-2 所示。表 8-2 所示为该液压系统的电磁铁动作顺序表。

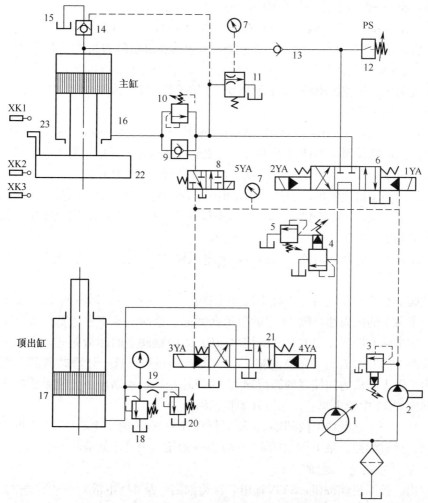

图 8-2　YA32-200 型四柱万能液压机液压系统原理图

表 8-2　电磁铁动作顺序表

元件 动作		1YA	2YA	3YA	4YA	5YA
主缸	快速下行	+	−	−	−	+
	慢速加压	+	−	−	−	−
	保　压	−	−	−	−	−
	泄压回程	−	+	−	−	−
	停　止	−	−	−	−	−
顶出缸	顶　出	−	−	+	−	−
	退　回	−	−	−	+	−
	压　边	+	−	(±)	−	−

1. 主缸运动

（1）快速下行。按下启动按钮，电磁铁 1YA、5YA 通电，低压控制油使电液阀 6 切换至右位，并通过阀 8 使液控单向阀 9 打开。

进油路：泵 1→阀 6 右位→单向阀 13→主缸 16 上腔。

回油路：主缸 16 下腔→阀 9→阀 6 右位→阀 21 中位→油箱。

此时主缸滑块 22 在自重作用下快速下降，置于液压缸顶部的充液箱 15 内的油液经液控单向阀 14 进入主缸上腔补油。

（2）慢速加压。当主缸滑块 22 上的挡块 23 压下行程开关 XK2 时，电磁铁 5YA 断电，阀 8 处于常态，阀 9 关闭。

主缸回油路：主缸 16 下腔→背压（平衡）阀 10→阀 6 右位→阀 21 中位→油箱。

压力油推动活塞使滑块慢速接近工件，当主缸活塞接触工件后，阻力急剧增加，上腔油压进一步升高，变量泵 1 的排油量自动减小，主缸活塞的速度降低。

（3）保压。当主缸上腔的压力达到预定值时，压力继电器 12 发出信号，使电磁铁 1YA 断电，阀 6 回到中位。泵 1 经阀 6、阀 21 的中位卸荷。用单向阀 13 实现保压，保压时间可由时间继电器调定。

（4）卸压回程。时间继电器发出信号，使电磁铁 2YA 通电，主缸处于回程状态，保压过程结束。

当电液阀 6 切换至左位后，主缸上腔还未卸压，压力很高，卸荷阀 11（带阻尼孔）呈开启状态，主泵 1 的压力油经阀 11 中的阻尼孔回油。这时主泵 1 在较低压力下运转，此压力不足以使主缸活塞回程，但能打开液控单向阀 14 中锥阀上的卸荷阀芯，主缸上腔的高压油经此卸荷阀芯的开口而泄回充液油箱 15，这是卸压过程。这一过程持续到主缸上腔的压力降低，由主缸上腔压力油控制的卸荷阀 11 的阀芯开口量逐渐减小，使系统的压力升高并推开液控单向阀 14 中的主阀芯，主缸开始快速回路。

（5）停止。当主缸滑块上的挡铁 23 压下行程开关 XK1 时，电磁铁 2YA 断电，主缸活塞停止运动。此时油路：泵 1→电液阀 6→阀 21→油箱。泵处于卸荷状态。

2. 顶出缸活塞顶出与退回

（1）顶出。按下启动按钮，3YA 通电，压力油路：泵 1→电液阀 6 中位→阀 21 左位→顶出缸下腔；上腔油液经阀 21 回油箱，顶出缸活塞上升。

（2）退回。3YA 断电，4YA 通电时，电液阀 21 换向，右位接入回路，顶出缸的活塞下降。

3. 浮动压边

进行薄板拉伸压边时，要求顶出缸既保持一定压力，又能随着主缸滑块的下压而下降。这时在主缸动作前 3YA 通电，顶出缸顶出后 3YA 立即又断电，顶出缸下腔的油液被阀 21 封住。当主缸滑块下压时顶出缸活塞被迫随之下行，顶出缸下腔回油经节流器 19 和背压阀 20 流回油箱，从而建立起所需的压边力。图 8-2 所示的溢流阀 18 是当节流器 19 阻塞时起安全保护作用的。

二、YA32-200 型四柱万能液压机液压系统的特点

（1）采用高压大流量恒功率变量泵供油，既符合工艺要求，又节省能量。这是液压机液压系统的一个特点。

（2）系统利用管道和油液的弹性变形来实现保压，方法简单，但对单向阀的密封性能要求较高。

（3）系统中上、下两缸的动作协调是由两个换向阀互锁来保证的。只有换向阀 6 处于中位，主缸不工作时，压力油才能进入阀 21，使顶出缸运动。

（4）为了减少由保压转换为快速回程时的液压冲击，系统中采用了卸荷阀 11 和液控单向阀 14 组成泄压回路。

第三节　Q2-8 型汽车起重机液压系统

汽车起重机是将起重机安装在汽车底盘上的一种起重运输设备。它主要由起升、回转、变幅、伸缩和支腿等工作机构组成，这些动作的完成由液压系统来实现。对于汽车起重机的液压系统，一般要求输出力大、动作要平稳、耐冲击，操作要方便灵活、安全可靠。

一、Q2-8 型汽车起重机液压系统原理

图 8-3 所示为 Q2-8 型汽车起重机液压系统原理图，下面对其完成各个动作的回路进行叙述。

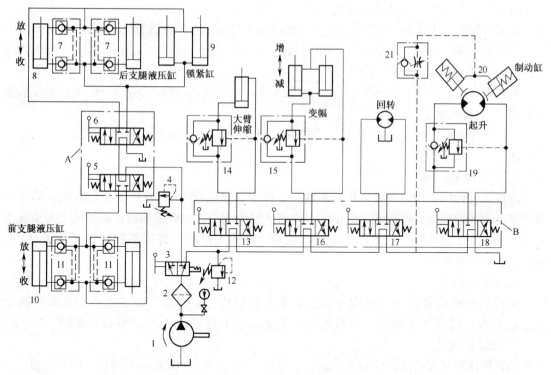

图 8-3　Q2-8 汽车起重机液压系统原理图

1—液压泵；2—过滤器；3—二位三通手动换向阀；4、12—溢流阀；

5、6、13、16、17、18—三位三通手动换向阀；7、11—液压锁；8—后支腿缸；

9—锁紧缸；10—前支腿缸；14、15、19—平衡阀；20—制动缸；21—单向节流阀

1. 支腿回路

汽车轮胎的承载能力是有限的，在起吊重物时，必须由支腿液压缸来承受负载，而使轮胎架空，这样也可以防止起吊时整机的前倾或颠覆。

支腿动作的顺序：缸 9 锁紧后桥板簧，同时缸 8 放下后支腿到所需位置，再由缸 10 放

下前支腿。作业结束后，先收前支腿，再收后支腿。当手动换向阀 6 右位接入工作时，后支腿放下。

进油路：

泵 1→过滤器 2→阀 3 左位→阀 5 中位→阀 6 右位→锁紧缸下腔锁紧板簧→液压锁 7→缸 8 下腔。

回油路：缸 8 上腔→双向液压锁 7→阀 6 右位→油箱。缸 9 上腔→阀 6 右位→油箱。

回油路中的双向液压锁 7 和 11 的作用是防止液压支腿在支撑过程中因泄漏出现"软腿现象"，或行走过程中支腿自行下落，或因管道破裂而发生倾斜事故。

2. 起升回路

起升机构要求所吊重物可升降或在空中停留，速度要平稳，变速要方便，冲击要小，启动转矩和制动力要大，本回路中采用 ZMD40 型柱塞液压马达带动重物升降，变速和换向是通过改变手动换向阀 18 的开口大小来实现的，用液控单向顺序阀 19 来限制重物超速下降。单作用液压缸 20 是制动缸，单向节流阀 21 是保证液压油先进入马达，使马达产生一定的转矩，再解除制动，以防止重物带动马达旋转而向下滑。同时保证吊物升降停止时，制动缸中的油马上与油箱相通，使马达迅速制动。

起升重物时，手动阀 18 切换至左位工作，泵 1 打出的油经过滤器 2、阀 3 右位、阀 13、16、17 中位，阀 18 左位、阀 19 中的单向阀进入马达左腔；同时压力油经单向节流阀到制动缸 20，从而解除制动，使马达旋转。

重物下降时，手动换向阀 18 切换至右位工作，液压马达反转，回油经阀 19 的液控顺序阀，阀 18 右位回油箱。

当停止作业时，阀 18 处于中位，泵卸荷。制动缸 20 上的制动瓦在弹簧作用下使液压马达制动。

3. 大臂伸缩回路

本机大臂伸缩采用单级长液压缸驱动。工作中，改变阀 13 的开口大小和方向，即可调节大臂运动速度和使大臂伸缩。行走时，应将大臂收缩回。大臂缩回时，因液压力与负载力方向一致，为防止吊臂在重力作用下自行收缩，在收缩缸的下腔回油腔安置了平衡阀 14，提高了收缩运动的可靠性。

4. 变幅回路

大臂变幅机构是用于改变作业高度，要求能带载变幅，动作要平稳。本机采用两个液压缸并联，提高了变幅机构承载能力。其要求以及油路与大臂伸缩油路相同。

5. 回转油路

回转机构要求大臂能在任意方位起吊。本机采用 ZMD40 柱塞液压马达，回转速度 1～3 r/min。由于惯性小，一般不设缓冲装置，操作换向阀 17，可使马达正、反转或停止。

二、液压系统的主要特点

（1）系统中采用了平衡回路、锁紧回路和制动回路，能保证起重机工作可靠，操作安全。

（2）采用三位四通手动换向阀，不仅可以灵活方便地控制换向动作，还可通过手柄操纵来控制流量，以实现节流调速。在起升工作中，将此节流调速方法与控制发动机转速的方法结合使用，可以实现各工作部件微速动作。

（3）换向阀串联组合，各机构的动作既可独立进行，又可在轻载作业时，实现起升和回转复合动作，以提高工作效率。

（4）各换向阀处于中位时系统即卸荷，能减少功率损耗，适于起重机间歇性工作。

第四节　数控车床液压系统

一、概述

随着机电技术的不断发展，特别是数控技术的飞速发展，机床设备的自动化程度和精度越来越高。使特别适合于电控和自控的液压与气动技术，得到了更加充分的应用。无论是一般数控机床还是加工中心，液压与气动都是极其有效的传动与控制方式。下面以数控车床为例说明液压技术在数控机床上的基本应用。

MJ-50 型数控车床是两坐标连续控制的卧式车床，主要用来加工轴套类零件的内外圆柱面、圆锥面、螺纹表面、成形回转体表面；对于盘盖类零件可进行钻孔、扩孔、铰孔和镗孔等加工；还可以完成车端面、切槽、倒角等加工。其卡盘夹紧与松开、卡盘夹紧力的高低压转换、回转刀架的松开与夹紧、刀架刀盘的正转反转、尾座套筒的伸出与退回都是由液压系统驱动的。液压系统中各电磁阀电磁铁的动作是由数控系统的 PLC 控制实现的。图 8-4 所示为液压系统原理图。表 8-3 所示为该液压系统的电磁铁动作顺序表。系统采用变量叶片泵供油，系统压力调至 4 MPa。

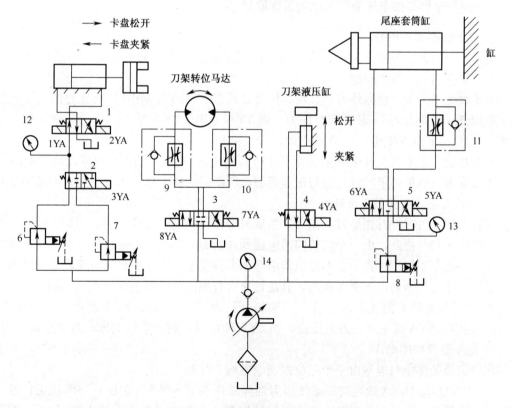

图 8-4　MJ-50 数控车床液压系统原理图

表 8-3　数控车床电磁铁动作顺序表

元件 / 动作			电磁铁							
			1YA	2YA	3YA	4YA	5YA	6YA	7YA	8YA
卡盘正卡	高压	夹紧	+	-	-					
		松开	-	+	-					
	低压	夹紧	+	-	+					
		松开	-	+	+					
卡盘反卡	高压	夹紧	-	+	-					
		松开	+		-					
	低压	夹紧	-	+	+					
		松开	+		+					
回转刀架	刀架正转								-	+
	刀架反转								+	-
	刀盘松开					+				
	刀盘夹紧					-				
尾座	套筒伸出						-	+		
	套筒退回						+	+		

注："+"表示电磁铁通电；"-"或空格表示电磁铁断电。

二、MJ-50 型数控车床液压系统的工作原理

1. 卡盘的夹紧与松开

主轴卡盘的夹紧与松开，由二位四通电磁阀 1 控制。卡盘的高压夹紧与低压夹紧的转换，由二位四通电磁阀 2 控制。

当卡盘处于正卡（也称外卡）且在高压夹紧状态下（3YA 断电），夹紧力的大小由减压阀 6 来调整，由压力表 12 显示卡盘压力。当 1YA 通电、2YA 断电时，活塞杆左移，卡盘夹紧；反之，当 1YA 断电、2YA 通电时，卡盘松开。

当卡盘处于正卡且在低压夹紧状态下（3YA 通电），夹紧力的大小由减压阀 7 来调整。

卡盘反卡（也称内卡）的过程与正卡类似，所不同的是卡爪外张为夹紧，内缩为松开。

2. 回转刀架的松夹及正反转

回转刀架换刀时，首先是刀架松开，然后刀架转到指定的刀位，最后刀架夹紧。

刀架的夹紧与松开，由一个二位四通电磁阀 4 控制，当 4YA 通电时刀盘松开，断电时刀盘夹紧，消除了加工过程中突然停电所引起的事故隐患。刀盘的旋转有正转和反转两个方向，它由一个三位四通电磁阀 3 控制，其旋转速度分别由单向调速阀 9 和 10 控制。

当 4YA 通电时，阀 4 右位工作，刀架松开；当 7YA 断电、8YA 通电时，刀架正转；当 7YA 通电、8YA 断电时，刀架反转；当 4YA 断电时，阀 4 左位工作，刀架夹紧。

3. 尾座套筒伸缩动作

尾座套筒的伸出与退回由一个三位四通电磁阀 5 控制。

当 5YA 断电、6YA 通电时，系统压力油经减压阀 8→阀 5（左位）→液压无杆腔，套筒伸出。套筒伸出时的工作预紧力大小通过减压阀 8 来调整，并由压力表 13 显示，伸出速度由调速阀 11 控制。反之，当 5YA 通电、6YA 断电时，套筒退回。

三、液压系统的特点

（1）采用变量叶片泵向系统供油，能量损失小。

（2）用减压阀调节卡盘高压夹紧或低压夹紧压力的大小以及尾座套筒伸出工作时的预紧力大小，以适应不同工件的需要，操作方便简单。

（3）用液压马达实现刀架的转位，可实现无级调速，并能控制刀架正、反转。

第五节　注塑机液压系统

一、概述

注塑机是一种通用设备，通过它与不同专用注塑模具配套使用，能够生产出多种类型的注塑制品。注塑机主要由机架，动静模板，合模保压部件，预塑、注射部件，液压系统，电气控制系统等部件组成；注塑机的动模板和静模板用来成对安装不同类型的专用注塑模具。合模保压部件有两种结构形式：一种是用液压缸直接推动动模板工作，另一种是用液压缸推动机械机构通过机械机构再驱动动模板工作（机液联合式）。注塑的工艺过程如图 8-5 所示。注塑机的结构原理图如图 8-6 所示。注塑机工作时，按照其注塑工艺要求，要完成对塑料原料的预塑、合模、注射机筒快速移动、熔融塑料注射、保压冷却、开模、顶出成品等一系列动作，因此其工作过程中运动复杂、动作多变、系统压力变化大。电磁铁动作顺序如表 8-4 所示。

注塑机对液压系统的要求

（1）具有足够的合模力。熔融塑料以 120～200 MPa 的高压注入模腔，在已经闭合的模具上会产生很大的开模力，所以合模液压缸必须产生足够的合模力，确保对闭合后的模具的锁紧，否则注塑时模具会产生缝隙使塑料制品产生溢边，出现废品。

（2）模具的开、合模速度可调。当动模离静模距离较远时，即开、合模具为空程时，为了提高生产效率，要求动模快速运动；合模时，要求动模慢速运动，以免冲击力太大撞坏模具，并减少合模时的振动和噪声。因此，一般开、合模的速度按慢→快→慢运动的规律变化。

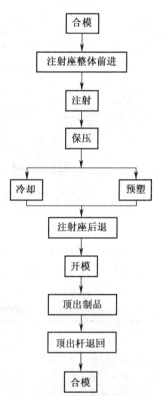

图 8-5　注塑机一般工艺过程

（3）注射座整体进退。要求注射座移动液压缸应有足够的推力，确保注塑时注射嘴和模具浇口能紧密接触，防止注射时有熔融的塑料从缝隙中溢出。

（4）注射压力和注射速度可调。注塑机为了适应不同塑料品种、制品形状及模具浇注系统的工艺要求，注射时的压力与速度在一定的范围内可调。

（5）保压及压力可调。当熔融塑料依次经过机筒、注射嘴、模具浇口和模具型腔完成注射后，需要对注射在模具中的塑料保压一段时间，以保证塑料紧贴模腔而获得精确的形状，另外在制品冷却凝固而收缩过程中，熔化塑料可不断充入模腔，防止产生充料不足的废品。保压的压力也要求根据不同情况可以调整。

（6）制品顶出速度要平稳顶出速度平稳，以保证成形制品不受损坏。

二、系统工作原理

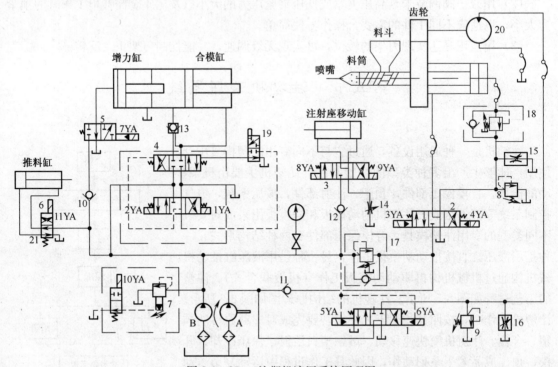

图 8-6　250 g 注塑机液压系统原理图

A—大流量液压泵；B—小流量液压泵；1、2、4、5—电液换向阀；3、6、21—电磁换向阀；7、8、9—溢流阀；

10、11、12—单向阀；13——液控单向阀；14—节流阀；15、16—调速阀；

17、18—顺序阀；19—行程阀；20—液压马达

表 8-4　250 克注塑机液压系统原理图电磁铁动作表

元件 动作		1YA	2YA	3YA	4YA	5YA	6YA	7YA	8YA	9YA	10YA	11YA
合模	启动慢移	+	−	−	−	−	−	−	−	−	+	−
	快速合模	+	−	−	+	−	−	−	−	−	+	−
	增压锁模	+	−	−	−	−	−	+	−	−	+	−
注射座整体快移		−	−	−	−	−	−	+	−	+	+	−
注射		−	−	+	+	−	+	+	−	+	+	−
注射保压		−	−	+	−	−	−	+	−	+	+	−
减压排气		−	+	−	−	−	−	−	−	+	+	−
再增压		+	−	−	−	−	−	+	−	+	+	−
预塑进料		−	−	−	−	−	+	+	−	+	+	−
注射座后移		−	−	−	−	−	−	−	+	−	+	−
开模	慢速开模	+	−	−	−	−	−	−	−	−	+	−
	快速开模	+	−	−	−	+	−	−	−	−	+	−
推料	顶出缸伸出	−	−	−	−	−	−	−	−	−	+	+
	顶出缸缩回	−	−	−	−	−	−	−	−	−	+	−
系统卸荷		−	−	−	−	−	−	−	−	−	−	−

注："＋"表示电磁铁通电；"－"表示电磁铁断电。

为保证安全生产，注塑机设置了安全门，并在安全门下装设一个行程阀 19 加以控制，只有在安全门关闭、行程阀 19 上位接入系统的情况下，系统才能进行合模运动。系统工作过程如下：

1. 合模

合模是动模板向定模板靠拢并最终合拢的过程，动模板由合模液压缸或机液组合机构驱动，合模速度一般按慢→快→慢的顺序进行。具体如下：

（1）动模板慢速合模运动。当按下合模按钮，电磁铁 1YA、10YA 通电，电液换向阀 4 右位接入系统，电磁阀 6 上位接入系统。低压大流量液压泵 A 通过电液换向阀 1 的 M 型中位机能卸荷，高压小流量液压泵 B 输出的压力油经阀 4、阀 13 进入合模缸左腔，右腔油液经阀 4 回油箱。合模缸推动动模板开始慢速向右运动。此时系统油液流动情况：

进油路：液压泵 B→电液换向阀 4（右位）→单向阀 13→合模缸左腔。

回油路：合模缸右腔→电液换向阀 4（右位）→油箱。

（2）动模板快速合模运动。当慢速合模转为快速合模时，动模板上的行程挡块压下行程开关，使电磁铁 5YA 通电，阀 1 左位接入系统，大流量泵 A 不再卸荷，其压力油经单向阀 11、单向顺序阀 17 与液压泵 B 的压力油汇合，共同向合模缸供油，实现动模板快速合模运动。此时系统油液流动情况：

进油路：（液压泵 A→单向阀 11→单项顺序阀 17）＋（液压泵 B）→电液换向阀 4（右位）→单向阀 13→合模缸左腔。

回油路：合模缸右腔→电液换向阀 4（右位）→油箱。

（3）合模前动模板的慢速运动。当动模快速靠近静模板时，另一行程挡块将压下其对应的行程开关，使 5YA 断电、阀 1 复位到中位，泵 A 卸荷，油路又恢复到以前状况，使快速合模运动又转为慢速合模运动，直至将模具完全合拢。

2. 增压锁模

当动模板合拢到位后又压下一行程开关，使电磁铁 7YA 通电、5YA 失电，泵 A 卸荷、泵 B 工作，电液换向阀 5 右位接入系统，增力缸开始工作，将其活塞输出的推力传给合模缸的活塞，以增加其输出推力。此时，溢流阀 7 开始溢流，调定泵 B 输出的最高压力，该压力也是最大合模力下对应的系统最高工作压力。因此，系统的锁模力由溢流阀 7 调定，动模板的锁紧由单向阀 10 保证。此时系统油液流动情况：

进油路：液压泵 B→单向阀 10→电磁换向阀 5（右位）→增压缸左腔；
　　　　液压泵 B→电液换向阀 4（右位）→单向阀 13→合模缸左腔。

回油路：增压缸右腔→油箱；
　　　　合模缸右腔→电液换向阀 4（右位）→油箱。

3. 注射座整体快进

注射座的整体运动由注射座移动液压缸驱动。当电磁铁 9YA 通电时，电磁阀 3 右位接入系统，液压泵 B 的压力油经阀 12、阀 3 进入注射座移动缸右腔，左腔油液经节流阀 14 回油箱。此时注射座整体向左移动，使注射嘴与模具浇口接触。注射座的保压顶紧由单向阀 12 实现。此时系统油液流动情况：

进油路：液压泵 B→单向阀 12→注射座移动缸右腔。

回油路：注射座移动缸左腔→电磁换向阀 3（右位）→节流阀 14→油箱。

4. 注射

当注射座到达预定位置后，压下一行程开关，使电磁铁 4YA、5YA 通电，电磁换向阀 2 右位接入系统，阀 1 左位接入系统。于是，泵 A 的压力油经阀 11，与经阀 17 而来的液压泵 B 的压力油汇合，一起经阀 2、阀 18 进入注射缸右腔，左腔油液经阀 2 回油箱。注射缸活塞带动注射螺杆将料筒前端已经预塑好的熔料经注射嘴快速注入模腔。注射缸的注射速度由旁路节流调速的调速阀 15 调节。单向顺序阀 18 在预塑时能够产生一定背压，确保螺杆有一定的推力。溢流阀 8 起调定螺杆注射压力作用。此时系统油液流动情况：

进油路：(泵 A→阀 11) + (泵 B→单向顺序阀 17)→电磁换向阀 2 (左位)→单向顺序阀 18→注射缸右腔。

回油路：注射缸左腔→电磁阀 2 (左位)→油箱。

5. 注射保压

当注射缸对模腔内的熔料实行保压并补塑时，注射液压缸活塞位工作移量较小，只需少量油液即可。所以，电磁铁 5YA 断电，阀 1 处于中位，使大流量泵 A 卸荷，小流量泵 B 继续单独供油，以实现保压，多余的油液经阀 7 溢回油箱。

6. 减压（放气）、再增压

先让电磁铁 1YA、7YA 断电，电磁铁 2YA 通电；后让 1YA、7YA 通电，2YA 断电，使动模板略松一下后，再继续压紧，以排放尽模腔中气体，保证制品质量。

7. 预塑进料

保压完毕后，从料斗加入的塑料原料随着裹在机筒外壳上的电加热器对其的加热和螺杆的旋转将加热熔化混炼好的熔料送至料筒前端，并在螺杆头部逐渐建立起一定压力。当此压力足以克服注射液压缸活塞退回的背压阻力时，螺杆逐步开始后退，并不断将预塑好的塑料送至机筒前端。当螺杆后退到预定位置，即螺杆头部熔料达到所需注射量时，螺杆停止后退和转动，为下一次向模腔注射熔料做好准备。与此同时，已经注射到模腔内的制品冷却成形过程完成。

预塑螺杆的转动由液压马达 20 通过一对减速齿轮驱动实现。这时，电磁铁 6YA 通电，阀 1 右位接入系统，泵 A 的压力油经阀 1 进入液压马达，液压马达回油直通油箱。马达转速由旁路调速阀 16 调节，溢流阀 9 为安全阀。螺杆后退时，阀 2 处于中位，注射缸右腔油液经阀 18 和阀 2 回油箱，其背压力由阀 18 调节。同时活塞后退时，注射缸左腔会形成真空，此时依靠阀 2 的 Y 型中位机能进行补油。此时系统油液流动情况：

(1) 液压马达回路。

进油路：泵 A→阀 1 右位→液压马达 20 进油口。

回油路：液压马达 20 回油口→阀 1 右位→油箱。

(2) 液压缸背压回路：注射缸右腔→单项顺序阀 18→调速阀 15→油箱。

8. 注射座后退

当保压结束，电磁铁 8YA 通电，阀 3 左位接入系统，泵 B 的压力油经阀 12、阀 3 进入注射座移动液压缸左腔，右腔油液经阀 3、阀 14 回油箱，使注射座后退。泵 A 经阀 1 卸荷。此时系统油液流动情况：

进油路：泵 B→阀 12→阀 3 (左位)→注射座移动缸左腔。

回油路：注射座移动缸右腔→阀 3 (左位)→节流阀 14→油箱。

9. 开模

开模过程与合模过程相似，开模速度一般历经慢→快→慢的过程。

(1) 慢速开模。电磁铁 2YA 通电，阀 4 左位接入系统，液压泵 6 的压力油经阀 4 进入合模液压缸右腔，左腔的油经液控单向阀 13、阀 4 回油箱。泵 A 经阀 1 卸荷。

(2) 快速开模。此时电磁铁 2YA 和 5YA 都通电，A、B 两个液压泵汇流向合模液压缸右腔供油，开模速度提高。

10. 顶出

模具开模完成后，压下一行程开关，使电磁铁 11YA 得电，从泵 B 来的压力油，经过单向阀 10，电磁换向阀 21 上位，进入推料缸的左腔，右腔回油经阀 21 的上位回油箱。推料顶出缸通过顶杆将已经注塑成形好的塑料制品从模腔中推出。

11. 推料缸退回

推料完成后，电磁阀 11YA 失电，从泵 B 来的压力油经阀 21 下位进入推料缸油腔，左腔回油经过阀 21 下位后回油箱。

12. 系统卸荷

上述循环动作完成后，系统所有电磁铁都失电。液压泵 A 经阀 1 卸荷，液压泵 B 经先导式溢流阀 6 卸荷。到此，注塑机一次完整的工作循环完成。

三、系统性能分析

(1) 由于该系统在整个工作循环中，合模缸和注射缸等液压缸的流量变化较大，锁模和注射后又系统有较长时间的保压，为合理利用能量系统采用双泵供油方式，液压缸快速动作（低压大流量）时，采用双液压泵联合供油方式；液压缸慢速动作或保压时，采用高压小流量泵 B 供油，低压大流量泵 A 卸荷供油方式。

(2) 由于合模液压缸要求实现快、慢速开模、合模以及锁模动作，系统采用电液换向阀换向回路控制合模缸的运动方向，为保证足够的锁模力，系统设置了增力缸作用合模缸的方式，再通过机液复合机构完成合模和锁模，因此，合模缸结构较小、回路简单。

(3) 由于注射液压缸运动速度较快，但运动平稳性要求不高，故系统采用调速阀旁路节流调速回路。由于预塑时要求注射缸有背压且背压力可调，所以在注射缸的无杆腔出口处串联一个背压阀。

(4) 由于预塑工艺要求注射座移动缸在不工作时应处于背压且浮动状态，系统采用 Y 型中位机能的电磁换向阀，顺序阀 18 产生可调背压，回油节流调速回路等措施，调节注射座移动缸的运动速度，以提高运动的平稳性。

(5) 预塑时，螺杆转速较高，对速度平稳性要求较低，系统采用调速阀旁路节流调速回路。

(6) 由于注塑机的注射压力很大（最大注射压力达 153 MPa），为确保操作安全，该机设置了安全门，在安全门下端装一个行程阀，串接在电液阀 4 的控制油路上，控制合模缸的动作。只有当操作者离开模具，将安全门关闭时压下行程阀后，电液换向阀才有控制油进入，合模缸才能实现合模运动，以确保操作者的人身安全。

(7) 由于注塑机的执行元件较多，其循环动作主要由行程开关控制，按预定顺序完成。这种控制方式机动灵活，且系统较简单。

(8) 系统工作时，各种执行装置的协同运动较多、工作压力的要求较多、压力的变化较大，分别通过电磁溢流阀 7，溢流阀 8、9，和单项顺序阀 17、18 的联合作用，实现系统中不同位置、不同运动状态的不同压力控制。

第六节　液压系统常见故障及其排除方法

液压系统常见故障及排除方法如表 8-5 所示。

表 8-5　液压系统常见故障及其排除方法

故障现象	产生原因	排除方法
系统无压力或压力不足	（1）溢流阀开启，由于阀芯被卡住，不能关闭，阻尼孔堵塞，阀芯与阀座配合不好或弹簧失效； （2）其他控制阀阀芯由于故障卡住，引起卸荷； （3）液压元件磨损严重，或密封损坏，造成内、外泄漏； （4）液位过低，吸油堵塞或油温过高； （5）泵转向错误，转速过低或动力不足	（1）修研阀芯与壳体，清洗阻尼孔，更换弹簧； （2）找出故障部位，清洗或修研，使阀芯在阀体内运动灵活； （3）检查泵、阀及管路各连接处的密封性，修理或更换零件和密封； （4）加油，清洗吸油管或冷却系统； （5）检查动力源
流量不足	（1）油箱液位过低，油液黏度大，过滤器堵塞引起吸油阻力大； （2）液压泵转向错误，转速过低或空转磨损严重，性能下降； （3）回油管在液位以上，空气进入； （4）蓄能器漏气，压力及流量供应不足； （5）其他液压元件及密封件损坏引起泄漏； （6）控制阀动作不灵活	（1）检查液位，补油，更换黏度适宜的液压油，保证吸油管直径； （2）检查原动机、液压泵及液压泵变量机构，必要时换泵； （3）检查管路连接及密封是否正确可靠； （4）检查蓄能器性能与压力； （5）修理或更换； （6）调整或更换
泄漏	（1）接头松动，密封损坏； （2）板式连接或法兰连接接合面螺钉预紧力不够或密封损坏； （3）系统压力长时间大于液压元件或辅件额定工作压力； （4）油箱内安装水冷式冷却器，如油位高，则水漏入油中，如油位低，则油漏入水中	（1）拧紧接头，更换密封； （2）预紧力应大于液压力，更换密封； （3）元件壳体内压力不应大于油封许用压力，更换密封； （4）拆修
过热	（1）冷却器通过能力小或出现故障； （2）液位过低或黏度不适合； （3）油箱容量小或散热性差； （4）压力调整不当，长期在高压下工作； （5）油管过细过长，弯曲太多造成压力损失增大，引起发热； （6）系统中由于泄漏、机械摩擦造成功率损失过大； （7）环境温度高	（1）排除故障或更换冷却器； （2）加油或换黏度合适的油液； （3）增大油箱容量，增设冷却装置； （4）调整溢流阀压力至规定值，必要时改进回路； （5）改变油管规格及油管路； （6）检查泄漏，改善密封，提高运动部件加工精度、装配精度和润滑条件； （7）尽量减少环境温度对系统的影响

续上表

故障现象	产生原因	排除方法
振动	（1）液压泵：吸入空气，安装位置过高，吸油阻力大，齿轮齿形精度不够，叶片卡死断裂，柱塞卡死移动不灵活，零件磨损使间隙过大； （2）液压油：液位太低，吸油管插入液面深度不够，油液黏度太大，过滤堵塞； （3）溢流阀：阻尼孔堵塞，阀芯与阀座配合间隙过大，弹簧失效； （4）其他阀芯移动不灵活； （5）管道：管道细长，没有固定装置，互相碰击，吸油管与回油管太近； （6）电磁铁：电磁铁焊接不良，弹簧过硬或损坏，阀芯在阀体内卡住； （7）机械：液压泵与电机联轴器不同心或松动，运动部件停止时有冲击，换向缺少阻尼，电动机振动	（1）更换进油口密封，吸油口管口至泵吸油口高度要小于 500 mm，保证吸油管直径．修复或更换损坏零件； （2）加油，吸油管加长浸到规定深度，更换合适黏度液压油，清洗过滤器； （3）清洗阻尼孔，修配阀芯与阀座间隙，更换弹簧； （4）清洗，去毛刺； （5）增设固定装置，扩大管道间距离及吸油管和回油管距离； （6）重新焊接，更换弹簧，清洗及研配阀芯和阀体； （7）保持泵与电机轴同心度不大于 0.1 mm，采用弹性联轴器，紧固螺钉，设阻尼或缓冲装置，电动机作平衡处理
冲击	（1）蓄能器充气压力不够； （2）工作压力过高； （3）先导阀、换向阀制动不灵及节流缓冲慢； （4）液压缸端部没有缓冲装置； （5）溢流阀故障使压力突然升高； （6）系统中有大量空气	（1）给蓄能器充气； （2）调整压力至规定值； （3）减少制动锥斜角或增加制动锥长度，修复节流缓冲装置； （4）增设缓冲装置或背压阀； （5）修理或更换； （6）排除空气

习　　题

（1）阅读液压系统图的步骤是什么？

（2）YT-4543 型动力滑台液压系统有哪些基本回路组成？如何实现差动连接？采用行程阀实现快慢切换有哪些特点？

（3）在图 8-3 所示的 Q2-8 型汽车起重机液压系统中，为什么采用弹簧复位式手动换向阀控制各执行元件动作？

（4）试写出图 8-7 所示液压系统的动作循环表，并评述这个液压系统的特点并说明桥式油路结构的作用。

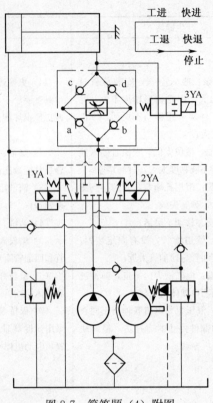

图 8-7　简答题（4）附图

	快进	工进	工退	快退
1YA				
2YA				
3YA				

（5）图 8-8 所示液压系统实现"快进→一次工进→二次工进→快退→停止"的工作循环，试完成下列各题：

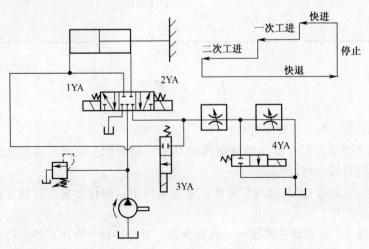

图 8-8　简答题（5）附图

① 试列出电磁铁（得失电）动作顺序表。

动作 ＼ 电磁铁	1YA	2YA	3YA	4YA
快进				
一次工进				
二次工进				
快退				
停止				

② 本液压系统有哪些基本回路组成？

③ 写出一次工进时的进油路线和回油路线。

（6）用管路线连接图 8-9 所示的液压元件，组成能实现"快进→工进→快退→停止"工作循环的液压系统。

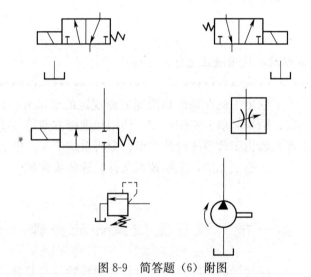

图 8-9 简答题（6）附图

第九章 液压系统的设计与计算

一、学习要求

(1) 了解设计方法和设计步骤。

(2) 掌握工况分析和绘制工况图。

(3) 学会拟定液压系统原理图和绘制电磁铁动作循环表。

(4) 掌握设计计算和选用液压元件。

二、重点与难点

拟定液压系统原理图，选用液压元件。

液压系统的设计，除了满足主机在动作和性能方面规定的要求外，还必须符合体积小、重量轻、成本低、效率高、结构简单、工作可靠、使用和维修方便等一些公认的普遍设计原则。液压系统设计的步骤大致为明确系统设计要求，分析系统工况，确定主要参数，拟定液压系统图，选择液压元件，绘制工作图，编制技术文件。这些步骤相互关联，彼此影响，因此常需交叉进行。

第一节 液压系统设计的步骤

液压系统设计的步骤，随设计的实际情况、设计者的经验各有差异，但其基本内容是一致的，其步骤为①明确设计要求，进行工况分析；②拟定液压系统原理图；③进行液压元件的计算和选择；④进行液压系统的性能验算；⑤绘制工作图和编制技术文件。

以上设计步骤的过程，有时需要穿插进行，交叉展开。对某些比较复杂的液压系统，需经过多次反复比较，才能最后确定。

第二节 主要参数的确定

一、明确系统设计要求

在液压系统的设计中，首先应明确系统设计要求。具体内容：(1) 主机的用途、结构、总体布局；(2) 主机的工作循环及运动方式；(3) 液压执行元件的负载及运动速度的大小；(4) 主机各执行元件的动作顺序或互锁要求；(5) 对液压系统工作性能、工作效率、自动化程度等方面的要求；(6) 液压系统的工作环境和工作条件等；(7) 液压装置的重量、外形尺寸、经济性等方面的规定或限制。

二、工况分析

　　液压系统的工况分析指的是执行元件的负载分析和运动分析，即分析主机在工作过程中各执行元件的负载和运动速度的变化规律。液压系统所承受的负载可由主机的规格确定（通过样机实验测定），也可由理论分析确定。负载通常包括：工作负载（切削力、挤压力、弹性塑性变形抗力、重力等）、阻力负载（摩擦力、背压力）和惯性力等。对于动作较复杂的液压设备，根据工艺要求，将各执行元件在各阶段所需克服的负载用图 9-1（a）所示的负载—位移曲线表示，并称其为负载图。将各执行元件在各阶段的速度用图 9-1（b）所示的速度—位移曲线表示，称其为速度图。也可将各执行元件在各工况的负载和速度用表格的形式表示出来。负载图、速度图和表格是拟定液压系统方案，确定系统主要参数的依据。

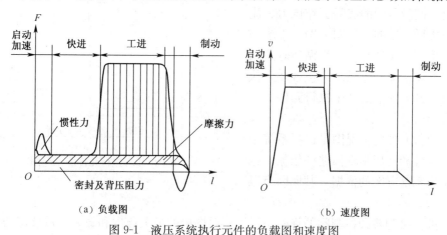

（a）负载图　　　　　　　　　　　　　（b）速度图

图 9-1　液压系统执行元件的负载图和速度图

三、确定主要参数

　　确定主要参数是指确定液压执行元件的工作压力和最大流量。

　　液压系统采用的执行元件的形式，视主机所要实现的运动种类和性质而定。

　　执行元件的工作压力可以根据负载图中的最大负载来选取（见表 9-1），也可以根据主机的类型来选取（见表 9-2）；最大流量则由执行元件速度图中的最大速度计算出来。这两者都与执行元件的结构参数（指液压缸的有效工作面积 A 或液压马达的排量 V_M）有关。一般的做法是先选定执行元件的形式及其工作压力 p，再按最大负载和预估的执行元件机械效率求出 A 或 V_M，并通过各种必要的验算、修正和圆整后定下这些参数，最后再算出最大流量 q_{max} 来。

表 9-1　按负载选择执行元件工作压力

负载 $F(\times 10^3$ N)	<5	5~10	10~20	20~30	30~50	>50
工作压力 p(MPa)	<0.8~1	1.5~2	2.5~3	3~4	4~5	>5~7

表 9-2　按主机类型选择执行元件工作压力

主机类型	机床				农业机械小型工程机械工程机械辅助机构	塑料机械	液压机中、大型工程机械起重运输机械
	磨床	组合机床	龙门刨床	拉床			
工作压力 p(MPa)	≤2	3~5	≤8	8~10	10~16	6~25	20~32

在机床的液压系统中，工作压力选得小些，对系统的可靠性、低速平稳性和降低噪声都是有利的，但在结构尺寸和造价方面则要付出一定的代价。

在初步的验算中，必须使执行元件的最低工作速度 v_{min} 或 n_{min}。符合下述要求：

$$液压缸\frac{q_{min}}{A} \leqslant v_{min}$$

$$液压马达\frac{q_{min}}{V_M} \leqslant n_{min} \tag{9-1}$$

式中　q_{min} ——节流阀或调速阀、变量泵的最小稳定流量，可由产品性能表查出。

液压系统执行元件的工况图是在执行元件结构参数确定之后，根据设计任务要求，算出不同阶段中的实际工作压力、流量和功率之后作出的（见图 9-2）。工况图显示液压系统在实现整个工作循环时这三个参数的变化情况。当系统中包含多个执行元件时，其工况图是各个执行元件工况图的综合。

液压执行元件的工况图是选择系统中其他液压元件和液压基本回路的依据，也是拟定液压系统方案的依据，其原因有以下三点：

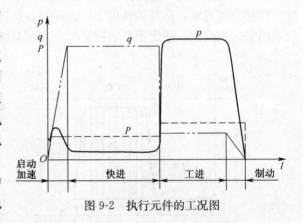

图 9-2　执行元件的工况图

（1）液压泵和各种控制阀的规格是根据工况图中的最大压力和最大流量选定的。

（2）各种液压回路及其油源形式都是按工况图中不同阶段内的压力和流量变化情况初选后，再通过评比确定的。

（3）将工况图所反映的情况与调研得来的参考方案进行对比，可以对原来设计参数的合理性作出鉴别，或进行调整。例如，在工艺情况允许的条件下，调整有关工作阶段的时间或速度，可以减少所需的功率；当功率分布很不均匀时，适当修改参数，可以避开或削减功率"峰值"等。

第三节　拟定液压系统原理图和液压元件的计算

一、拟定液压系统原理图

拟定液压系统原理图是整个设计工作中最主要的步骤，它对系统的性能以及设计方案的经济性、合理性具有决定性的影响。其内容包括确定系统类型、选择液压回路、确定控制方式、拼搭液压系统。其一般方法是根据动作和性能的要求先分别选择和拟定基本回路，然后将各个回路组合成一个完整的系统。

1. 确定系统类型

系统类型指的是开式系统或闭式系统，它主要取决于主机的类型、作业环境及液压系统的调速方式和散热要求。一般来说，对于固定设备且有较大空间存放油箱且不另设置散热装置的系统、要求结构尽可能简单的系统、或采用节流调速或容积节流调速的系统，都宜采用开式系统。即执行元件的回油直接流回油箱，油液经过沉淀、冷却后再进入液压泵的进口。

行走机械和航空、航天液压装置为减少体积和重量，对工作稳定性和效率有较高要求的系统或采用容积调速的系统，可选用闭式系统。即执行元件的回油直接进入液压泵的进口。

2. 选择液压回路

选择液压回路是根据系统的设计要求和工况图从众多的成熟方案中评比挑选出来的。选择时要从对主机主要性能起决定性作用的调速回路开始，然后根据需要考虑调压、平衡、换向、顺序动作、动作互锁等其他辅助回路。例如对有垂直运动部件的系统要考虑平衡回路；有快速运动部件的系统要考虑缓冲和制动回路；有多个执行元件的系统要考虑顺序动作、同步或互不干扰回路；有空转要求的系统要考虑卸荷回路等。同时也要考虑节省能源、减少发热、减少冲击、保证动作精度等问题。对可能出现的多种方案要进行反复对比，谨慎选择。

3. 确定控制方式

控制方式主要根据主机的要求确定，如果要求系统按一定顺序自动循环，可使用行程控制或压力控制。采用行程阀控制可使动作可靠；若采用电液比例控制、可编程控制器控制和微机控制，可简化油路改善系统的工作性能，而且使系统具有较大的柔性和通用性。

4. 组合液压系统

组合液压系统是把挑选出来的各种液压回路综合在一起，进行归并整理，增添必要的元件或辅助油路，合并作用相同或相近的元件或回路使之成为完整的系统。整理后，务必使系统结构简单、紧凑，工作安全可靠，动作平稳，效率高，使用和维护方便。并且尽可能采用标准元件，以降低成本，缩短设计和制造周期。

对可靠性要求特别高的系统来说，需要在系统中设置一些备用的元件或回路，以便在元件或回路发生故障时以解燃眉之急，确保系统的正常工作不受影响。

二、选择液压元件

1. 液压泵

液压泵的最大工作压力必须大于或等于液压执行元件最大工作压力和进油路上总压力损失这两者之和。液压执行元件的最大工作压力可以从工况图中查到。进油路上的总压力损失可以按经验资料选取：一般节流调速及简单系统取 $\Delta p_1 = 0.2 \sim 0.5$ MPa；对于进油路上有调速阀及管路复杂的系统取 $\Delta p_1 = 0.5 \sim 1.5$ MPa。

液压泵的流量必须大于或等于几个同时工作的液压执行元件总流量的最大值以及回路中泄漏量这两者之和。液压执行元件总流量的最大值可以从工况图中找到；回路中的泄漏量可按总流量最大值的 $10\% \sim 30\%$ 选取。

在参照产品样本选取液压泵时，泵的额定压力应选得比上述最大工作压力高 $25\% \sim 60\%$，以便留有压力储备；额定流量按上述最大流量选取即可。

液压泵在额定压力和额定流量下工作时，其驱动电机的功率一般可以直接从产品样本上查到。

2. 阀类元件

阀类元件的规格按液压系统的最大压力和通过该阀的实际流量从产品样本上选定。各类液压阀都必须选得使其实际通过流量最多不超过其公称流量的 120%，否则会引起发热、噪声和过大的压力损失，使阀的性能下降。选用液压阀时还应考虑下列问题：阀的结构形式、特性、压力等级、连接方式、集成方式及操纵方式等。对流量阀应考虑其最小稳定流量；对压力阀应考虑其调压范围；对换向阀应考虑其滑阀机能等。

（1）流量阀的选择。选择节流阀和调速阀时还要考虑其最小稳定流量是否符合设计要求，一般中、低压流量阀的最小稳定流量为 $50\sim100$ mL/min；高压流量阀的最小稳定流量为 $2.5\sim20$ mL/min。

流量阀对流量进行控制，需要一定的压差，高精度流量阀进、出口约需 1 MPa 的压差。普通调速阀存在起始流量超调的问题，对要求高的系统可选用带手调补偿器初始开度的调速阀或带外控关闭功能的调速阀。

对于要求油温变化对外负载的运动速度影响小的系统，可选用温度补偿型调速阀。

（2）溢流阀的选择。直动式溢流阀响应快，适合作制动阀及流量较小的安全阀，先导式溢流阀的启闭特性好，宜作调压阀，背压阀及流量较大的安全阀用。

先导式溢流阀有二级同心和三级同心之分，二级同心型的泄漏量小，常用于需保压的回路中。

先导式溢流阀的最低调定压力一般只能在 $0.5\sim1$ MPa 范围内。选择溢流阀时，应按液压泵的最大流量选取，并应注意其许用的最小稳定流量，一般来说，其最小稳定流量应是公称流量的 15%以上。

（3）单向阀及液控单向阀的选择。选择单向阀时，应注意其开启压力大小，开启压力小作单向阀，开启压力大作背压阀。

液控单向阀有内泄式和外泄式之分，外泄式的控制压力较低，工作可靠，但要多一根泄油油管。液控单向阀还有带卸荷小阀芯和不带卸荷小阀芯之分，前者控制压力较低，常用于高压系统，有时还可作为液压机的卸压阀用。

（4）换向阀的选择。按通流量选择结构型式，一般通流量在 190 L/min 以上时，宜选用二通插装阀；70 L/min 以下可选用电磁换向阀；否则需用电液换向阀。

按换向性能等选择电磁铁类型，由于直流电磁铁尤其是直流湿式电磁铁的寿命长、可靠性高，故应尽量选用直流湿式电磁换向阀。

按系统要求选择滑阀机能，详见第五章有关内容。

对于可靠性要求特别高的系统来说，阀类元件的额定压力应高出其工作压力。

（5）液压阀的配置形式。液压阀的配置形式有管式配置、板式配置和集成式配置。目前液压系统多采用集成式配置。

油管的规格一般是由它所连接的液压件接口处的尺寸决定的。

第四节　液压系统的性能验算

液压系统性能的验算是一个复杂的问题，目前只是采用一些简化公式进行估算，以便定性地说明情况。当设计中能找到经过实践检验的同类型系统作为对比参考，或可靠的实验结果可供使用时，系统的性能验算就可以省略。

一、回路压力损失验算

前面已初步确定了管路的总压力损失 $\sum\Delta p$，当时由于系统还没有完全设计完毕，管道的设置也没有确定，因此只是粗略估算。

当液压系统的元件型号、管路布置等确定后，需要验算管路的总压力损失，看其是否与初步确定值相符，并可借此较准确地确定泵的工作压力，较准确地调节变量泵或压力阀的调整压力，保证系统的工作性能。若计算结果与初步确定值相差较大时，则可对原设计进行修正。

管路压力损失计算

管路内的压力损失包括油液流经管道的沿程压力损失 Δp_λ、局部压力损失 Δp_ξ 和流经阀类元件的压力损失 Δp_v，即

$$\sum \Delta p = \Delta p_\lambda + \Delta p_\xi + \Delta p_v \tag{9-2}$$

实用中，管路简单短时，Δp_λ、Δp_ξ 的数值较小常略不计；当管路较长时应计算。计算沿程压力损失时，如果管中为层流流动，可按下经验公式计算：

$$\Delta p_\lambda = \frac{80\nu q l}{d^4} \tag{9-3}$$

式中　q——通过管道的流量（L/min）；

　　　l——管道长度（m）；

　　　d——管道内径（mm）；

　　　ν——油液的运动黏度（cm^2/s）。

局部压力损失可按下式估算：

$$\Delta p_\xi = (0.05 \sim 0.1)\, \Delta p_\lambda \tag{9-4}$$

阀类元件的 Δp_v 值可按下式近似计算：

$$\Delta p_v = \Delta p_n \left(\frac{q}{q_n}\right)^2 \tag{9-5}$$

式中　q_n——阀的额定流量（L/min）；

　　　q——通过阀的实际流量（L/min）；

　　　Δp_n——阀的额定压力损失（Pa）。

计算系统压力损失的目的，是为了正确确定系统的调整压力和分析系统设计的好坏。

如果计算出来的 Δp 比在初选系统工作压力时粗略选定的压力损失大得多，应该重新调整有关元件、辅件的规格，重新确定管道尺寸。

二、发热温升验算

系统发热来源于系统内部的能量损失，例如液压泵和执行元件的功率损失、溢流阀的溢流损失、液压阀及管道的压力损失等。这些能量损失转换为热能，使油液温度升高。油液的温升使黏度下降，泄漏增加，同时，使油分子裂化或聚合，产生树脂状物质，堵塞液压元件小孔，影响系统正常工作，因此必须使系统中油温保持在允许范围内。一般机床液压系统正常工作油温为 30～50 ℃；矿山机械正常工作油温 50～70 ℃；最高允许油温为 70～90 ℃。

1. 系统发热功率 ϕ 的计算

$$\phi = p_i(1-\eta) \tag{9-6}$$

式中　p_i——液压泵的输入功率（kW）；

　　　η——液压泵的总效率，它等于液压泵效率 η_p、回路效率 η_L、液压执行元件效率 η_c 的乘积，即 $\eta = \eta_p \eta_L \eta_c$。

2. 油箱单位时间散热量计算

$$\phi' = C_T A \Delta T \tag{9-7}$$

式中　C_T——油箱散热系数（$kW/m^2 \cdot C$），取 $C_T = (15 \sim 18) \times 10^{-3}$；

A——油箱散热面积（m²）；

ΔT——为油液温升（℃）。

3. 达到热平衡时的温升

$$\Delta T = \frac{\phi}{C_{\mathrm{T}}A}$$

（9-8）

第五节　绘制正式工作图和编写技术文件

经过对液压系统性能的验算和必要的修改之后，便可绘制正式工作图，它包括绘制液压系统原理图、系统管路装配图和各种非标准元件设计图。正式液压系统原理图上要标明各液压元件的型号规格。对于自动化程度较高的机床，还应包括运动部件的运动循环图和电磁铁、压力继电器的工作状态。绘图时应注意以下三点：

（1）管道装配图是正式施工图，各种液压部件和元件在机器中的位置、固定方式、尺寸等应表示清楚。

（2）自行设计的非标准件，应绘出装配图和零件图。

（3）编写的技术文件包括设计计算书，使用维护说明书，专用件、通用件、标准件、外购件明细表，以及试验大纲等。

第六节　液压系统设计计算举例

本节以铁路货车车体液压铆钉机设计为例，介绍液压系统的设计。由于铆接具有韧性及塑性好、传力均匀可靠、易于检修等优点，因此，在车辆车体结构设计时，常采用铆接。对于承受严重冲击振动载荷和交变动载荷的钢结构连接部位，仍宜采用铆接连接，如前后从板座、上心盘、冲击座、侧立柱、端柱、角柱、绳栓、搭扣等与底架的连接。

车辆制造中常采用的铆接方法有风枪铆和液压铆。液压铆是利用液压原理进行铆接的一种方式。它具有无声、压力大、动作快等优点，因此，在车辆修造的铆接工作中，得到日益广泛的应用。

现用的液压铆钉机型式繁多，各自的结构、形状等不尽相同，但它们所应用的原理及在设计时所应考虑的问题却是类同的。下面以货车车体液压铆钉机为例，简要介绍其结构及设计。

一、货车车体液压铆钉机结构

货车车体液压铆钉机用于车体钢结构总组装中，完成侧柱、角柱、绳栓、搭扣等与底架的铆钉连接任务。货车车体液压铆钉机如图 9-3 所示。它是由铆钉枪、升降工作台、走行部、液压传动、电气控制等部分组成。

铆钉枪是液压铆钉机的主体，其结构如图 9-4 所示。它是以液压为动力，驱动活塞往复运动，完成铆钉的铆接任务。

升降工作台以液压为动力，工作台竖直方向的升降运动，以使操作者处于不同高度，以利完成不同部位的铆接工作。

走行部是以电动机为动力，通过机械传动装置，可使行走小车在轨道上沿车体往复

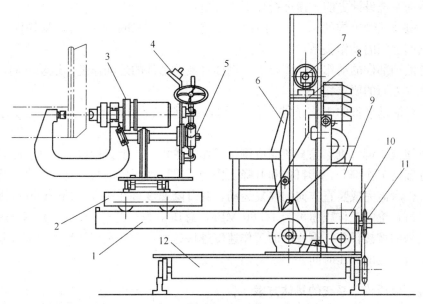

图 9-3　车体组装液压铆钉机

1—升降台；2—纵横移动小车；3—液压铆钉机；4—电开关；5—手调装置；6—椅子；

7—链轮组；8—升降油缸；9—液压站；10—变速箱；11—链轮组；12—走行小车

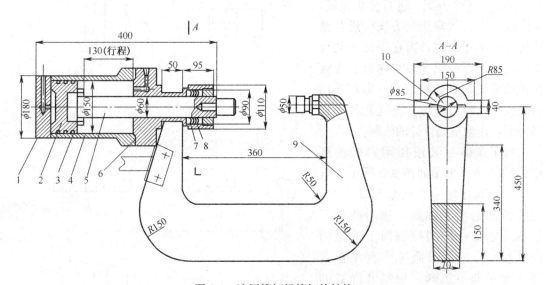

图 9-4　液压铆钉机铆钉枪结构

1—后盖；2—活塞；3—密封圈（O 型）；4—缸体；5—活塞杆；6—前盖；

7—密封垫；8—密封圈；9—弯臂；10—瓦盖

运动。

二、明确液压传动系统的任务

　　液压传动系统的任务是根据机器的用途、特点和要求来决定的。明确设计依据是进行液压传动系统设计的基础。

　　液压传动系统要满足液动部件的动作循环和载荷、速度等方面的要求。因此，在液压铆钉机液压传动系统设计之前，需进行如下的分析：

　　（1）主机及辅助机构的构造作用和主要性能要求。例如哪些部分需采用液压传动与控制，以及它们之间的动作关系。

　　（2）各液动部件的动作与性能要求。例如各液动部件的运动速度、运动方向、运动平稳性、顺序性等方面的要求。

　　其他如对液动部件的工作条件，有无重量，外形尺寸方面的要求等，也要进行了解与分析。

　　货车车体液压铆钉机，除直接完成铆接工作的主机——铆钉枪以外，还包括升降工作台和行走部等辅助工作部分。铆钉枪和升降工作台需采用液压传动与控制，二者动作可先后进行。升降工作台需完成竖直方向的往复运动，其升降速度可在 1.5～2 m/min 范围内，动作要求平稳，铆钉枪的工作压力可为 16.66 MPa，总压力为（25～30）×10⁴ N，这样即可完成车体钢结构的铆接任务。铆接时的工作速度越快越好，为要实现铆钉的可靠连接，在铆接终止前要求有一定的保压时间。

三、确定液压传动系统的具体方案

　　根据液压系统需要完成的任务，初步画出液压传动系统原理图，必要时，画出若干个方案，进行分析比较，从中选一个比较理想的方案。进行液压传动系统设计时，需在保证工艺要求的前提下，系统越简单越好。在液压传动系统原理图确定后，即可选用液压元件，列出液压、电气元件动作循环表，作为电路设计的依据。

　　货车车体组装液压铆钉机的液压传动系统原理图如图 9-5 所示。它是由一个高压定量齿轮泵作动力源，先后供油给两个油缸，选用两个三位四通电磁换向阀控制两个油缸的往复运动，为使升降工作台平稳选用一个可调节流阀，控制升降缸的速度。用一个溢流阀调节液压传动系统的工作压力。在溢流阀 K 口上接一个小流量的二位二通电磁换向阀，实现液压铆钉机停止工作时，油泵的卸荷，以合理地利用功率。选用两个电开关，用做两个油缸换向的电气信号。一个网式滤油器，作为液压系统油液过滤之用。

液压铆钉机液压传动系统电磁铁

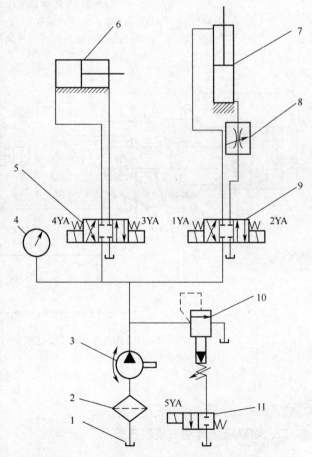

图 9-5　液压铆钉机液压传动系统液压原理

1—油箱；2—滤油器；3—油泵；4—压力表；

5—电磁换向阀；6—工作油缸；7—升降油缸；8—节流阀；

9—电磁换向阀；10—溢流阀；11—电磁换向阀

动作如表 9-3 所示。

表 9-3　液压铆钉机液压传动系统电磁铁动作表

元件 动作	1YA	2YA	3YA	4YA	5YA
工作台升起	+	−	−	−	−
铆钉机工进	−	−	+	−	−
铆钉机工退	−	−	−	+	−
工作台下降	−	+	−	−	−
原位	−	−	−	−	+

四、液压铆钉机油缸的设计

（一）工作油缸的设计

根据工作油缸的工作特点，多采用单出杆活塞式液压缸。

1. 工作油缸内径

工作油缸在工作过程中受力较大，其内径可按下式确定，即

$$D_1 = 1.13\sqrt{\frac{F}{p}} \tag{9-9}$$

式中　D_1——工作油缸内径（cm）；

　　　F——工作油缸最大牵引力，取 $F=294\,000$（N）；

　　　p——工作油缸最大牵引力时的油液压力（Pa），取 $p=16.66$ MPa。

将 F、p 代入式（9-9），则

$$D_1 = 1.13\sqrt{\frac{294\,000}{1\,666}}\ \text{cm} = 15\ \text{cm}。 \tag{9-10}$$

2. 活塞杆直径

活塞杆直径按下式计算，即

$$d_1 = \sqrt{\frac{4F}{\pi[\delta]}} \tag{9-11}$$

式中　d_1——工作油缸活塞杆直径（cm）；

　　　$[\delta]$——活塞杆材料的许用应力（Pa），一般碳素钢 $[\delta]=98\sim117.6$ MPa。

将 F、$[\delta]$ 值代入式（9-11），得

$$d_1 = \sqrt{\frac{4\times29\,400}{\pi\times11\,760}}\ \text{cm} = 5.64\ \text{cm，取}\ d_1=6\ \text{cm}。$$

（二）升降油缸的设计

根据升降油缸的工作特点，采用单出杆活塞式油缸。

1. 升降油缸直径

因升降油缸受力不大，速度较高，可按下式计算，即

$$D_{升} = \sqrt{\frac{40q}{\pi v}} = 3.75\sqrt{\frac{q}{v}} \tag{9-12}$$

式中　$D_{升}$——升降油缸内径（cm）；

　　　q——活塞上升时进入油缸的流量（L/min），取 $q=10$ L/min；

v ——活塞上升时的运动速度（m/min），取 $v=1.7$ m/min。

将 q，v 代入式（9-12），得

$$D_升=3.57\sqrt{\frac{10}{1.7}} \text{ cm}=8.65 \text{ cm}，取 D_升=8.5 \text{ cm（或 9 cm）。}$$

2. 升降油缸活塞杆直径

升降油缸活塞杆直径与工作油缸活塞杆取同一规格，即 $d_升=6$ cm。

五、液压系统主要参数的计算和元件的选择

（一）计算流量和选用油泵

整个液压系统由一个油泵供油，但工作油缸与升降油缸不同时工作。工作油缸较升降油缸运动速度高，本应按工作油缸的最高速度来计算流量，这样，当升降油缸运动时，又显得运动速度太快，因此，采用适当降低工作油缸的速度，按升降油缸的最大速度来计算流量，据此选择油泵。

油泵流量可按下式计算，即

$$q_泵=K\frac{v_{max}A}{10} \qquad (9\text{-}13)$$

式中　$q_泵$ ——油泵的最大流量（L/min）；

v_{max} ——升降油缸上升时的最大速度（m/min），取 $v_{max}=1.7$ m/min

A ——升降油缸工作面积（cm²），取 $A=\frac{8.5^2}{4}\pi$；

K ——系统的漏损系数，$K=1.1\sim1.3$，取 $K=1.2$；

将 v_{max}、A、K 代入式（9-13），则

$$q_泵=1.2\frac{1.7\times\dfrac{8.5^2}{4}\pi}{10}\text{L/min}=11.576 \text{ L/min。}$$

按标准可选 25 L/min 流量的 CB-F25C-FL 型齿轮泵。

（二）节流阀的流量计算

节流阀的流量按下式计算：

$$q_节=\frac{v_{max}A}{10} \qquad (9\text{-}14)$$

式中　$q_节$ ——通过节流阀的最大流量（L/min）；

v_{max} ——升降油缸上升时的最大速度（m/min），取 $v_{max}=1.7$ m/min；

A ——升降油缸工作面积（cm²），取 $A=\frac{8.5^2}{4}\pi$；

将 v_{max}、A 代入式（9-14），则

$$q_节=\frac{1.7\times\dfrac{8.5^2}{4}\pi}{10} \text{ L/min}=9.65 \text{ L/min}$$

按标准可选 10 L/min 的节流阀，型号为 LE-B10L，同时选取流量为 10 L/min 的电磁换向阀（三位四通）34DO-B10H-T 型。

（三）油管内径和管壁厚度的计算

液压系统中油管直径是根据所选定元件的连接口径和工作压力确定的，不必另行计算。

如果需要通过计算确定管径尺寸时，首先计算管子的内径，然后计算管壁厚度，从而得出管子外径。而后根据计算所得的数值，再按照标准规格选取相应的管道。

1. 油管内径的计算

计算油管内径用式（9-15），即

$$d = 4.6\sqrt{\frac{q}{v}} \tag{9-15}$$

式中　v——油液流经管道的允许流速（m/s），其值可查表9-4。

表 9-4　油压流经管道的允许流速

油液流经的管道	允许流速（m/s）	备　注
吸油管	1.5～2.5	一般取下限
压油管	2.5～5	油液黏度小时取大值，反之取小值
短管及局部收缩处	≤10	
总回油管	1.5～2.5	中低压系统可按油压管的数据选取

（1）压油管内径的计算

压油管内径可按下式计算：

$$d_压 = 4.6\sqrt{\frac{q}{v}}$$

式中　$d_压$——压油管内径（mm）；

$\quad\quad q$——流经压油管道的最大流量（L/min）；

$\quad\quad v$——油液流经压油管道的允速（m/s），取 $v = 3.5$ m/s；

已知主压油管 $q_主 = 25$ L/min，分压油管 $q_分 = 10$ L/min，代入式（9-15），得主压油管径 $d_主 = 14$ mm，分压油管径 $d_分 = 8$ mm。

（2）吸油管回油管内径的计算

吸油管、回油管内径可按式（9-16）计算，即

$$d_吸 = d_回 = 4.6\sqrt{\frac{q_吸}{v_吸}} \tag{9-16}$$

式中　$q_吸$——油液流径吸油管道的允许流量（L/min），$q_吸 = q_回 = 25$ L/min；

$\quad\quad v_吸$——油液流经吸油管道的允许速度（m/s），取 $v_吸 = v_回 = 1.8$ m/s。

将 $q_吸$、$v_吸$ 的值代入式（9-16），则

$$d_吸 = d_回 = 4.6\sqrt{\frac{25}{1.8}}\ \text{mm} \approx 17.14\ \text{mm}，\text{取}\ d_吸 = d_回 = 18\ \text{mm}。$$

2. 管壁厚度的计算

计算油管壁厚可按下计算：

$$\delta = \frac{pd}{2[\sigma]} \tag{9-17}$$

式中　δ——管壁厚度（mm）；

$\quad\quad p$——油管所能承受的最大工作压力；

$\quad\quad d$——油管内径（mm）；

$\quad\quad [\sigma]$——油管所用材料的许用拉应力（Pa）。

对于压油管可用下式计算，即

$$\delta_压 = \frac{p_泵 d_压}{2[\sigma]}$$

式中　$\sigma_压$——压油管壁厚（mm）；

　　　$p_泵$——油泵额定工作压力，取 $p_泵 = 17.64$ MPa；

　　　$d_压$——压油管内径（mm），取 $d_主 = 14$ mm，$d_分 = 8$ mm；

　　　$[\sigma]$——油管材料的许用拉应力，钢管 $[\sigma] = 34.3$ MPa。

将 $p_泵$、$d_压$、$[\sigma]$ 各值代入式（9-17），得主压油管壁厚 $\delta_主 = 0.360$ cm，取标准钢管 $\phi 14 \times 3.5$（mm）；分压油管壁厚 $\delta_分 = 0.200$ cm，取标准钢管 $\phi 8 \times 2$（mm）。

（四）油泵工作压力的确定

油泵的工作压力等于执行机构的工作压力与油泵到执行机构之间的压力损失值之和。可按下式计算：

$$p_泵 = p + \sum \Delta p \qquad\qquad (9\text{-}18)$$

式中　$p_泵$——油泵的额定工作压力；

　　　p——油缸的工作压力；

　　　Δp——油缸至油缸之间的总压力损失。

由第二章可知总压力损失计算公式为 $\sum \Delta p = \sum \Delta p_\lambda + \sum \Delta p_\xi + \sum \Delta p_v$。

一般沿程压力损失 $\sum \Delta p_\lambda$ 和局部损失 $\sum \Delta p_\xi$ 可按经验公式粗略计算。

取油液的运动黏度 $\nu = 20$ mm^2/s；通过管道的流量，$q_主 = 25$ L/min，$q_分 = 10$ L/min；管道的长度，$l_主 = 2$ m，$l_分 = 3$ m。

将上面各值代入式（9-3），则

$$\sum \Delta p_\lambda = 2.04 + 11.48 \text{ Pa} = 13.52 \text{ Pa}。$$

对于一般液压系数的局部压力损失，可按各类液压元件局部压力损失作粗略计算，从有关手册或液压元件说明书中查得，如表 9-5 所示。

表 9-5　各液压元件局部压力损失　　　　　　　　　（单位：Pa）

元件名称	局部压力损失 ×10^4（Pa）	元件名称	局部压力损失 ×10^4（Pa）
单向阀	9.80～14.70	节流阀	19.60～24.50
行程阀	14.70～19.60	调速阀	49.00
换向阀 $q < 63$ L/min	14.70～19.60		
换向阀 $q > 63$ L/min	19.60～29.40		

工作油缸系统只有换向阀9，若忽略管道局部压力损失，从表 9-5 中可查得 $\sum \Delta p_\xi = 14.70～19.60 \times 10^4$ Pa，取 $\sum \Delta p_\xi = 19.60 \times 10^4$ Pa。

工作油缸的工作压力 $p_1 = \dfrac{P}{F} = \dfrac{P}{\frac{\pi}{4}D_1^2} = \dfrac{2\,964\,000}{\frac{\pi}{4} \times 15^2}$ N/cm$^2 \approx 1\,666$ N/cm^2。

将 $\sum \Delta p_\lambda$、$\sum \Delta p_\xi$ 沿各值代入式（9-18），则

$$p_泵 = 16.66 + 0.196 \text{ MPa} = 16.86 \text{ MPa，取 } p_泵 = 17.64 \text{ MPa}。$$

（五）油泵电机功率的确定

驱动油泵的电机功率可按下式计算，即

$$N_泵 = \frac{p_泵\, q_泵}{6\,000\eta}\tag{9-19}$$

式中　$N_泵$——驱动油泵的电机功率（kW）；

　　　　$p_泵$——油泵输出油液的额定工作压力（Pa）；

　　　　$q_泵$——油泵输出油液在压力为 $p_泵$ 时的流量（L/min）；

　　　　η——油泵的总效率，一般 $\eta = 0.7 \sim 0.8$。

将 $p_泵$、$q_泵$、η 各值代入式（9-19），则

$$N_泵 = \frac{1\,764 \times 25}{6\,000 \times 0.8}\ \text{kW} = 9.2\ \text{kW}，取 N_泵 = 10\ \text{kW}。$$

（六）油箱容积的粗略估算

油箱的主要任务是储油、散热和分离油中的空气和其他杂质。油箱的容积，在固定式油箱中，液压系统无冷却装置时，其有效容积（当油面高度为油箱高度的80％时，油箱的储油量）一般按系统压力来确定。对于液压铆钉机来说，可按油泵的额定流量的五倍粗略估算油箱的有效容积。油箱的容积可按下式计算：

$$V = 1.2V_0\ \text{(L)}\tag{9-20}$$

由于　$V_0 = 5q_泵 = 5 \times 25\ \text{L} = 125\ \text{L}，$

所以　$V = 1.2V_0 = 1.2 \times 125\ \text{L} = 150\ \text{L}。$

习　　题

1. 填空题

（1）工况分析是指_____分析和_____分析。

（2）_____是正确设计系统的前提和依据。

（3）在对液压缸进行负载分析时，其外工作负载包括、_____、_____、_____、_____。

（4）液压缸的工况图包括_____、_____、_____。

（5）通过_____可以找出最高压力点、最大流量点和最大功率点。

（6）主要根据_____、_____、_____等因素来确定调速方案。

（7）为了避免垂直运动部件的下落，应采用_____回路。

（8）若用一个泵给两个以上执行元件供油时，应考虑_____问题。

（9）为了保证液压系统长期可靠的工作，应_____、_____、_____、_____。

（10）进行系统设计时，主机要求连续旋转，应采用_____作为执行元件。

（11）在设计液压系统时，要求执行元件具有良好的低速稳定性，又要求尽量减少能量损失，应采用调速回路。

（12）限压式变量泵可以采用_____卸荷，也可以采用_____卸荷。而定量泵只能采用_____卸荷。

（13）为了防止过载，要设置_____。

（14）根据_____和_____选择压力阀的规格。

（15）根据_____和_____及_____来选择流量阀的规格。

2. 计算题

（1）设计一台卧式单面多轴钻孔组合机床液压传动系统，要求其完成：①工件的定位与夹紧，所需夹紧力不超过 6 000 N；②机床进给系统的工作循环为快进 → 工进 → 快退 → 停止。机床快进、快退速度为 6 m/min，工进速度为 30～120 mm/min，快进行程为200 mm，工进行程为 50 mm，最大切削力为 25 000 N；运动部件总重量为 15 000 N，加速（减速）时间为 0.1 s，采用平导轨，静摩擦系数为 0.2，动摩擦系数为 0.1。（注：不考虑各种损失）

（2）现有一台专用铣床，铣头驱动电动机功率为 7.5 kW，铣刀直径为 120 mm，转速为 350 r/min。工作台、工件和夹具的总重量为 5 500 N，工作台行程为 400 mm，快进、快退速度为 4.5 m/min，工进速度为 60～1 000 mm/min，加速（减速）时间为 0.05 s，工作台采用平导轨，静摩擦系数为 0.2，动摩擦系数为 0.1，试设计该机床的液压系统。（注：不考虑各种损失）

（3）设计一台小型液压机的液压传动系统，要求实现快速空程下行→慢速加压 → 保压 → 快速回程 → 停止的工作循环。快速往返速度为 3 m/min，加压速度为 40～250 mm/min，压制力为 200 000 N，运动部件总重量为 20 000 N。（注：不考虑各种损失）

第十章　液压伺服系统

第一节　概　述

伺服系统（又叫随动系统或跟踪系统）是自动控制系统的一种重要类型。是一种输出量（位移、速度、力等）能以一定精度自动、连续、快速地实现输入量变化规律的自动控制系统。它除了具有液压传动的所有优点外，还具有响应速度快、抗负载刚性大、控制精度高等特点，在冶金、机械、化工、船舶、航天等部门的自动控制中得到了广泛的应用。例如，驱动机床工作台，实现机床部件的精确调整，实现变量泵的流量调节等。

一、液压伺服系统工作原理

图 10-1 所示为一种进油路节流阀式节流调速回路。在这种回路中，调定节流阀的开口量，液压缸就以某一调定速度运动。通过前述章节分析可知，当负载、油温等参数发生变化时，这种系统将无法保证原有的运动速度，因而其速度精度较低且不能满足连续无级调速的要求。

这里将节流阀的开口大小定义为输入量，将液压缸的运动速度定义为输出量或被调节量。在上述系统中，当负载、油温等参数变化而引起输出量（液压缸速度）变化时，这个变化并不影响或改变输入量（阀的开口大小），这种输出量不影响输入量的控制系统被称为开环控制系统。开环控制系统不能修正由于外界干扰引起的输出量或被调节量的变化，因此控制精度低。

为了提高系统的控制精度，可以设想节流阀由操作者来调节。

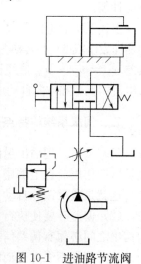

图 10-1　进油路节流阀式节流调速回路

在调解过程中，操作者不断地观察液压缸的测速装置所测出的实际速度，并判断实际速度与所要求的速度之间的差别。然后，操作者按这一差别来调节节流阀的开口量，以减少这一差值。这一调节过程的示意图如图 10-2 所示。

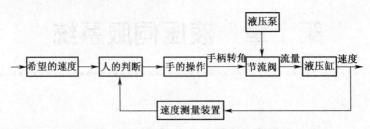

图 10-2　液压缸速度调节过程示意图

　　由图 10-2 所示过程可以看出，输出量（液压缸速度）通过操作者的眼、脑和手来影响输入量（节流阀的开口量）。这种作用被称为反馈。在实际系统中，为了实现自动控制，必须以电气、机械等装置来代替人来判断比较，这就是反馈装置。由于反馈的存在，控制作用形成了一个闭合回路，这种带有反馈装置的控制系统，被称为闭环控制系统。图 10-3 所示为采用电液伺服阀控制的液压缸速度闭环控制系统。这一系统不仅使液压缸速度能任意调节，而且在外界干扰很大（如负载突变）的工况下，仍能使系统的实际输出速度与设定速度十分接近，即具有很高的控制精度和很快的响应性能。

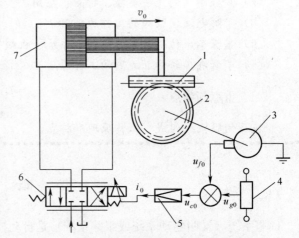

图 10-3　阀控油缸闭环控制系统原理图

1—齿条；2—齿轮；3—测速发电机；4—给定电位计；
5—放大器；6—电液伺服阀；7—液压缸

　　上述系统的工作原理：在某一稳定状态下，液压缸速度由测速装置测得（齿条 1、齿轮 2 和测速发电机 3）并转换为电压 u_{f0}。这一电压与给定电位计 4 输入的电压信号 u_{g0} 进行比较。其差 $u_{e0} = u_{g0} - u_{f0}$ 值经积分放大器放大后，以电流 i_0 输入给电液伺服阀 6。电液伺服阀按输入电流的大小和方向自动地调节其开口量的大小和移动方向，控制输出油液的流量大小。

二、伺服系统的特点

　　（1）反馈。把输出量的一部分或全部按一定方式回送到输入端，并和输入信号比较，这就是反馈作用。在上例中，反馈电压和给定电压是异号的，即反馈信号不断地抵消输入信号，这就是负反馈。自动控制系统中大多数反馈是负反馈。

　　（2）偏差。要使执行元件输出一定的力和速度，伺服阀必须有一定的开口量，因此输入和输出之间必须有偏差信号。执行元件运动的结果又试图消除这个误差。但在伺服系统工作的任何时刻都不能完全消除这一偏差，伺服系统正是依靠这一偏差信号进行工作的。

　　（3）放大。执行元件输出的力和功率远远大于输入信号的力和功率。其输出的能量是液压能源供给的。

（4）跟踪。液压缸的输出量完全跟踪输入信号的变化。

三、伺服系统职能方块图和系统的组成环节

图 10-4 所示为上述速度伺服控制系统的职能方框图。图中一个方框表示一个元件，方框中的文字表明该元件的职能。带有箭头的线段表示元件之间的相互作用，即系统中信号的传递方向。职能方框图明确地表示了系统的组成元件、各元件的职能以及系统中各元件的相互关系。因此，职能方框图是用来表示自动控制系统工作过程的。由职能方框图可以看出，速度伺服系统是输入元件、比较元件、放大及转换元件、执行元件、反馈元件和控制对象组成的。

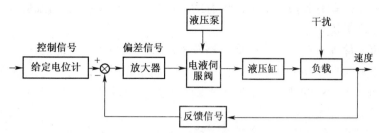

图 10-4　速度伺服控制系统的职能方框图

实际上，任何一个伺服控制系统都是由这些元件组成的，如图 10-5 所示。

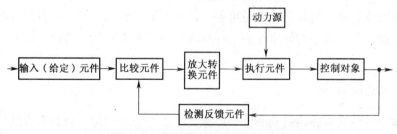

图 10-5　伺服控制系统的组成环节

（1）输入元件。通过输入元件，给出必要的输入信号。例如上例中由电位计给出一定电压，作为系统的控制信号。

（2）检测、反馈元件。它随时测量输出量的大小，并将其转换成相应的反馈信号送回到比较元件。上例中是由测速发电机测得液压缸的运动速度，并将其转换成相应的电压作为反馈信号。

（3）比较元件。将输入信号和反馈信号进行比较，并将其差值作为放大转换元件的输入。有时系统中不一定有单独的比较元件，而是由反馈元件、输入元件或放大元件的一部分来实现比较的功能。

（4）放大、转换元件。将偏差信号放大并转换后，控制执行元件动作。如上例中的电液伺服阀。

（5）执行元件。直接带动控制对象动作的元件称为执行元件。例如上例中的液压缸。

（6）控制对象。机器直接工作的部分称为控制对象，例如工作台、刀架等。

四、伺服系统的分类

（1）按输入信号变化规律分类：有定值控制系统、程序控制系统和伺服控制系统。

当系统输入信号为定值时，称为定值控制系统，其基本任务是提高系统的抗干扰能力；当系统的输入信号按预先给定的规律变化时，称为程序控制系统；伺服系统也称为随动系统，其输入信号是时间的未知函数，输出量能够准确、迅速地复现输入量的变化规律。

（2）按输入信号介质分类：有机液伺服系统、电液伺服系统、气液伺服系统等。

（3）按输出物理量分类：有位置伺服系统、速度伺服系统、力（或压力）伺服系统等。

（4）按控制元件分类：有阀控系统和泵控系统。在液压传动中，阀控系统应用较多，故本章重点介绍阀控伺服系统。

五、伺服系统的优缺点

液压伺服系统除具有其液压传动所固有的一系列优点外，还具有控制精度高、响应速度快、自动化程度高等优点。

但是，伺服元件加工精度高，因此价格较贵；液压伺服系统对油液的污染比较敏感，因此可靠性受到影响；在小功率系统中，液压伺服控制不如电器控制灵活。随着科学技术的发展，液压与气压伺服系统的缺点将不断地得到克服。在自动化技术领域中，液压与气压伺服控制有着广泛的应用前景。

第二节　典型的伺服控制元件

伺服控制元件是液压伺服系统中最重要、最基本的组成部分，它起着信号转换、功率放大及反馈等控制作用。常用的伺服控制元件有力矩马达或力马达、滑阀、射流管阀和喷嘴挡板阀等。

一、力矩马达和力马达

力矩马达是一种具有旋转运动的电－机械转换器，力马达是一种具有直线运动的电－机械转换器。它们在阀中的作用是将电控信号转换成转角（力矩马达）或直线位移（力马达），用来作为液压放大器的输入信号。

二、滑阀

根据滑阀数（起控制作用的阀口数）的不同，有单边控制、双边控制、四边控制三种类型滑阀。

图 10-6 所示为单边滑阀的工作原理。滑阀控制边的开口量 x_s 控制着液压缸右腔的压力和流量，从而控制液压缸运动的速度和方向。来自泵的压力油进入单杆液压缸的有杆腔，通过活塞上的小孔 a 进入无杆腔，压力由 p_s 降为 p_1，再通过控制滑阀唯一的节流边流回油箱。在液压缸不受外在作用下的条件下，$p_1A_1 = p_sA_2$。当阀芯根据输入信号向左移动时，开口量 x_s 增大，无杆腔

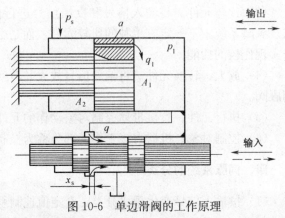

图 10-6　单边滑阀的工作原理

压力减小，于是 $p_1A_1 < p_sA_2$，缸体向左移动。因为缸体和阀体连接成一体，故阀体左移又使开口量 x_s 减小（负反馈），直至平衡。

图 10-7 所示为双边滑阀的工作原理。压力油一路直接进入液压缸有杆腔，另一路经滑阀左控制边的开口 x_{s1} 和液压缸无杆腔相通，并经滑阀右控制边的开口 x_{s2} 流回油箱。当滑阀向左移动时，x_{s1} 减小，x_{s2} 增大，液压缸无杆腔压力 p_1 减小，两腔受力不平衡，缸体向左移动。反之，缸体向右移动；双边控制滑阀比单边控制滑阀的调节灵敏度高、工作精度高。

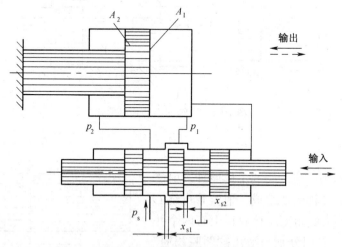

图 10-7　双边滑阀的工作原理

图 10-8 所示为四边滑阀的工作原理。滑阀有四个控制边，开口 x_{s1}、x_{s2} 分别控制进入液压缸两腔的压力油，开口 x_{s3}、x_{s4} 分别控制液压缸两腔的回油。当滑阀向左移动时，液压缸左腔的进油口 x_{s1} 减小，回油口 x_{s3} 增大，使 p_1 迅速减小；与此同时，液压缸右腔的进油口 x_{s2} 增大，回油口 x_{s4} 减小，使 p_2 迅速增大。这样就使活塞迅速左移。与双边控制滑阀相比，四边控制滑阀同时控制液压缸两腔的压力和流量，故调节灵敏度高，工作精度高。

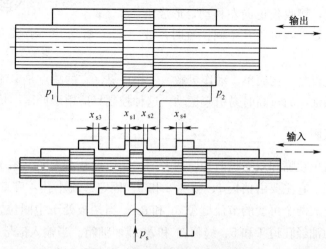

图 10-8　四边滑阀的工作原理

由上述可知，单边、双边和四边控制滑阀的控制作用是相同，均起到换向和调节的作用。控制边数越多，控制质量越好，但其结构工艺性差。在通常情况下，四边控制滑阀多用于精度要求较高的系统；单边、双边控制滑阀用于一般精度系统。

四边滑阀在初始平衡的状态下，其开口有三种形式：负开口（$x_s < 0$）、零开口（$x_s = 0$）和正开口（$x_s > 0$），如图 10-9 所示。具有零开口的控制滑阀，其工作精度最高；具有负开口控制滑阀，其有较大的不灵敏区，较少采用；具有正开口的控制滑阀，工作精度较负开口高，但功率损耗大，稳定性也差。

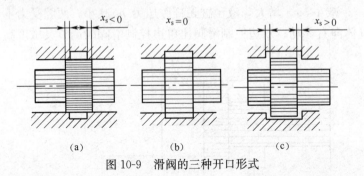

图 10-9　滑阀的三种开口形式

三、射流管阀

图 10-10 所示为射流管阀的工作原理。射流管阀由射流管 1 和接收板 2 组成。射流管可绕 O 轴左右摆动一个不大的角度，接收板上有两个并列的接收孔 a、b，它们分别与液压缸两腔相通。压力油从管道进入射流管后从锥形喷嘴射出，经接收孔进入液压缸两腔。当射流管处于两接收孔的中间位置时，两接收孔内油液的压力相等，液压缸不动。当输入信号使射流管绕 O 轴向左摆动一个小角度时，进入孔 b 的油液压力就比进入孔 a 的油液压力大，液压缸向左移动。由于接收板和缸体连接在一起，接收板也向左移动，形成负反馈，当射流管又处于两接收孔中间位置时，液压缸停止运动。

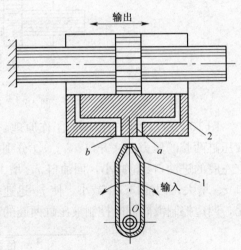

图 10-10　射流管阀的工作原理
1—射流管；2—接收板

射流管阀的优点是结构简单、动作灵敏、工作可靠。它的缺点是射流管运动部件惯性较大、效率较低；供油压力过高时易引起振动。这种控制只适用于低压小功率场合。

四、喷嘴挡板阀

喷嘴挡板阀有单喷嘴和双喷嘴两种，两者的工作原理基本相同。图 10-11 所示为双喷嘴挡板阀的工作原理，它主要由挡板 1、喷嘴 2 和 3、固定节流小孔 4 和 5 等元件组成。挡板和两个喷嘴之间形成两个可变的节流缝隙 δ_1 和 δ_2。当挡板处于中间位置时，即 $p_1 = p_2$，液压缸不动。压力油经孔道 4 和 5、缝隙 δ_1 和 δ_2 流回油箱。当输入信号使挡板向左偏摆时，可变缝隙 δ_1 关小，δ_2 开大，p_1 上升，p_2 下降，液压缸缸体向左移动。因负反馈作用，当喷嘴跟随缸体移动到挡板两边对称位置时，液压缸停止运动。

喷嘴挡板阀的优点是结构简单、加工方便、运动部件惯性小、反应快、精度和灵敏度高；缺点是能量损耗大、抗污染能力差。喷嘴挡板阀常用作多级放大伺服控制元件中的前置级。

五、电液伺服阀

电液伺服阀是电液联合控制的多级伺服元件，它能将微弱的电器输入信号放大成大功率的液压能量输出。电液伺服阀具有控制精度高和放大倍数大等优点，在液压控制系统中得到了广泛的应用。

图 10-12 所示为一种典型的电液伺服阀工作原理图。它由电磁和液压两部分组成，电磁部分是一个力矩马达，液压部分是一个放大器。液压放大器的第一级是双喷嘴挡板阀，称为前置放大级；第二部分是四边滑阀，称为功率放大级。

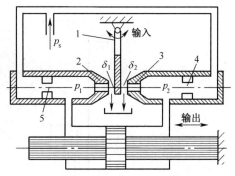

图 10-11　喷嘴挡板阀的工作原理
1—挡板；2、3——喷嘴；4、5—节流小孔

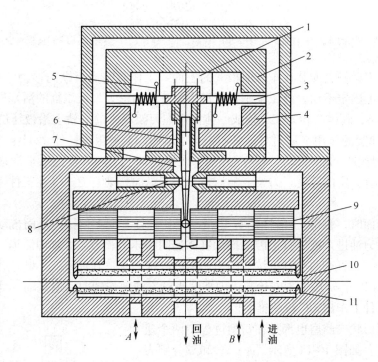

图 10-12　电液伺服阀的结构原理
1—永久磁铁；2、4—导磁体；3—衔铁；5—线圈；6—弹簧；7—挡板；
8—喷嘴；9—滑阀；10—节流孔；11—过滤器

第三节　液压伺服系统实例

一、车床液压仿形刀架

车床液压仿形刀架是机液伺服系统。其工作原理如图 10-13 所示。

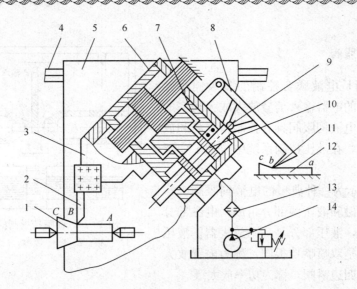

图 10-13　车床液压仿形刀架的工作原理

1—工件；2—车刀；3—刀架；4—导轨；5—溜板；

6—缸体；7—阀体；8—杠杆；9—杆；10—阀芯；11—触销；12—样件；13—过滤器；14—液压泵

　　液压仿形刀架倾斜安装在车床溜板 5 的上面，工作时随溜板纵向移动。样件 12 安装在床身后侧支架上固定不动。液压泵站置于车床附近。仿形刀架液压缸的活塞杆固定在刀架的底座上，缸体 6、阀体 7 和刀架 3 连成一体，可在刀架底座的导轨上沿液压缸轴向移动，滑阀阀芯 10 在弹簧的作用下通过杆 9 使杠杆 8 的触销 11 紧压在样件 12 上。车削圆柱面时，溜板 5 沿床身导轨 4 纵向移动。杠杆触销 11 在样件 12 上方 ab 段内水平滑动，为了抵抗切削力滑阀阀口有一定的开度，刀架 3 随溜板 5 一起纵向移动，刀架 3 在工件 1 上车出 AB 段圆柱面。

　　车削圆锥面时，触销 11 沿样件 bc 段滑动，使杠杆 8 向上偏摆，从而带动阀芯 10 上移，打开阀口，压力油进入液压缸上腔，推动缸体连同阀体 7 和刀架 3 轴向后退。阀体 7 后退又逐渐使阀口关小，直至关小到抵抗切削力所需的开度为止。在溜板 5 不断地作纵向运动的同时，触销 11 在样件 bc 段上不断抬起，刀架 3 也就不断地作轴向后退运动，此两运动的合成就使刀具在工件上车出 BC 段圆锥面。

　　其他曲面形状或凸肩也都是在切削过程中两个速度合成形成的，如图 10-14 所示。v_1、v_2 和 v 分别表示溜板带动刀架的纵向运动速度、刀具沿液压缸轴向的运动速度和刀具的实际合成速度。

二、机械手伸缩运动伺服系统

　　一般机械手应包括四个伺服系统，分别控制机械手的伸缩、回转、升降和手腕的动作。由于每个液压

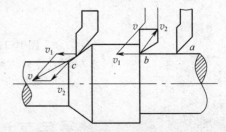

图 10-14　进给运动合成示意图

伺服系统的原理均相同，现仅以某一机械手伸缩伺服系统为例，介绍其工作原理。图 10-15 所示为机械手手臂伸缩电液伺服系统原理图。

　　它主要由电液伺服阀 1、液压缸 2、活塞杆带动的机械手手臂 3、齿轮齿条机构 4、电位

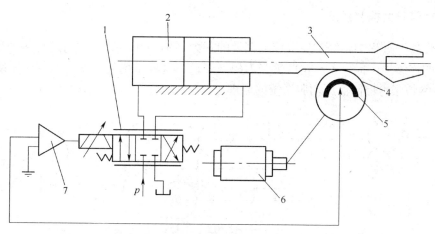

图 10-15　机械手伸缩运动电液伺服系统原理

1—电液伺服阀；2—液压缸；3—机械手手臂；4—齿轮齿条机构；
5—电位器；6—步进电动机；7—放大器

器 5、步进电动机 6 和放大器 7 等元件组成。它是电液位置伺服系统。当电位器 5 的触头处在中位时，触头上没有电压输出。当它偏离这个位置时，就会输出相应的电压。电位器触头产生的微弱电压，必须经放大器 7 放大后才能对电液伺服阀 1 进行控制。电位器触头由步进电动机 6 带动旋转，步进电动机 6 的角位移和角速度由数字控制装置发出的脉冲数和脉冲频率控制。齿条固定在机械手手臂 3 上，电位器 5 固定在齿轮上，所以当手臂带动齿轮转动时，电位器同齿轮一起转动，形成负反馈。

　　机械手臂伸缩系统的工作原理：由数字控制装置发出的一定数量的脉冲，使步进电动机带动电位器 5 的动触头转过一定的角度 θ_i（假定为顺时针转动）动触头偏离电位器中位，产生微弱电压 u_1，经放大器 7 放大成 u_2 后，输入给电液伺服阀 1 的控制线圈，使伺服阀产生一定的开口量。这时压力油经阀的开口进入液压缸的左腔，推动活塞连同机械手手臂一起向右移动，行程为 x_v；液压缸右腔的回油经伺服阀流回邮箱。由于电位器的齿轮和机械手手臂上齿条相啮合，手臂向右移动时，电位器跟着作顺时针方向转动。当电位器的中位和触头重合时，偏差为零，则动触头输出电压为零，电液伺服阀失去信号，阀口关闭，手臂停止移动。手臂移动的行程决定于脉冲数量，速度决定于脉冲频率。当数字控制装置发出反向脉冲时，步进电动机逆时针方向转动，手臂缩回。图 10-16 所示为机械手手臂伸缩运动伺服阀系统方块图。

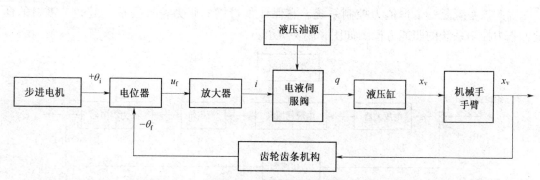

图 10-16　机械手手臂伸缩运动伺服阀系统方块图

三、钢带张力控制系统

在钢带生产过程中，经常要求控制钢带的张力（例如在热处理炉内进行热处理），因此对薄带材的连续生产提出了高精度恒张力控制要求。这种系统是一种定值控制系统。图 10-17 所示为钢带张力控制液压伺服系统的原理。

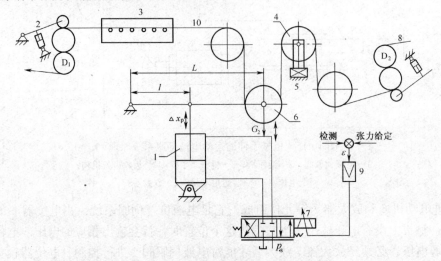

图 10-17　带钢张力控制系统原理

1—液压缸；2—1 号张力辊组；3—热处理炉；4—转向辊，5—力传感器；

6—浮动辊；7—电液伺服阀；8—2 号张力辊组；9—放大器；10—钢带

热处理炉内的钢带张力由带钢牵引辊组 2 和带钢加载辊组 8 来确定。用直流电动机 D_1 作牵引，直流电动机 D_2 作为负载，以造成所需张力。由于在系统中各部件惯量大，因此时间滞后大，精度低不能满足要求，故在两辊组之间设置一个液压伺服张力控制系统来控制精度。其工作原理是在转向辊 4 左右两侧下方各设置一个力传感器 5，把它作为检测装置，传感器 5 检测所得到的信号的平均值与给定信号值相比较，当出现偏差信号时，信号经电放大器放大后输入给电液伺服阀 7。如果实际张力与给定值相等，则偏差信号为零，电液伺服阀 7 没有输出，液压缸 1 保持不动，张力调节浮动辊 6 不动。当张力增大时，偏差信号使电液伺服阀 7 有一定的开口量，供给一定的流量，使液压缸 1 上移动，浮动辊 6 上移，使张力减少到一定值。反之，当张力减少时，产生的偏差信号使电液伺服阀 7 控制液压缸 1 向下移动，浮动辊 6 下移，使张力增大到一定值。

因此该系统是一个恒值力控制系统。它保证了带钢的张力符合要求，提高了钢材的质量。张力控制系统的职能方框图如图 10-18 所示。

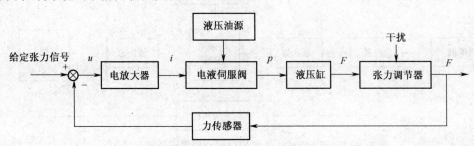

图 10-18　张力控制系统方框图

四、汽车转向液压助力器

为减轻司机的体力劳动，通常在机动车辆上采用转向液压助力器。这种液压助力器是一种位置控制的液压伺服机构。图 10-19 所示为转向液压助力器的原理图，它主要由液压缸和控制滑阀两部分组成。液压缸活塞杆 1 的右端通过铰销固定在汽车底盘上，液压缸缸体 2 和控制滑阀阀体连在一起形成负反馈，由方向盘 5 通过摆杆 4 控制滑阀阀芯 3 的移动。当缸体 2 前后移动时，通过转向连杆机构 6 等控制车轮偏转，从而操纵汽车转向。当阀芯 3 处于图示位置时，各阀口均关闭，缸体 2 固定不动，汽车保持直线运动。由于控制滑阀采用负开口的形式，故可以防止引起不必要的扰动。当旋转方向盘，假设使阀芯 3 向右移动时，液压缸中压力 p_1 减小，p_2 增大，缸体也向右移动，带动转向连杆机构 6 向逆时针方向摆动，使车轮向左偏转，实现左转弯，反之，缸体若向左移就可实现右转弯。

实际操作时，方向盘旋转的方向和汽车转弯的方向是一致的。为使驾驶员在操纵方向盘时能感觉到转向的阻力，在控制滑阀端部增加两个油腔，分别与液压缸前后腔相通，这时移动控制滑阀芯时所需要的力就和液压缸的两腔压力差（$\Delta p = p_1 - p_2$）成正比，因而具有真实感。

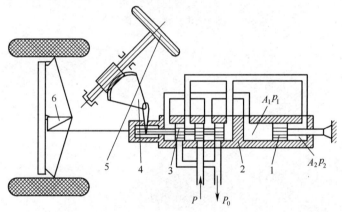

图 10-19　转向液压助力器

1—活塞；2—缸体；3—阀芯；4—摆杆；5—方向盘；6—转向连杆机构

习　　题

1. 判断题

(1) 液压伺服系统不一定要反馈环节。　　　　　　　　　　　　　　　　　　（　　）

(2) 液压伺服系统不存在误差。　　　　　　　　　　　　　　　　　　　　　（　　）

(3) 执行元件的位移变化称为输出量。　　　　　　　　　　　　　　　　　　（　　）

(4) 在液压仿形刀架中，作用在靠模上的力很小。　　　　　　　　　　　　　（　　）

(5) 液压伺服阀一般是三位阀。　　　　　　　　　　　　　　　　　　　　　（　　）

(6) 四边滑阀的性能好，最容易加工。　　　　　　　　　　　　　　　　　　（　　）

(7) 因为液压伺服系统具有力、功率放大作用，所以系统效率高。　　　　　　（　　）

2. 简答题

(1) 液压伺服系统有由哪几部分组成？各部分的功能是什么？

（2）伺服系统的基本类型有哪些？

（3）为什么说伺服阀是液压伺服系统的最关键元件？

（4）液压伺服阀有哪几种？滑阀式液压伺服阀与换向滑阀有什么本质区别？

（5）滑阀式液压伺服阀的阀口与换向阀的阀口有什么不同？

（6）电液伺服阀由哪几部分组成（以二级放大式为例）？各部分的作用是什么？

（7）若将液压仿形刀架上的控制滑阀与液压缸分开，成为一个系统中的两个独立部分，仿形刀架能工作吗？试作分析说明。

（8）如果双喷嘴挡板式电液伺服阀有一喷嘴被堵塞，会出现什么现象？

（9）试拟出电液伺服阀的工作原理方块图

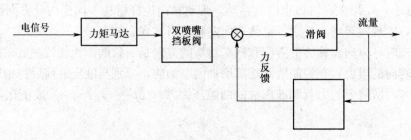

图 10-20　题（9）图

第十一章　气压传动

利用气压为动力源的传动简称气动，是指以压缩空气为工作介质来传递动力和控制信号，控制和驱动各种机械和设备，以实现生产过程机械化、自动化的一门工业技术。它是流体传动及控制学科的一个重要分支。因为以压缩空气为工作介质具有防火、防爆、防电磁干扰，抗振动、冲击、辐射，无污染，结构简单，工作可靠等特点，所以气动技术与液压、机械、电气和电子技术一起，互相补充，已发展成为实现生产过程自动化的一个重要手段，在机械工业、冶金工业、轻纺食品工业、化工、交通运输、航空航天、国防建设等各个部门已得到广泛的应用。

第一节　气压传动基本知识

一、气压传动的工作原理和组成

现以气动剪切机为例，介绍气压传动的工作原理。图 11-1 所示为气动剪切机的工作原理图，图示位置为剪切前的情况。空气压缩机 1 产生的压缩空气经后冷却器 2、分水排水器 3、储气罐 4、分水滤气器 5、减压阀 6、油雾器 7、到达换向阀 9，部分气体经节流通路进入换向阀 9 的下腔，使上腔弹簧压缩，换向阀 9 的阀芯位于上端；大部分压缩空气经换向阀 9 后进入气缸 10 的上腔，而气缸的下腔经换向阀与大气相通，故气缸活塞处于最下端位置。当上料装置把工料 11 送入剪切机并到达规定位置时，工料压下行程阀 8，此时换向阀 9 的阀芯下腔压缩空气经行程阀 8 排入大气，在弹簧的推动下，换向阀 9 阀芯向下运动至下端；压缩空气则经换向阀 9 后进入气缸的下腔，上腔经换向阀 9 与大气相通，气缸活塞向上运动，带动剪刀上行剪断工料。工料剪下后，即与行程阀 8 脱开。行程阀 8 的阀芯在弹簧作用下复位、出路堵死。换向阀 9 阀芯上移，气缸活塞向下运动，又恢复到剪断前的状态。

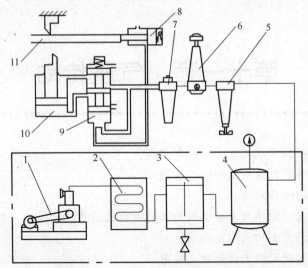

图 11-1　气动剪切机的气压传动系统

1— 空气压缩机；2—后冷却器；3—分水排水器；4—储气罐；5—分水滤气器；

6—减压阀；7—油雾器；8—行程阀；9—气控换向阀；10—气缸；11—工料

图 11-2 所示为用图形符号绘制的气动剪切机系统原理图。

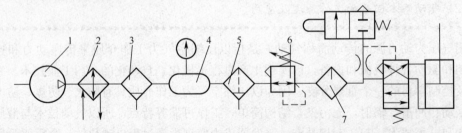

图 11-2　气动剪切机系统图形符号

典型的气压传动系统由气压发生装置、执行元件、控制元件和辅助元件四个部分组成。

1. 气压发生装置

气压发生装置简称气源装置，是获得压缩空气的能源装置，其主体部分是空气压缩机，另外还有气源净化设备。空气压缩机将原动机供给的机械能转化为空气的压力能；而气源净化设备用以降低压缩空气的温度，除去压缩空气中的水分、油分以及污染杂质等。

2. 执行元件

执行元件是以压缩空气为工作介质，并将压缩空气的压力能转变为机械能的能量转换装置，包括作直线往复运动的气缸，作连续回转运动的气马达和作不连续回转运动的摆动马达等等。

3. 控制元件

控制元件用来对压缩空气的压力、流量和流动方向调节和控制，使系统执行机构按功能要求的程序和性能工作。根据完成功能不同，控制元件种类有很多种，气压传动系统中一般包括压力、流量、方向和逻辑等四大类控制元件。

4. 辅助元件

辅助元件是使压缩空气净化、润滑、消声以及元件间连接所需要的一些装置。包括分水滤气器、油雾器、消声器以及各种管路附件等。

二、气压传动的特点

1. 气压传动的优点

（1）以空气为工作介质，工作介质获得比较容易，用后的空气排到大气中，处理方便，与液压传动相比不必设置回收油箱和管道。

（2）因空气的黏度很小（约为液压油动力黏度的万分之一），在管内流动阻力小，其压力损失也很小，所以便于集中供气和远距离输送。即使有泄漏也不会像液压传动那样严重污染环境。

（3）与液压传动相比，气压传动动作迅速、反应快、维护简单、工作介质清洁，不存在介质变质等问题。

（4）气动元件结构简单、制造容易，适于标准化、系列化、通用化。

（5）气动系统对工作环境适应性好，特别在易燃、易爆、多尘埃、强磁、辐射、振动等恶劣工作环境中工作时，安全可靠性优于液压、电子和电气系统控制。

（6）空气具有可压缩性，使气动系统能够实现过载自动保护，也便于储气罐储存能量，以备急需。

（7）排气时气体因膨胀而温度降低，因而气动设备可以自动降温，长期运行也不会发生过热现象。

2. 气压传动的缺点

（1）由于空气具有可压缩性，因此工作速度稳定性稍差。但采用气液联动装置会得到较满意的效果。

（2）因工作压力低（一般为 0.4～0.8 MPa），又因结构尺寸不宜过大，总输出力不宜大于 10～40 kN。

（3）噪声较大，在高速排气时要加消声器。

（4）气动装置中的气信号传递速度在声速以内比电子及光速慢，因此，气动控制系统不宜用于元件级数过多的复杂回路。

气压传动控制与其他几种传动控制方式的性能比较如表 11-1 所示。

表 11-1　几种传动控制方式的性能比较

项　目		操作力	动作快慢	环境要求	构造	载荷变化影响	可操纵距离	无级调速	工作寿命	维护	价格
气压控制		中等	较快	适应性好	简单	较大	中距离	较好	长	一般	便宜
液压控制		最大（可达几百千牛）	较慢	不怕振动	复杂	有一些	短距离	良好	一般	要求高	稍贵
电控制	电气	中等	快	要求高	稍复杂	几乎没有	远距离	良好	较短	要求较高	稍贵
	电子	最小	最快	要求特高	最复杂	没有	远距离	良好	短	要求更高	最贵
机械控制		较大	一般	一般	一般	没有	短距离	较困难	一般	简单	一般

三、气压传动的应用

（1）机械工业。例如组合机床的程序控制、轴承的加工、零件的检测、汽车制造、木工机械设备和工业机器人中已得到广泛应用。

（2）冶金工业。例金属冶炼、烧结、冷轧、热轧、线材、板材的打捆、包装，连铸连轧的生产线上已有大量应用。一个现代化钢铁厂中仅气缸就需 3 000 个左右。

（3）轻工、纺织、食品工业。例如缝纫机、自行车、手表、彩色电视机、洗衣机、电冰箱、纺织机械、皮鞋、制革、卷烟、食品加工等生产线上已得到广泛应用。

（4）化工、军工企业。对于化工原料的输送、有害液体的灌装、炸药的包装、石油钻采等设备上已有大量应用。

（5）交通运输。例如列车的制动闸、车辆门窗的开闭，气垫船、鱼雷的自动控制装置等。

（6）航天工业。因气动除能承受辐射、高温外还能承受大的加速度，所以在近代的飞机、火箭、导弹的控制装置中逐渐得到广泛应用。

第二节　气源装置及辅助元件

一、气源装置

1. 气动系统对压缩空气品质的要求

气源装置必须给系统提供足够清洁、干燥而且具有一定压力和流量的压缩空气。由空气压缩机排出的压缩空气虽然可以满足气动系统工作时的压力和流量要求，其温度高达 170 ℃，且含有汽化的润滑油、水蒸气和灰尘等污染物，这些污染物对气动系统造成一系列不利影响。

（1）混在压缩空气中的油蒸气可能聚集在储气罐、管道、气动元件的容腔里形成易燃物，有爆炸危险。另外，润滑油被汽化后形成一种有机酸，使气动元件、管道内表面腐蚀、生锈，影响其使用寿命。

（2）压缩空气中含有的水分，在一定压力温度条件下会饱和而析出水滴，并聚集在管道内形成水膜，增加气流阻力；如遇低温或膨胀排气降温等，水滴会结冰而阻塞通道、节流小孔，或使管道附件等胀裂；游离的水滴形成冰粒后，冲击元件内表面而使元件遇到损坏。

（3）混在空气中的灰尘等污染物沉积在系统内，与凝聚的油分、水分混合形成胶状物质，堵塞节流孔和气流通道，使气动信号不能正常传递，气动系统工作不稳定；同时还会使配合运动部件间产生研磨磨损，降低元件的使用寿命。

（4）压缩空气温度过高会加速气动元件中各种密封件、膜片和软管材料等的老化，且温差过大，元件材料会发生胀裂，降低系统使用寿命。因此，由空气压缩机排出的压缩空气必须经过降温、除油、除水、除尘和干燥，使之品质达到一定要求后，才能使用。

2. 气源装置的组成和布置

驱动各种气动设备进行工作的动力源是由气源装置提供的。气源装置的主体是空气压缩机。根据气动系统对压缩空气品质的要求，空气压缩机产生的压缩空气所含的杂质较多，通常在气源装置中还应设置气源净化装置。一般气源装置的组成和布置如图 11-3 所示。

空气压缩机 1 产生一定压力和流量的压缩空气，其吸气口装有空气过滤器，以减少进入压缩空气内的污染杂质量；冷却器 2（又称后冷却器）用以将压缩空气温度从 140～170 ℃降至 40～50 ℃，使高温汽化的油分、水分凝结出来；油水分离器 3 使降温冷凝出的油滴、水滴杂质等从压缩空气中分离出来，并从排污口除去；储气罐 4 和 7 储存压缩空气以平衡空气压缩机流量和设备用气量，并稳定压缩空气压力，同时还可以除去压缩空气中的部分水分和油分；干燥器 5 进一步吸收排除压缩空气中的水分、油分等，使之变成干燥空气；过滤器 6（又称一次过滤器）进一步过滤除去压缩空气中的灰尘颗粒杂质。

储气罐 4 中的压缩空气即可用于一般要求的气动系统，储气罐 7 输出的压缩空气可用于要求较高的气动系统（如气动仪表、射流元件等组成的系统）。

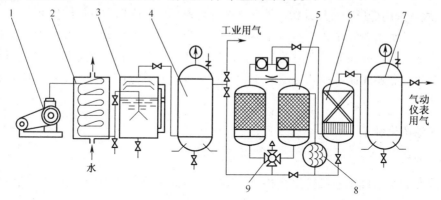

图 11-3　气源装置的组成和布置示意图

1—空气压缩机；2—冷却器；3—油水分离器；4、7—储气罐；

5—干燥器；6—过滤器；8—加热器；9—四通阀

3. 空气压缩机

（1）空气压缩机的分类。空气压缩机简称空压机，是气源装置的核心，用以将原动机输出的机械能转化为气体的压力能。空气压缩机的种类很多，按可输出压力的大小，分为低压（0.2～1.0 MPa）、中压（1.0～10 MPa）、高压（>10 MPa）三大类；按工作原理分为容积型（通过缩小单位质量气体体积的方法来获得压力）和速度型（通过提高单位质量气体的速度并使动能转化为压力能来获得压力）。速度型又因气流流动方向和机轴方向夹角不同，分为离心式（方向垂直）和轴流式（方向平行）。常见的低压、容积式空气压缩机按结构不同又可分为活塞式、叶片式和螺杆式。

（2）空气压缩机的工作原理。气动系统中最常用的是往复活塞式空气压缩机，其工作原理如图 11-4 所示。当活塞 3 向右移动时，气缸 2 左腔的压力低于大气压力，吸气阀 9 打开，空气在大气压力作用下进入气缸 2 左腔，此过程称为吸气过程；当活塞 3 向左移动时，吸气阀 9 在气缸 2 左腔内压缩气体的作用下关闭，气缸左腔内气体被压缩，此过程称为压缩过程。当气缸左腔内气压力增高到略大于输出管路内气压力后，排气阀 1 打开，压缩空气排入输气管道，此过程称为排气过程。活塞 3 的往复运动是由电动机（或内燃机）带动曲柄 8 转

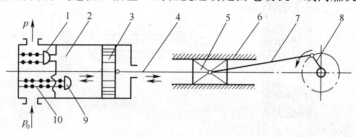

图 11-4　活塞式空压机工作原理图

1—排气阀；2—气缸；3—活塞；4—活塞杆；5、6—滑块与滑道；

7—连杆；8—曲柄；9—吸气阀；10—弹簧

动，通过连杆 7、滑块 5、活塞杆 4 转化成直线往复运动而产生的。图 11-4 所示为一个活塞一个气缸的工作情况，大多数空气压缩机是多缸多活塞的组合。

（3）空气压缩机的选择与使用。选择空气压缩机的依据是气动系统所需的工作压力和流量两个主要参数，并根据系统特点确定空气压缩机的类型。一般气动系统的工作压力为 0.4～0.8 MPa，故常选用低压空气压缩机，特殊需要亦可选用中、高压空气压缩机。

空气压缩机使用中应注意：使用专用润滑油并定期更换，启动前应检查润滑油位并用手力使机轴转动几圈，以保证启动时的润滑；启动前和停车后，都应及时排除空气压缩机气罐中水分；安装地点要能保证吸入空气的质量，留有维护保养空间并注意噪声污染，如超标应采用隔音措施。

二、气源净化装置

1. 冷却器

冷却器安装在空气压缩机输出管路上，用于降低压缩空气的温度，并使压缩空气中的大部分水气、油气冷凝成液滴，以便经油水分离器析出。根据冷却介质不同可分为风冷和水冷两种。

风冷式冷却器的工作原理如图 11-5 所示。它靠风扇产生的冷空气流吹向散热片的热气管道来降温。其优点为不需水源、占地面积小、质量轻、运转成本低和易于维修；缺点是冷却能力较小，入口空气温度一般不高于 100 ℃。我们通常的空气都是湿空气。

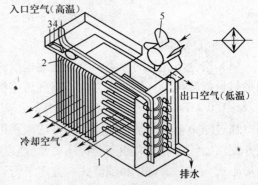

图 11-5　风冷式冷却器工作原理图
1—冷却器；2—出口温度计；3—指示灯；
4—按扭开关；5—风扇

图 11-6 所示为水冷式冷却器工作原理，在它内部，冷却水和热空气在不同管道中逆向流动，充分进行热交换以降低空气温度，一般其出口处气温比水温高约 10 ℃。蛇管式冷却器结构简单，使用维护方便，适于流量较小的任何压力范围，应用最广泛。不管何种冷却器均应设置排水设施，以便排除压缩空气中的冷凝水。我们要将湿空气，尽量变为干燥的空气。

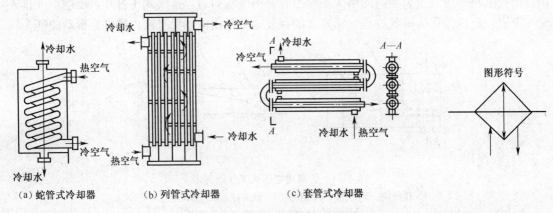

（a）蛇管式冷却器　　　（b）列管式冷却器　　　（c）套管式冷却器

图 11-6　水冷式冷却器工作原理图

2. 油水分离器

油水分离器的作用是分离压缩空气中凝聚的水分和油分等杂质，使压缩空气得到初步净化。其结构形式有环形回转式、离心旋转式、水浴式及以上形式的组合使用。主要是利用回转产生离心撞击、水洗等方式，使水、油等液滴和其他杂质颗粒从压缩空气中分离。油水分离器的结构如图 11-7 所示。

图 11-7（a）所示为环行回转式油水分离器，气流以一定的速度经输入口进入分离器内，其受挡板阻挡被撞击折向下方，然后产生环形回转并以一定速度缓慢上升，以达到满意的油水分离效果。图 11-7（b）所示为水浴离心串联式油水分离器，压缩空气先通过水浴清洗，除掉较难除掉的油分等杂质，再沿切向进入旋转离心式分离器中，利用离心力的作用除去油和水分。此种分离器油水分离效果很好。

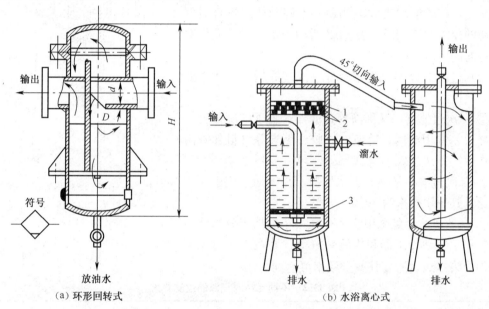

（a）环形回转式　　　　　　　　　　　　（b）水浴离心式

图 11-7　抽水分离器

1—羊毛毡；2—多孔塑料隔板；3—多孔不锈钢板

3. 干燥器

压缩空气经各种净化过滤装置后仍含有一定量的水蒸气。只要系统工作温度低于其露点温度，就会有水滴析出而产生不利影响。为了进一步吸收和排除压缩空气中的水分、油分，使之变为干燥空气，必须使用干燥器。

干燥器有冷冻式、吸附式和高分子隔膜式等多种不同型式。吸附式干燥器的结构如图 11-8 所示，当压缩空气从空气进气管 1 进入干燥器，通过上吸附剂层 21、铜丝过滤网 20、上栅板 19 和下吸附剂层 16 以后，其中的水分被吸收而得到干燥；然后经过铜丝过滤网 15、下栅板 14、毛毡 13 和铜丝过滤网 12 过滤掉灰尘和其他固态杂质后从干燥空气输出管 8 中输出。干燥器中的吸附剂吸水达到饱和状态后失去吸附水分的能力，需用干燥的热空气或其他方法除去吸附剂中的水分，使其再生后才能使用。故气源装置中一般设置两套干燥器，一套工作时，另一套再生。硅胶一般用 180～200 ℃的热空气再生，铝胶用 200 ℃的热空气再生。吸附剂的再生在干燥器中直接进行：关闭空气进气管 1 和干燥空气输出管 8，将干燥再生热空气从管 7 通入，使吸附剂吸附的水分蒸发为水蒸气，从管 4 和 6 排入大气。经过 3～

4 h 干燥，4～5 h 冷却，干燥器就可以再使用了。为避免吸附剂被油污染而影响吸湿能力，应在进气管道上安装除油器。

　　冷冻式干燥器一般消耗电能，用制冷剂使压缩空气温度降至较低温度，将其中水分析出，再将低温饱和湿空气加热送出获得不饱和湿空气。这样只要系统工作温度高于冷冻器内温度就不会有水滴出现。

　　4. 空气过滤器

　　（1）过滤器的作用。过滤器的作用是用以除去压缩空气中的杂质微粒和液态的油污、水滴，使压缩空气进一步净化，但不能除去气态物质。不同的使用场合对气源过滤的要求并不相同，表 11-2 所示为常用气动元件对气源过滤的要求。

　　（2）过滤器分类。过滤器分一次过滤器、二次过滤器和高效过滤器。

　　① 一次过滤器，又称简易过滤器，置于气源装置干燥器之后，常用滤网、毛毡、硅胶、焦炭等材料起吸附过滤作用，其滤尘效率为 50%～70%。

　　② 二次过滤器又称分水滤气器，在气动系统中应用最广泛，其滤尘效率为 70%～90%。

　　③ 高效过滤器是采用滤芯孔径很小的精密分水滤气器，常用于气动传感器和检测装置等，装在二次过滤器之后作为第三级过滤，其滤尘效率可达到 99%。

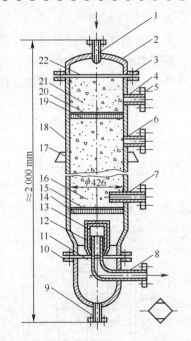

图 11-8　吸附式干燥器

1—空气进气管；2—顶盖；3、5、10—法兰；4、6—再生空气排气管；7—再生空气进气管；8—干燥空气输出管；9—排水管；11、22—密封垫；12、15、20—铜丝过滤网；13—毛毡；14—下栅板；16、21—吸附剂层；17—支承板；18—筒体；19—上栅板

表 11-2　不同元件对气源的过滤要求

元 件 名 称	杂质的颗粒平均直径（μm）
气缸、膜片式和截止式气动元件	≤50
气动马达	≤25
一般气动仪表	≤20
气动轴承、硬配滑阀、气动传感器、气动量仪等	≤5

　　（3）分水滤气器。分水滤气器在气动系统中应用最普遍。图 11-9 所示为普通分水滤气器的结构图，其工作原理：从输入口进入的压缩空气被旋风叶片 1 导向，使气流沿存水杯 3 的圆周产生强烈的旋转，空气中夹杂的水滴、油污物等在离心力的作用下与存水杯内壁碰撞，从空气中分离出来到杯底。当气流通过滤芯 2 时，由于滤芯的过滤作用，气流中的灰尘及雾状水分被滤除，洁净的气体从输出口输出。挡水板 4 可以防止气流的旋涡卷起存水杯中的积水。为保证分水滤气器正常工作，须及时打开手动放水阀 5 放掉存水杯中的污水。存水杯由透明材料制成，便于观察其工作情况、污水高度和滤芯 2 的污染程度。滤芯可用多种材料制成，多用铜颗粒烧结成形，也有陶瓷滤芯。滤芯过滤精度常有 5～10 μm、10～25 μm、25～50 μm、50～75 μm 四种规格，也有 0～5 μm 的精过滤滤芯。

　　分水滤气器的排水方式有手动和自动之分。自动排水式分水滤气器的分水、过滤部分结

构与上述普通分水过滤器相同，不同的是存水杯下装有
自动排水阀。

（4）过滤器的选用。分水滤气器要根据气动设备要
求的过滤精度和自由空气流量来选用。通过过滤器的流
量过小、流速太低、离心力太小都不能有效清理油水和
杂质；流量过大、压力损失太大，则水分离效率降低，
故尽可能按实际所需标准状态下流量选分水滤气器的额
定流量。

分水滤气器一般装在减压阀之前，也可单独使用。
分水滤气器与减压阀、油雾器常组合使用，合称气动三
联件。安装时应垂直放置在用气设备附近温度较低处，
要按过滤器壳体上的箭头方向正确连接其进、出口，不
可将进、出口接反，也不可将存水杯朝上倒装。使用中
注意排水和定期清洗、更换滤芯。

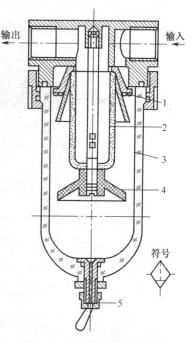

图 11-9　普通分水滤气器
1—旋风叶片；2—滤芯；3—存水杯；
4—挡水板；5—手动放水阀

三、气动辅助元件

1. 油雾器

气动系统中使用的油雾器是一种特殊的注油装置。
油雾器能将润滑油经气流引射出来并雾化后混入气流
中，随压缩空气流入需要润滑部位，达到润滑的目的。其具有润滑均匀、稳定、耗油量少和
不需要大的储油设备等特点。

油雾器分一次油雾器和二次油雾器两种。

（1）一次油雾器。一次油雾器应用很广，润滑油在油雾器中只经过一次雾化，油雾粒径
为 $20 \sim 35 \ \mu m$，一般输送距离在 5 m 以内，适于一般气动元件的润滑。

图 11-10 所示为 QIU 型普通一次油雾器。压缩空气从输入口进入，在油雾器的气流通
道中有一个立杆 1，立杆 1 上有两个通道口，上面背向气流的是喷油口 B，下面正对气流的
是油面加压通道口 A。一小部分进入 A 的气流经过加压通道到截止阀 2，在压缩空气刚进入
时，钢球被压在阀座上，但钢球与阀座密封不严，有点漏气，可使储油杯上腔的压力逐渐升
高，将截止阀 2 打开，使杯内油面受压，迫使储油杯内的油液经吸油管 4、单向阀 5 和节流
针阀 6 滴入透明的视油器 7 内，然后从吸油口被主气道中的气流引射出来，在气流的气动力
和油黏性力对油滴的作用下，雾化后随气流从输出口流出。视油器上部可调针阀用来调节滴
油量，滴油量为 $0 \sim 200$ 滴/min。关闭针阀即停止滴油喷雾。

这种油雾器可以在不停气的情况下加油。当没有气流输入时，截止阀 2 中的弹簧把钢球
顶起，封住加压通道，阀处于截止状态，如图 11-11（a）所示。正常工作时，压力气体推开
钢球进入油杯，油杯内气体的压力加上弹簧的弹力使钢球处于中间位置，截止阀处于打开状
态，如图 11-11（b）所示。当进行不停气加油时，拧松加油孔的油塞 8，储油杯中气压降至
大气压。输入的气体把钢珠压到下限位置，使截止阀处于反关闭状态，如图 11-11（c）所
示。这样便封住了油杯的进气道，保证在不停气的情况下可以从油孔加油。油塞 8 的螺纹部
分开有半截小孔，当拧开油塞加油时，不等油塞全部旋开小孔已先与大气相通、油杯中的压
缩空气通过小孔逐渐排空，这样不致造成油、气从加油孔冲出来。

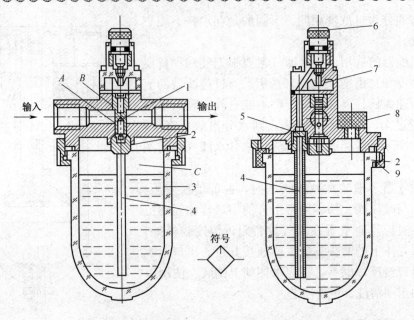

图 11-10　QIU 型普通一次油雾器

1—立杆；2—截止阀；3—储油杯；4—吸油管；5—单向阀；
6—节流针阀；7—视油器；8—油塞；9—螺母

（a）截止状态　　　　　（b）打开状态　　　　　（c）反关闭状态

图 11-11　截止阀的工作状态

（2）二次油雾器。二次油雾器是使润滑油在其中进行了两次雾化，油雾粒径更均匀、更小，可达 5 μm，油雾在传输中不易附壁，可输送更远的距离，适用于气马达和气动轴承等对润滑要求特别高的场合。图 11-12 所示为二次油雾器的结构图。压缩空气从输入口进来后分成三路：第一路通过接头 6 中的细长孔和输气小管 9，以气泡形式在输油管 8 中上升，将油带到小油杯 10 中，使小油杯中始终充满油。第二路进入喷雾套 4，经环形喷口 A 及接头 6 上的斜孔（图中用虚线表示）进入大储油杯的上腔。有压气体作用在大、小油杯的油面上，使小油杯内的油经过吸油管、单向阀 11、套管 12 的环形孔道及节流针阀 1 滴入视油器 2 内，再经过滤片 3 滴入喷嘴 5，被流经环形喷口 A 处的高速气流引射出来，进行一次雾化。雾化后的油雾喷射到大储油杯的上腔，其中粒径大的油滴沉到油杯内，只有粒径小的油雾悬浮在大储油杯上腔。第三路气流经过喷雾套 4 的外部空间，从喷口 B 喷出，将油杯上腔悬浮的粒度较小又比较均匀的油雾引射出来，并进行第二次雾化，变成粒度更小（约 5 μm）、更均匀的油雾。

这种油雾器增加了一个小油杯是为了使滴油量比较稳定，不受大油杯中油面变化的影响，在喷口 B 前面装有浓度调节螺钉，可调节引射气流的流量和压力，改变引射能力，以调节雾化油的浓度，可通过观察油杯内油面变化的情况了解油的耗量，再加以适当地调节。二次油雾器中只有 5%～20% 的一次雾化油被带走，因此通过视油器调节油滴数目，应调节到所需油量的 10～20 倍。

（3）油雾器的选用。油雾器主要根据通气流量及油雾粒径大小来选择，一般场合选用一次油雾器，特殊要求的场合可选用二次油雾器。油雾器一般安装在减压阀之后，尽量靠近换向阀；油雾器进出口不能接反，储油杯不可倒置。油雾器的给油量应根据需要调节。

2. 消声器

气动系统一般不设排气回路，用后的压缩空气通常经方向阀直接排入大气。

气缸、气马达及气阀等排出的气体速度很高，气体体积急剧膨胀，引起气体振动，产生强烈的排气噪声，有时可达 100～120 dB。噪声是一种声污染，影响人体健康，一般噪声高于 85 dB，就要设法降低。消声器就是通过阻尼或增加排气面积等方法降低排气速度和功率，达到降低噪声的目的。常用的消声器有吸收型、膨胀干涉型和膨胀干涉吸收型三种。

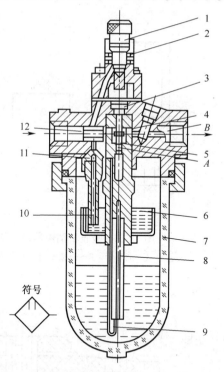

图 11-12　二次油雾器的结构图

1—节流针阀；2—视油器；3—过滤片；4—喷雾套；5—喷嘴；6—接头；7—大油杯；8—输油管；9—输气小管；10—小油杯；11—单向阀；12—套管

（1）吸收型消声器。吸收型消声器的结构如图 11-13 所示，它是依靠吸声材料来消声的。吸声材料有玻璃纤维、毛毡、泡沫塑料、烧结材料等。气流通过多孔的吸声材料，靠流动摩擦生热而使气体压力能转化为热能耗散，从而降低排气噪声。吸收型消声器结构简单，对中、高频噪声一般可降低 20 dB，在气动系统中应用最广，但排气阻力较大，常装于换向阀的排气口，如不及时清洗更换可能引起背压过高。选用时根据排气口直径确定，使用中注意定期清洗，以免堵塞后影响换向阀。

（2）膨胀干涉型消声器。膨胀干涉型消声器的直径比排气孔口径大得多。当气流通过时，通过气流在其内部扩散、膨胀、碰壁撞击、反射、相互干涉而消耗能量降低噪声，最后经孔径较大的外壳排入大气。常见的各种内燃机的排气管上都装有这种消声器，它主要用于消除中、低频噪声，尤其是低频噪声。这种消声器结构简单，排气阻力小，不易堵塞，但体积较大，不能在换向阀上装置，故常用于集中排气的总排气管。

（3）膨胀干涉吸收型消声器。膨胀干涉吸收型消声器是前两种消声器的组合应用，其结构如图 11-14 所示。

3. 转换器

转换器是将电、液、气信号相互间转换的辅件，用来控制气动系统工作。

（1）气/电转换器。气/电转换器按输入气信号压力的大小分为高压（>0.1 MPa）、中压（0.01～0.1 MPa）和低压（<0.01 MPa）三种。高压气电转换器又称之为压力继电器。

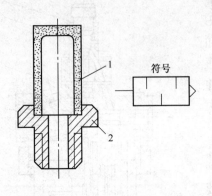

图 11-13　吸收型消声器
1—消声套；2—连接螺钉

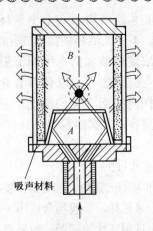

图 11-14　膨胀干涉吸收型消声器

吸声材料

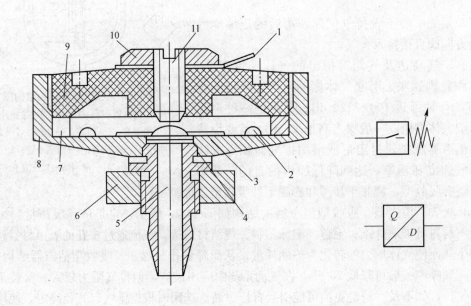

（a）结构原理图　　　　　　　　　（b）图形符号

图 11-15　低压气电转换器
1—焊片；2—硬芯；3—膜片；4—密封垫；5—接头；6—螺母；
7—压圈；8—外壳；9—盖；10—螺母；11—限位螺钉

　　图 11-15 所示为低压气电转换器，硬芯 2 和焊片 1 是两个触点，无气信号输入时是断开的。有一定压力气信号输入时，膜片 3 向上运动带动硬芯 2 和限位螺钉 11 接触、与焊片 1 接通，发出电信号；气信号消失时，膜片 3 带动硬芯 2 复位，触点断开，电信号消失。调节螺钉 11 可以调整接受气信号压力的大小。图 11-16 所示为压力继电器的工作原理图，输入气信号使膜片 4 受压变形去推动顶杆 3 启动微动开关 1，输出电信号。输入气信号消失，膜片 4 复位，顶杆在弹簧作用下下移，脱离微动开关。调节螺母 2 可以改变接受气信号的压力值。其结构简单，制造容易，应用广泛。

使用气电转换器时，应避免将其安装在振动较大的地方。并不应倾斜和倒置，以免产生误动作，造成事故。

（2）电/气转换器。电/气转换器是将电信号转换成气信号输出的装置，与气电转换器作用刚好相反。按输出气信号的压力也分为高压（＞0.1 MPa）、中压（0.01～0.1 MPa）和低压（＜0.01 MPa）三种，常用的电磁阀即是一种高压电气转换器。图 11-17 所示为喷嘴挡板式电气转换器结构图。通电时线圈 3 产生磁场将衔铁吸下，使挡板 5 堵住喷嘴 6、气源输入的气体经过固定节流孔 7 后从输出口输出，即有输出气信号。断电时磁场消失，衔铁在弹性支承 2 的作用下使挡板 5 离开喷嘴 6，气源输入的气体经固定节流孔 7 后从喷嘴 6 喷出，输出口则无气信号输出。这种电气转换器一般为直流电源 6～12 V，电流 0.1～0.14 A，气源压力＜0.01 MPa，属低压电气转换器。

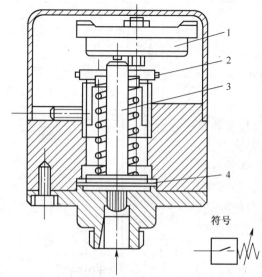

图 11-16　压力继电器图

1—微动开关；2—调节螺母；3—顶杆；4—膜片

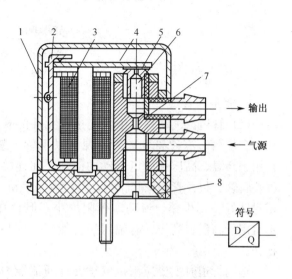

图 11-17　喷嘴挡板式电气转换器

1—罩壳；2—弹性支承；3—线圈；4—杠杆；5—挡板；
6—喷嘴；7—固定节流孔；8—底座

（3）气/液转换器。图 11-18 所示为气/液转换器结构图，它是把气压直接转换成液压的压力转换装置。压缩空气自上部进入转换器内，直接作用在油面上，使油液液面产生与压缩空气相同的压力，压力油从转换器下部引出供液压系统使用。

气/液转换器选择时应考虑液压执行元件的用油量，一般应是液压执行元件用油量的 5 倍。转换器内装油不能太满，液面与缓冲装置间应保持 20～50 mm 以上距离。

4. 储气罐

储气罐的作用是消除压力波动，保证输出气流的连续性；依靠绝热膨胀和自然冷却使压缩空气降温而进一步分离其中水分；储存一定数量的压缩空气，调节用气量或以备发生故障和临时需要应急使用。

储气罐一般采用立式，焊接结构，如图 11-19 所示。一般高度 H 为内径 D 的 2～3 倍，进气口在下，出气口在上，应尽量加大进出口之间距离。罐上应设有安全阀（压力为 1.1 倍的工作压力）、压力表和清洗孔，下部需设排水阀。储气罐属于压力容器，应遵守压力容器的有关规定，必须经 1.5 倍的工作压力耐压试验并有合格证书。

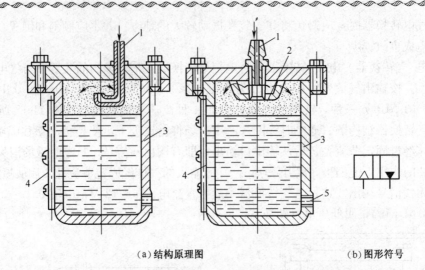

(a)结构原理图　　　　　　　　　　　　　(b)图形符号

图 11-18　气/液转换器

1—空气输入管；2—缓冲装置；3—本体；4—油标；5—油液输出口

5. 管道与管接头

(1) 管道。气动系统中，连接各元件的管道有金属管和非金属管，有硬管和软管。硬管以钢管、紫铜管为主，常用于高温、高压和固定不动的部件之间连接。软管有各种塑料管、尼龙管和橡胶管等，其特点是经济、拆装方便、密封性好、不生锈、流动摩擦阻力小，但存在老化问题，不宜用于高温、高压、有辐射场合使用，且要注意受外部损伤。

选用管道时主要应满足气动元件通流能力的要求，一般可按大于或等于元件接口尺寸选定，尽量减少流动压力损失，做到易拆装不漏气，并确保安全。安装软管时，管子不能扭曲，装置运转时管子不应产生急剧弯曲和变形。

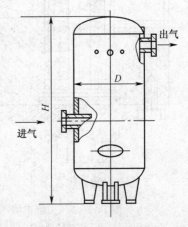

图 11-19　立式储气罐

管道过长时应适当支撑，并注意防止管道破裂而损伤人员及设备，为防止外部设备对管道损伤，可加适当保护。

(2) 管接头。管接头是连接、固定管道所必需的辅件，要求管接头连接牢固、不泄露、装拆快速方便、流动阻力小（气动管路系统的过流能力常受限于接头）。

管接头分为硬管接头和软管接头两类。硬管接头有螺纹连接及薄壁管扩口式卡套连接，与液压用管接头基本相同。常用软管接头形式如图 11-20 所示。对于通径较大的气动设备、元件、管道等可采用法兰连接。

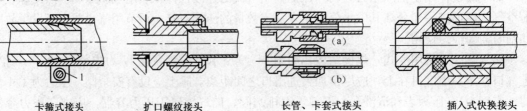

卡箍式接头　　　　　扩口螺纹接头　　　　长管、卡套式接头　　　　插入式快换接头

图 11-20　常用软管接头结构形式

第三节　气动执行元件

气动执行元件是在气压传动系统中将空气的压力能转变成机械能的元件，主要有气缸和气马达。气缸用于实现直线往复运动或摆动，气马达用于实现连续的回转运动。

一、气缸

在气动执行元件中，使用最多的是将气压能转换为力和位移而输出的气缸。与液压缸相比，气缸的结构简单，制造成本低，污染少，便于维修，动作迅速。但由于工作压力低、工作介质压缩性大，其总输出力较小，运动平稳性较差，故多用在轻负荷、定负载的工作场合。

1. 气缸的分类

气缸的使用十分广泛，使用条件各不相同，从而其结构、形状各异，分类方法繁多。常用分类方法包括以下四种：

（1）按压缩空气作用在活塞端面上的方向，可分为单作用和双作用气缸。

（2）按结构特征不同，可分为活塞式、柱塞式、叶片式、薄膜式气缸及气液阻尼缸等。

（3）按安装方式，可分为耳座式、法兰式、轴销式和凸缘式气缸。

（4）按功能，可分为普通气缸和特殊气缸。普通气缸是指用于无特殊要求场合的一般单、双作用式活塞气缸，在市场上很容易购买；特殊气缸用于特定的工作场合，一般需要专门订购。

2. 常见气缸的结构

常见的普通气缸有单作用式气缸、双作用式气缸和缓冲气缸，它们的结构分别如图11-21、图 11-22 和图 11-23 所示。

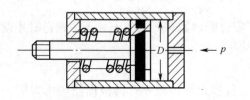

图 11-21　单作用式气缸

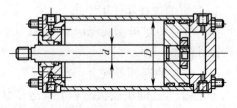

图 11-22　双作用式气缸

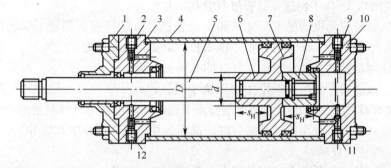

图 11-23　缓冲气缸

1—压盖；2、9—节流阀；3—前缸盖；4—缸体；5—活塞杆；

6、8—缓冲柱塞；7—活塞；10—后缸盖；11、12—单向阀

　　单作用式气缸和双作用式气缸结构较为简单。缓冲气缸的两侧设有缓冲柱塞，在活塞到达行程终点前，缓冲柱塞将柱塞孔堵死，从而堵死主排气孔（图中未表示出），环行腔气流只能经节流阀排出，由于节流作用使排气背压升高而起到缓冲。缓冲作用大小可通过调节节流阀开度来改变。单向阀是为避免反向运动启动时力量不足而设的。

　　图 11-24 所示为薄膜式气缸，这是一种常用的特殊气缸，它可以是单作用式，也可以是双作用式。薄膜式气缸的膜片有盘形膜片和平膜片两种，膜片材料为夹织橡胶、钢片或磷青铜片。金属膜片只用于小行程气缸中。与活塞式气缸相比较，薄膜式气缸结构紧凑、简单、制造容易、成本低、维修方便、泄漏少、寿命长、效率高。但因膜片变形量限制行程一般不超过 50 mm，且最大行程与缸径成正比，平膜片气缸最大行程大约是缸径的 15%，盘形膜片气缸最大行程大约是缸径的 25%。因膜片变形要消耗能量，故薄膜式气缸的输出力随行程的加大而减小。

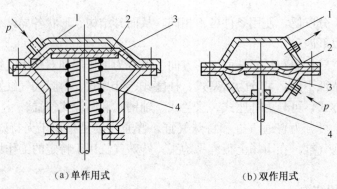

(a) 单作用式　　　　　　(b) 双作用式

图 11-24　薄膜式气缸

1—缸体；2—膜片；3—膜盘；4—活塞杆

3. 气缸的选择和使用要求

　　使用气缸应尽可能选择标准气缸，向专业厂家订购，如有特殊要求并无法购得时才设法自行设计制造。

　　(1) 气缸的选择要点。

　　① 根据气缸的负载状态和负载运动状态确定负载力和负载率；再根据使用压力应小于气源压力 85% 的原则，按气源压力确定使用压力；对单作用缸按杆径与缸径比 0.5，双作用缸杆径与缸径比 0.3～0.4 预选，计算缸径并标准化。

　　② 根据气缸及传动机构的实际运行距离来预选气缸的行程，为便于安装调试，对计算出的距离以加大 10～20 mm 为宜，但不能太长，以免增大耗气量。

　　③ 根据使用目的和安装位置确定气缸的品种和安装形式。

　　④ 活塞（或缸筒）的运动速度主要取决于气缸进、排气口及导管内径，选取时以气缸进排气口连接螺纹尺寸为基准。为获得缓慢而平稳的运动可采用气液阻尼缸。普通气缸的运动速度为 0.5～1 m/s，对高速运动的气缸应选用缓冲缸或在回路中加缓冲。

　　(2) 气缸的使用要求。

　　① 气缸的一般工作条件是周围环境及介质温度 5～70 ℃，工作压力 0.4～0.6 MPa（表压），超出此范围时，应考虑使用特殊密封材料及十分干燥的空气。

　　② 安装前应在 1.5 倍的工作压力下试压，不允许有泄漏，安装时要注意受力方向，活塞杆不允许承受径向载荷。

③ 在整个工作行程中负载变化较大时，应使用有足够推力余量的气缸并附加缓冲装置。

④ 不使用满行程工作，特别在活塞杆伸出时，以避免撞击损坏零件。

⑤ 注意合理润滑，除无油润滑气缸外应正确设置和调整油雾器，否则将严重影响气缸的运动性能甚至不能工作。

二、气马达

气马达是将压缩空气的气压能转换成力矩和转速而输出，来驱动回转运动的执行机构。

1. 气马达的分类、工作原理及特点

（1）气马达的分类。气马达按工作原理可分为透平式和容积式两大类。透平式气马达一般通过喷嘴将空气的流动能直接转变成工作轮的机械能。气压传动系统中最常用的气马达多为容积式。容积式气马达按其结构形式可分为叶片式、活塞式、齿轮式及摆动式等，其中以叶片式和活塞式两种最常用。

（2）气马达工作原理。图 11-25 所示为叶片式气马达工作原理图。叶片式气马达一般有 3～10 个叶片，它们可以在转子的径向槽内活动。转子和输出轴固联在一起，装入偏心的定子中。当压缩空气从 A 口进入定子腔后，一部分进入叶片底部，将叶片推出，使叶片在气压推力和离心力综合作用下，抵在定子内壁上。另一部分进入密封工作腔作用在叶片的外伸部分，产生力矩。由于叶片外伸面积不等，转子受到不平衡力矩而逆时针旋转。做功后的气体由定子上的孔 C 排出，剩余残余气体经孔 B 排出。改变压缩空气输入进气孔（B 孔进气），马达则反向旋转。

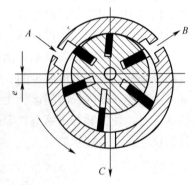

图 11-25　叶片式气马达工作原理图

（3）气马达的特点。各类型式的气马达尽管结构不同，工作原理有区别，但大多数气马达具有以下特点：

① 可以无级调速。只要控制进气阀或排气阀的开度，即控制压缩空气的流量，就能调节气马达的输出功率和转速。

② 能够正转也能反转。大多数气马达只要简单地用操纵阀来改变马达进、排气方向，即能实现气马达输出轴的正转和反转，并且可以瞬时换向。在正、反向转换时，冲击很小。气马达换向工作的一个主要优点是它具有几乎在瞬时可升到全速的能力。叶片式气马达可在一转半的时间内升至全速；活塞式气马达可以在不到 1 s 的时间内升至全速。

③ 工作安全。适用于恶劣的工作环境，在易燃、易爆、高温、振动、潮湿、粉尘等不利条件下均能正常工作。

④ 有过载保护作用，不会因过载而发生故障。过载时，气马达只是转速降低或停转，当过载解除，立即可以重新正常运转，并不产生机件损坏等故障。

⑤ 具有较高的启动力矩，可以直接带载荷启动。启动、停止均迅速。

⑥ 功率范围及转速范围较宽。功率小至几百瓦，大至几万瓦；转速达 0～50 000 r/min。

⑦ 具有软特性，当工作压力不变时，它的转速、转矩及功率均依外加负载的变化而变化，而工作压力的变化也可引起转速、转矩和输出功率的变化。

⑧ 可以长时间满载连续运转，温升较小。

⑨ 结构简单、操纵方便、换向迅速、升速快、冲击小，维护检修较容易，维修成本低。

⑩ 气马达的最大缺点是很难获得稳定不变的转速；耗气量大，效率低，对润滑要求严格。

2. 气马达的选择与使用

(1) 气马达的选择。选择气马达主要从负载状态出发。在变负载场合使用时，速度变化范围及工作机构所需的力矩，均应满足工作需要。在均衡负载下使用时，主要考虑工作速度。叶片式气马达比活塞式气马达转速高，当工作转速低于空载时最大转速的 25% 时，最好选用活塞式气马达。

(2) 气马达的应用与润滑。气马达适用于要求安全、无级调速，经常改变旋转方向，起动频繁以及防爆、负载起动，有过载可能性的场合。适用于恶劣工作条件，例如高温、潮湿以及不便于人工直接操作的地方。当要求多种速度运转，瞬时起动和制动，或可能经常发生失速和过负载的情况时，采用气马达要比别的类似设备价格便宜，维修简单。目前，气马达在矿山机械中应用较多；在专业性成批生产的机械制造业、油田、化工、造纸、冶金、电站等行业均有较多使用；工程建筑、筑路、建桥、隧道开凿等均有应用；许多风动工具，例如风钻、风扳手、风砂轮及风动铲刮机等均装有气马达。

润滑是气马达所不可缺少的。气马达必须得到良好的润滑后才可正常运转，良好润滑可保证马达在检修期内长时间运转无误。一般在整个气动系统回路中，在气马达操纵阀前面均设置油雾器，使油雾与压缩空气混合再进入气马达，从而达到充分润滑。注意保证油雾器内正常油位，及时添加新油。

第四节　气动控制元件

在气动系统中，控制元件是控制和调节压缩空气的压力、流量、流动方向和发送信号的重要元件，利用它们可以组成各种气动回路，使气动执行元件符合设计要求正常工作。气动控制元件，按功能和用途可分为压力控制阀、流量控制阀和方向控制阀三大类。此外，还有通过改变气流方向和通断实现各种逻辑功能的气动逻辑元件。

一、压力控制阀

压力控制阀主要用来控制系统中气体的压力，满足各种压力要求或用以节能。压力控制阀可分为三类：一是起降压稳压作用的减压阀、定值器；二是根据气路压力不同进行某种控制的顺序阀、平衡阀等；三是起限压安全保护作用的安全阀。

压力控制阀具有共同的工作原理，都是利用阀芯或膜片上的气压力与调节控制力（包括弹簧力、电磁力、先导气压力等）相平衡来进行工作。

1. 减压阀

一般气源空气压力都高于每台设备所需压力，且多台设备共用一个气源。减压阀是将较高的入口压力调节并降低到符合使用的出口压力，并保持调节后出口压力的稳定。气动减压阀也称调压阀，同液压减压阀一样也是以出口压力为控制信号的。

减压阀按压力调节方式可分为直动式和先导式；按溢流结构可分为溢流式、非溢流式和恒量排气式三种，如图 11-26 所示。溢流式减压阀在输出压力超过设定值时，气流能从溢流孔中排出，维持输出压力不变；非溢流式减压阀没有溢流孔，使用时要另设放气阀（见图

11-27），且需要协调调整减压阀和放气阀，十分麻烦，故除有毒有害气体外均不采用；恒量排气式减压阀始终有微量气体从溢流阀座上的小孔排出，保证了主阀芯的微小开度，避免产生咬死现象，提高了稳压精度，但存在泄露。

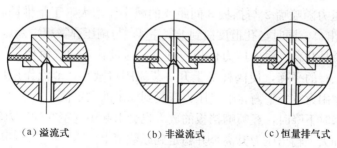

(a) 溢流式　　　　(b) 非溢流式　　　　(c) 恒量排气式

图 11-26　减压阀的溢流结构图

（1）直动式减压阀。图 11-28 所示为直动式减压阀结构原理图。当顺时针旋转手柄 1 时，调压弹簧 2、3 被压缩推动膜片 5 及阀杆 6 下移，打开阀芯 9 与阀座间通道，进口气流经节流降压而输出。同时，输出气流经阻尼孔 7 在膜片 5 上产生向上的负反馈力。当负反馈力与调压弹簧力 2、3 相平衡时，出口压力便稳定在弹簧调定值。

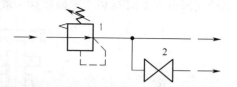

图 11-27　非溢流式减压阀的应用
1—减压阀；2—放气阀

若入口压力波动，例如有瞬时升高，则出口压力也随之升高。膜片 5 上的推力增大，力的平衡被破坏，膜片 5 上移，向上压缩弹簧 2、3，中间溢流孔 4 经排气孔 11 瞬时溢流排气，阀芯 9 在复位弹簧作用下上移，减少阀口开度，增强节流作用，使出口压力下降，直至达到新的平衡时为止，出口压力又基本上恢复至原调定值。反之，若出口压力下降则膜片 5 下移，阀口开大，节流作用减弱，仍可使出口压力保持在原调定值。

若入口压力不变，因某种原因（如出口流量变化）使出口压力波动时，依靠溢流孔的溢流作用和膜片的位移，仍能起稳压作用。

阻尼孔 7 的主要作用是将输出压力反馈至膜片 5 下部与调定压力相比较，并在输出压力波动时起阻尼作用，避免产生振荡，故又称反馈管。

直动式减压阀的工作原理：依靠进气阀口的节流作用减压；依靠膜片上的力平衡作用和溢流孔的溢流作用稳压；依靠调节手轮通过改变弹簧力来获得可调范围内的任意输出压力。

（2）先导式减压阀。图 11-29 所示为先导型减压阀结构简图，它由先导阀和主阀两部分组成。当

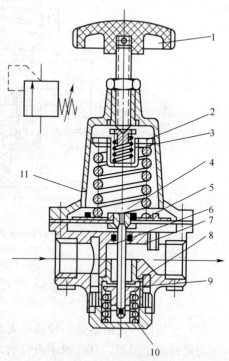

图 11-28　直动式减压阀
1—手柄；2、3—调压弹簧；4—溢流口；5—膜片；6—阀杆；7—阻尼孔；8—阀座；9—阀芯；10—复位弹簧；11—排气孔

气流从左端流入阀体后，一部分经进气阀口 9 流向输出口，另一部分经固定节流孔 1 进入中气室 5，经喷嘴 2、挡板 3、孔道反馈至下气室 6，再经阀杆 7 中心孔及排气孔 8 排至大气。

把手柄旋到一定位置，使喷嘴 2 与挡板 3 的距离在工作范围内，减压阀即进入工作状态。中气室 5 的压力随喷嘴 2 与挡板 3 间距离的减小而增大，于是推动阀芯打开进气阀口 9，即有气流流到出口，同时经孔道反馈到上气室 4，与调压弹簧相平衡。

若输入压力瞬时升高，输出压力也相应升高，通过孔口的气流使下气室 6 的压力也升高，破坏了膜片原有的平衡，使阀杆 7 上升，节流阀口减小，节流作用增强，输出压力下降，使膜片两端作用力重新平衡，输出压力恢复到原来的调定值。

当输出压力瞬时下降时，经喷嘴挡板的放大也会引起中气室 5 的压力较明显升高，而使阀芯下移，阀口开大，输出压力升高，并稳定到原数值上。

减压阀选择时应根据气源压力确定阀的额定输入压力，气源的最低压力应高于减压阀最高输出压力 0.1 MPa 以上。减压阀一般安装在空气过滤器之后，油雾器之前。

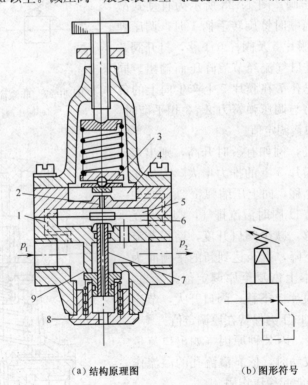

（a）结构原理图　　　　　（b）图形符号

图 11-29　内部先导型减压阀

1—固定节流孔；2—喷嘴；3—挡板；4—上气室；5—中气室；
6—下气室；7—阀杆；8—排气孔；9—进气阀口

（3）定值器。定值器是一种高精度的内部先导式减压阀，主要用于压力定值。目前有两种压力规格的定值器，其气源压力分别为 0.14 MPa 和 0.35 MPa，输出压力范围分别为 0～0.1 MPa 和 0～0.25 MPa。

定值器的输出压力波动不大于最大输出压力的 1%。这种减压阀实质就是在前述内部先导式减压阀的基础上，在固定节流口前后增加了一个称为稳压阀的等差减压阀，保证了固定节流口（即喷挡阀）的流量为一常数，从而大大提高了灵敏度而得到了高精度的 p_2 值。定值器因结构复杂，输出压力又低，故仅用于需要供给精确气源压力和信号压力的场合，例如气动实验设备、气动自动装置等。

（4）减压阀的选用。根据使用要求选定减压阀的类型和调压精度，再根据所需最大输出流量选择其通径。决定阀的气源压力时，应使其大于最高输出压力 0.1 MPa。减压阀一般安装在分水滤气器之后，油雾器或定值器之前，并注意不要将其进、出口接反；阀不用时应把旋钮放松，以免膜片经常受压变形而影响其性能。

2. 单向顺序阀

单向顺序阀是由顺序阀和单向阀组合而成，它依靠气路中压力的作用而控制执行元件的单向顺序动作。

单向顺序阀工作原理如图 11-30 所示，当压缩空气从 P 口进入左腔后，作用在活塞上的气压力小于上部弹簧产生的弹力时，阀处于关闭状态。当作用在活塞上的气压力大于弹簧力时，将活塞顶起，压缩空气从入口 P 经阀内左腔、右腔到输出口 A，然后进入气缸或气控换向阀。

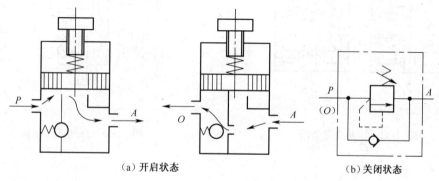

(a) 开启状态　　　　　　　　　　(b) 关闭状态

图 11-30　单向顺序阀工作原理图

当切换气源时，由于左腔内压力迅速下降，顺序阀关闭，此时右腔内压力高于左腔内压力，在压差力作用下，打开单向阀，反向的压缩空气从 A 口到 O 口排出。

单向顺序阀常用于控制气缸自动顺序动作或不便于安装机控阀的场合。

3. 安全阀

安全阀在系统中起安全保护作用。当系统压力超过规定值时，安全阀打开，将系统中的一部分气体排入大气，使系统压力不超过允许值，从而保证系统不因压力过高而发生事故。安全阀又称溢流阀。安全阀的工作原理如图 11-31 所示。

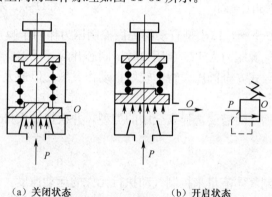

(a) 关闭状态　　　　　　　　　　(b) 开启状态

图 11-31　安全阀工作原理图

　　图 11-32～图 11-35 所示为安全阀的几种典型结构形式。图 11-32 为活塞式安全阀，阀芯是一个平板。气源压力作用在活塞 A 上，当压力超过由弹簧力确定的安全值时，活塞 A 被顶开，一部分压缩空气即从阀口排入大气；当气源压力低于安全值时，弹簧驱动活塞下移，关闭阀口。

　　图 11-33 和图 11-34 分别为球阀式安全阀和膜片式安全阀，工作原理与活塞式完全相同。这三种安全阀都是由弹簧提供控制力，调节弹簧预紧力，即可改变安全值大小，故称之为直动式安全阀。

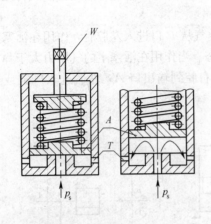

图 11-32　活塞式安全阀

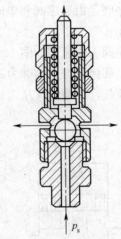

图 11-33　球阀式安全阀

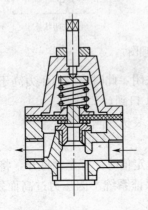

图 11-34　膜片式安全阀

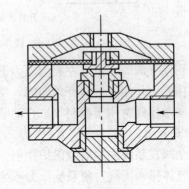

图 11-35　先导式安全阀

　　图 11-35 为先导式安全阀，以小型直动阀提供控制压力作用于膜片上，膜片上硬芯就是阀芯，压在阀座上。当气源压力大于安全压力时，阀芯开启，压缩空气从左侧输出孔排入大气。膜片式安全阀和先导安全阀压力特性较好、动作灵敏；但最大开启力比较小，即流量特性较差。

　　实际应用时，应根据实际需要选择安全阀的类型，并根据最大排气量选择其通径。

二、流量控制阀

　　流量控制阀通过控制气体流量来控制气动执行元件的运动速度。而气体流量的控制是通过改变流量控制阀的流通面积实现的。常用的流量控制阀有节流阀、单向节流阀、排气节流阀和柔性节流阀等。

1. 节流阀

图 11-36 所示节流阀结构图。气体由输入口 P 进入阀内，经阀座与阀芯间的节流通道从输出口 A 流出，通过调节螺杆使阀芯上下移动，改变节流口通流面积，实现流量的调节。

由于节流口形状对调节特性影响较大，不同形式的节流口各有特点，使用中应区别对待。一般来说针型阀，小开度时调节较灵敏，线性度较好，但大开度时灵敏度就差了；三角沟槽型通流面积与阀芯位移量线性关系好，但小开度时调节较困难；圆柱斜切型的通流面积与阀芯位移量成指数关系，能实现小流量精密调节，但全行程线性度较差。

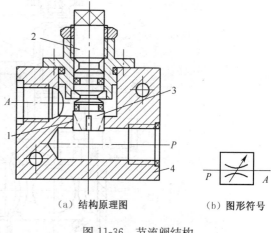

（a）结构原理图　　（b）图形符号

图 11-36　节流阀结构

1—阀座；2—调节螺杆；3—阀芯；4—阀体

2. 单向节流阀

单向节流阀是单向阀和节流阀组合而成的单向起调速作用的阀，其工作原理如图 11-37 所示。当气流由 P 口向 A 口流动时，经过节流阀节流；反方向流动，即由 A 向 P 流动时，单向阀打开，不节流。单向节流阀常用于气缸的调速和延时回路中。图 11-38 所示为单向节流阀的结构图。

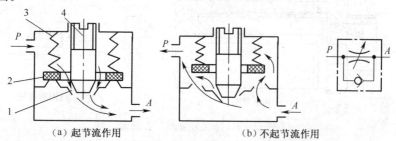

（a）起节流作用　　　　　　　　（b）不起节流作用

图 11-37　单向节流阀工作原理

1—节流口（三角沟槽型）；2—单向阀；3—弹簧；4—调节杆

3. 排气节流阀

气节流阀和节流阀一样，也是靠调节流通面积来调节气体流量的。所不同的是，排气节流阀安装在系统的排气口处，不仅能够控制执行元件的运动速度，而且因其常带消声器件，具有减少排气噪声的作用，所以常称其为排气消声节流阀。

图 11-39 所示为排气节流阀的工作原理图。依靠调节节流口处的流通面积来调节排气流量，由消声套 4 来减少排气噪声，消声套由消声材料制成。排气节流阀常安装在换向阀和执行元件的排气门处，起单向节流阀的作用。由于其结构简单，安装方便，能简化回路，所以其应用日益广泛。

4. 柔性节流阀

图 11-40 所示为柔性节流阀的工作原理图，依靠阀杆夹紧柔韧的橡胶管而产生节流作用也可以利用气体压力来代替阀杆压缩胶管。柔性节流阀结构简单，压力降小，动作可靠性高对污染不敏感，通常工作压力范围为 0.3~0.63 MPa。

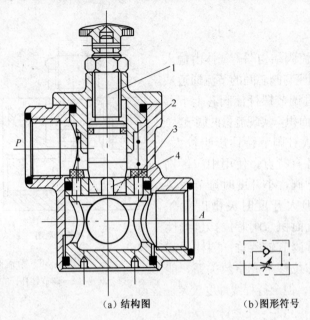

（a）结构图　　　　　　　　（b）图形符号

图 11-38　单向节流阀

1—调节杆；2—弹簧；3—单向阀；4—节流口

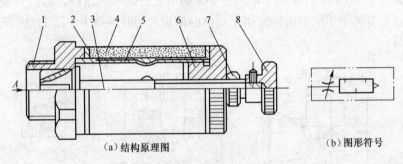

（a）结构原理图　　　　　　　　（b）图形符号

图 11-39　排气节流阀工作原理

1—阀座；2—垫圈；3—阀芯；4—消声套；5—阀套；

6—锁紧法兰；7—锁紧螺母；8—旋钮

三、方向控制阀

气动方向控制阀是用来控制压缩空气的流动方向和气流
通断的。

气动方向控制阀与液压换向阀类似，分类方法也大致
相同。按阀芯结构不同可分为滑阀式、截止式、平面式、
旋塞式和膜片式等，其中以截止式和滑阀式应用较多；按
控制方式不同可分为电磁控制式、气压控制式、机械控制
式、人力控制式和时间控制式等；按阀内气流的流动方向

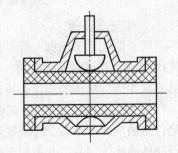

图 11-40　柔性节流阀工作原理

可分为单向型和换向型；按通口数和阀芯工作位置数可分为二位二通、二位三通、二
位四通、三位五通等多种型式；按阀的密封形式分为硬质密封和软质密封，其中软质
密封因制造容易、泄漏少、对介质污染不敏感等优点，而在气动方向控制阀中被广泛
采用。

1. 单向型方向控制阀

单向型方向控制阀只允许气流沿着一个方向流动。它主要包括单向阀、梭阀、双压阀和快速排气阀等。

(1) 单向阀

单向阀是使气流只能朝一个方向流动而不能反向流动的二位二通阀。图 11-41 所示为单向阀工作原理图；图 11-42 所示为常见的截止式软质密封单向阀结构。

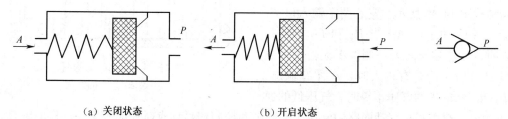

(a) 关闭状态　　　　　　(b) 开启状态

图 11-41　单向阀工作原理图

当 A 腔压力高于 P 腔时，在气压力和弹簧力作用下阀芯 3 紧靠阀体，借助端面软质密封材料切断 A—P 通路，不允许气流通过。当 P 腔压力高于 A 腔时，气压力克服弹簧力，阀芯 3 左移打开 P—A 通路，气流可由 P 流向 A。由于采用了软质密封使其泄漏为零，而截止式阀芯又使其只要有管道直径 1/4 的开启量便可使阀门全开。这也正是截止式软质密封阀的优点，即零泄漏，对气源过滤精度要求不高，小行程便可全开。

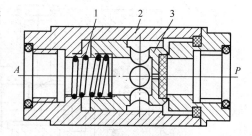

图 11-42　单向阀结构图

1—弹簧；2—阀体；3—阀芯

单向阀应用于不允许气流反向流动的场合，例如空气压缩机向储气罐充气时，在空气压缩机与储气罐之间设置一单向阀，当空气压缩机停止工作时，可防止储气罐中的压缩空气回流到空气压缩机。单向阀还常与节流阀、顺序阀等组合成单向节流阀、单向顺序阀使用。

(2) 梭阀。梭阀相当于共用一个阀芯而无弹簧的两个单向阀的组合，其作用相当于逻辑"或"，其工作原理与液压梭阀相同。图 11-43 和图 11-44 所示为其工作原理和结构图。

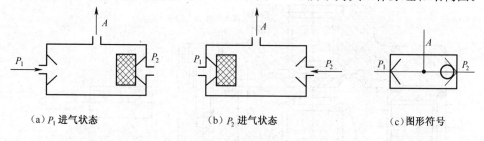

(a) P_1 进气状态　　　　　(b) P_2 进气状态　　　　　(c) 图形符号

图 11-43　梭阀工作原理图

梭阀有两个进气口 P_1 和 P_2，一个出口 A，其中 P_1 和 P_2 都可与 A 口相通，但 P_1 和 P_2 不相通。P_1 和 P_2 中的任一个有信号输入，A 都有输出。若 P_1 和 P_2 都有信号输入，则先加入侧或信号压力高侧的气信号通过 A 输出，另一侧则被堵死，仅当 P_1 和 P_2 都无信号输入时，A 才无信号输出。

梭阀常用于两个信号都可控制同一个动作的组合，所以在气压传动系统中应用很广泛，它可将控制信号有次序地输入控制执行元件，常见的手动与自动控制的并联回路中就用到梭阀。

（3）双压阀。双压阀也相当于两个单向阀的组合结构形式，只是将密封面由外端面改为内端面，其作用相当于逻辑"与"。双压阀结构图 11-45 所示，它有两个输入口 P_1 和 P_2、一个输出口 A。当 P_1 和 P_2 单独有输入时，阀芯被推向另一侧，A 无输出。只有当 P_1 和 P_2 同时有输入时，A 才有输出。当 P_1 和 P_2 输入的气压不等时，气压低的通

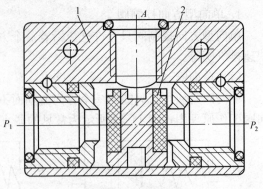

图 11-44　梭阀的结构图
1—阀体；2—阀芯

过 A 输出。双压阀在气动回路中常用于回路中两控制信号均有时才能有某一动作的组合。

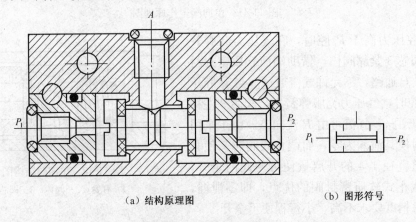

（a）结构原理图　　　　　　　　　（b）图形符号

图 11-45　双压阀结构图

（4）快速排气阀。图 11-46 所示为膜片式快速排气阀结构图。当压缩空气进入 P 口后使膜片向下变形，封死 O 口，压缩空气经膜片圆周小孔通 A 进入气动执行元件。当 P 口无压

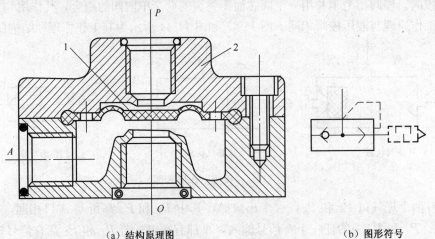

（a）结构原理图　　　　　　　　　（b）图形符号

图 11-46　膜片式快速排气阀
1—膜片；2—阀体

力后，在 A 腔压力和膜片弹性恢复力作用下，膜片上移封住 P 口，执行元件中的气体从 A 口经 O 口快速排出。

快速排气阀常装在气缸和换向阀之间，使气缸的排气不经换向阀而快速排出，从而加快了气缸往复运动速度，缩短了工作周期。

2. 换向型方向控制阀

换向型方向控制阀（简称换向阀），是通过改变气流通道而使气体流动方向发生变化，从而达到改变气动执行元件运动方向目的。它包括气压控制换向阀、电磁控制换向阀、机械控制换向阀、人力控制换向阀和时间控制换向阀等。换向型方向控制阀的工作原理都是在外力作用下，使阀芯和阀套产生相对运动来完成流动方向的变换或流道的通断。

（1）气压控制换向阀。气压控制换向阀是利用气体压力来使主阀芯运动而使气体改变流向的。该气压称为控制压力，由外部供给。按控制方式不同分为加压控制、卸压控制和差压控制三种。加压控制是指所加的控制信号压力是逐渐上升的，当气压增加到阀芯的动作压力时，主阀便换向；卸压控制是指所加的气控信号压力是减小的，当减小到某一压力值时，主阀换向；差压控制是使主阀芯在两端压力差的作用下换向。

气控换向阀按主阀结构不同，又可分为截止式和滑阀式两种主要形式。滑阀式气控换向阀的结构和工作原理与液动换向阀基本相同，在此主要介绍截止式换向阀。

图 11-47 所示为二位三通单气控截止式换向阀的结构图。当 K 口无控制信号时，A 口与 O 口相通，阀处于排气状态，无输出；当 K 口有信号输入后，压缩空气进入活塞 12 右端，使阀芯 4 左移，P 口与 A 口接通，阀便有输出。图示的这种 阀为常断型，如果将 P 口与 O 口互换则成为常通型。使用中要注意此阀是靠弹簧力和气压力的联合作用复位的，故控制压力与工作压力有关。

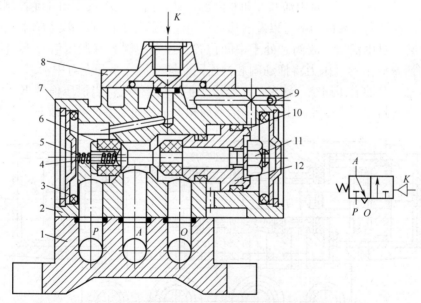

图 11-47　二位三通单气控截止式换向阀

1—阀板；2—阀体；3—端盖；4—阀芯；5—弹簧；6—密封圈；7—挡圈；
8—气控接头；9—钢球；10—Y 形密封圈；11—螺母；12—活塞

图 11-48 所示为二位五通差压控制换向阀的结构原理图，它是利用控制气压作用在阀芯

两端不同面积上所产生的压力差来使阀换向的。此阀采用气源进气差动式结构，即 P 口通复位腔 13，所以控制压力也与工作压力有关。该阀的优点是工作可靠性高，但不能在低压下工作。在没有气控信号 K 时，复位活塞 12 上的气压力推动阀芯 6 左移，P 通 A 有气输出，B 通 O 而排气；当有气控信号 K 时，作用在控制活塞 3 上的作用力将克服复位活塞 12 上的作用力和摩擦力（因控制活塞 3 的面积远大于复位活塞 12 的面积），推动阀芯右移，P 与 B 通有输出，A 与 O，通排气。完成切换动作，一但 K 信号消失，则阀芯 6 在复位腔 13 内在压力下复位。

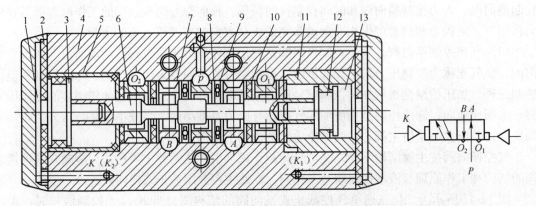

图 11-48　二位五通差压控制换向阀

1—进气腔；2—组件垫；3—控制活塞；4—阀体；5—衬套；6—阀芯；7—隔套；8—垫圈；

9—组合密封圈；10—E 形密封圈 11—复位衬套；12—复位活塞；13—复位腔

图 11-49 所示为三位五通双气控滑阀（中位封闭式）。该阀采用气压对中，泄压控制的方式。换向活塞 3 和 5 只在对中活塞 2 和 6 内部运动，而对中活塞 2 和 6 在控制腔 1、7 中运动。阀芯 4 在换向活塞推动下可以左右移动。当泄压信号 K_1、K_2 都没有时，由于两腔压力相等，且装有对中活塞，故阀芯处于中间位置。当左控制腔有泄压信号 K_1 时，左腔泄压，右换向活塞 5 上的气压力将推动阀芯，连同左换向活塞 3 和左对中活塞 2 一起向左移动。P 与 B 通，B 腔有压缩空气输出；A 与 O_1 通，A 腔排气。当泄压信号 K_1 消失后，左腔气压力又恢复到和右腔相等。由于对中活塞面积大于换向活塞面积，故对中活塞 2，连同

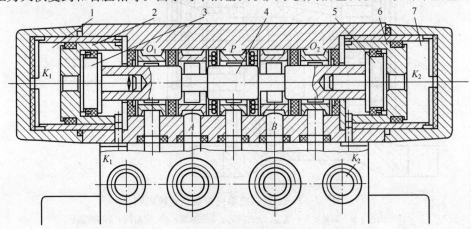

图 11-49　三位五通双气控滑阀（中位封闭式）

1—左控制腔；2—左对中活塞；3—左换向活塞；4—阀芯；5—右换向活塞；6—右对中活塞；7—右控制腔

左换向活塞 3 一起推动阀芯右移，直至右换向活塞 5 碰到右对中活塞 6 后，阀芯受力平衡，停止运动，完成复位。反之若有泄压信号 K_2 时，则阀芯右移，P 通 A，A 腔有输出；B 通 O_2，B 腔排气。

（2）电磁控制换向阀。电磁控制换向阀是利用电磁力来控制阀芯在阀体内的相对位置，以此来达到改变气体的流动方向。根据电磁力的作用方式不同分为直动式和先导式。

图 11-50 所示为直动式单电控电磁换向阀的工作原理图。通电时，电磁铁 1 推动阀芯 2 下移将 O 口封闭，P 口与 A 口接通。断电时，阀芯 2 在弹簧力作用下上移复位封闭 P 口，A 与 O 接通而排气。因无信号时 P 口与 A 口不通故为常断式阀，如 P 口与 O 口互换则为常通式阀。

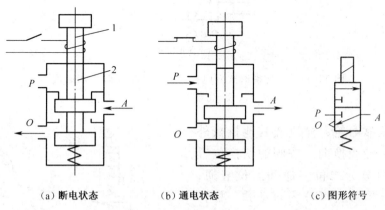

（a）断电状态　　　　　（b）通电状态　　　　　（c）图形符号

图 11-50　直动式单电控电磁换向阀工作原理
1—电磁铁；2—阀芯

图 11-51 所示为二位三通螺管式微型截止式直动电磁阀结构图。该阀在有电时动铁芯 3 被吸起克服了弹簧 2 作用力，封闭静铁芯 7 中心 O 口，P 口与 A 口通；无电时在弹簧 2 作用下动铁芯下移封住 P 口，A 口经动铁芯径向缝隙通 O 口排气。这类阀通径一般只有 1.2～3 mm，常用于控制小流量气体的场合或做先导阀用。

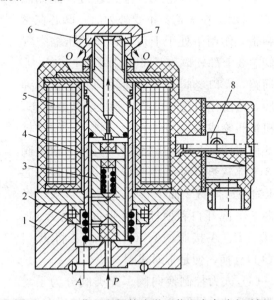

图 11-51　二位三通螺管式微型截止式直动电磁阀
1—阀体；2—弹簧；3—动铁芯；4—隔磁套管；5—线圈组件；
6—防尘螺母；7—静铁芯；8—接线压板

图 11-52 所示为先导滑阀式双电控二位五通换向阀工作原理图。当电磁先导阀 1 线圈通电时（先导阀 2 此时必须断电），主阀的 K_1 腔进气，K_2 腔排气，主阀芯 3 右移，P 与 A，B 与 O_2 接通。反之，K_2 进气，K_1 排气时，主阀芯左移，P 与 B，A 与 O_1 接通。先导式双电控阀具有记忆功能，即通电时换向，断电后并不复位，直至另一侧来电时为止。

（3）机械控制换向阀。机械控制换问阀又称行程阀，多用于行程程序控制系统的

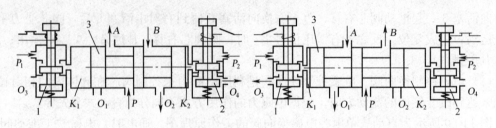

(a) 先导阀 1 通电、2 断电状态　　　　　　　(b) 先导阀 2 通电、1 断电状态

(c) 图形符号

图 11-52　先导滑阀式双电控二位五通换向阀工作原理图

1、2—先导阀；3—阀芯

信号阀。阀依靠凸轮、撞块或其他机械外力推动阀芯，使阀换向。按阀的切换位置和接口数目可分为二位三通和二位五通；按阀芯头部结构形式可分为直动式、杠杆滚轮式和可通过式。

常用的杠杆滚轮式二位三通机控阀如图 11-53 所示。在滚轮 7 不受外力时，阀芯在密封弹簧 2 作用下处于上位；P 口的压缩空气被阀芯 3 上部软垫和下部密封圈封住与 A、O 口通路，A 口经阀芯 3 中间轴向孔至密封弹簧腔，再由径向孔至 O 口，阀处于常断状态。当机械凸轮或撞块与滚轮? 接触后，通过杠杆 6 使顶杆 5 下移，压缩缓冲弹簧 4，碰上阀芯 3 上部软垫，封死 A 与 O 通道，并使阀芯 3 压缩密封弹簧 2 而下移，这时 P 口来气经阀芯 3 上部开口和顶杆 5 环形间隙至 A 口，实现了 P、A 接通，A、O 断开。若将 P 口与 O 口互换，便是常通式阀。

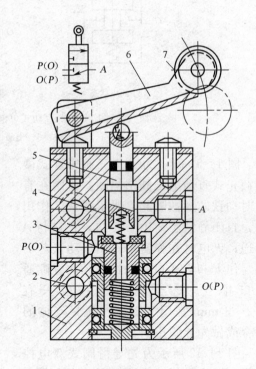

图 11-53　杠杆滚轮式二位三通机控阀

1—阀体；2—密封弹簧；3—阀芯；4—缓冲弹簧；

5—顶杆；6—杠杆；7—滚轮

（4）人力控制换向阀。此类阀分为手动及脚踏两种操纵形式。手动阀的主体部分与气控阀相似，按不同的操作部分又可分为按钮式、旋扭式、锁式及推拉式等。

图 11-54 所示为推拉式二位五通换向阀的工作原理和结构图。手将阀芯拉起，P 通 B，A 通 O_1。手放开后，由于定位球的摩擦力使阀有定位机能，保持 P 通 B，A 通 O_1 状态不变。当手将阀芯压下时，P 通 A，B 通 O_2，仍具有定位功能。

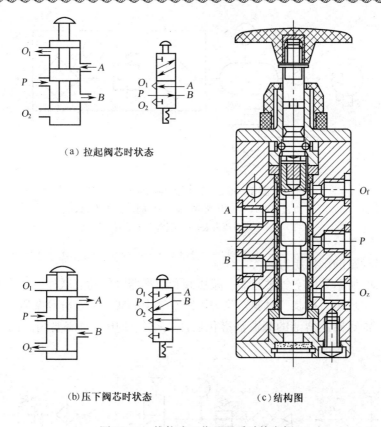

（a）拉起阀芯时状态

（b）压下阀芯时状态　　　　　　（c）结构图

图 11-54　推拉式二位五通手动换向阀

第五节　气动基本回路

气动系统由于采用的元件和连接方式不同，可实现各种不同的功能，而任何复杂的气动控制回路，都是由若干个具有特定功能的基本回路和常用回路组成。

一、压力控制回路

压力控制回路是对系统压力进行调节和控制的回路。在气动控制系统中，进行压力控制主要有两种。第一是控制一次压力，提高气动系统工作的安全性；第二是控制二次压力，给气动装置提供稳定的工作压力，这样才能充分发挥元件的功能和性能。

1. 一次压力控制回路

图 11-55 所示为一次压力控制回路。此回路主要用于把空气压缩机的输出压力控制在一定压力范围内。因为系统中压力过高，除了会增加压缩空气输送过程中的压力损失和泄漏以外，还会使管道或元件破裂而发生危险。因此，压力应始终控制在系统的额定值以下。

该回路中常用外控型溢流阀 1 保持供气压力基本恒定和用电触点式压力表 5 来控制空气压缩机 2 的转、停，使储气罐 4 内的压力保持在规定的范围内。一般情况下，空气压缩机的出口压力为 0.8 MPa 左右。

2. 二次压力控制回路

图 11-56 所示为二次压力控制回路。此回路的主要作用是对气动装置的气源入口处压力

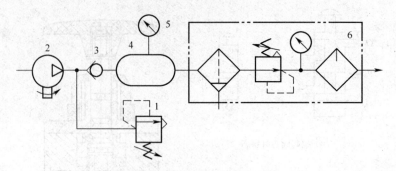

图 11-55　一次压力控制回路

1—溢流阀；2—空气压缩机；3—单向阀；4—储气罐；

5—电触点压力表；6—气源调节装置

进行调节，提供稳定的工作压力。

图 11-56（a）所示为由空气过滤器、减压阀和油雾器（气动三联件）组成的回路，主要由溢流减压阀来实现压力控制。过滤器除去压缩空气中的灰尘、水分等杂质；减压阀调节压力并使其稳定；油雾器使清洁的润滑油雾化后注入空气流中，对需要润滑的气动部件进行润滑。

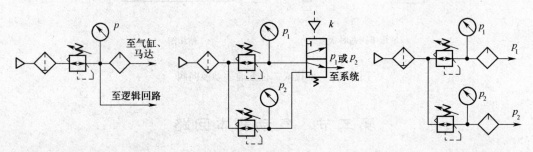

（a）由溢流减压阀控制压力　　　（b）由减压阀和换向阀控制高低压力　　　（c）由两个减压阀控制高低压力

图 11-56　二次压力控制回路

图 11-56（b）所示为由减压阀和换向阀构成的对同一系统实现输出高、低两种压力 p_1、p_2 的控制回路。这是一种高、低压转换回路，用两个减压阀调出两种不同的压力 p_1 和 p_2，再利用二位三通换向阀实现高、低压转换。该回路主要用于某些气动设备时而需要高压，时而需要低压的场合。

图 11-56（c）所示为由两个减压阀来实现对不同系统输出不同压力的控制回路。每个减压阀的调定值不同，就可以得到不同的控制压力。

二、速度控制回路

在气动系统中，经常要求控制气动执行元件的运动速度，这就要靠调节压缩空气的流量来实现。速度控制回路的功用在于调节或改变执行元件的工作速度。

气动系统因使用的功率都不大，所以主要的调速方法是节流调速。与液压传动系统相仿，也有进口、出口节流调速之分，在气动系统中称为进气节流调速和排气节流调速。

1. 进气节流调速回路

图 11-57（a）所示为进气节流调速回路，当气控换向阀处于左位时，气流经节流阀进入 A 腔，B 腔经换向阀直接排气。这种回路存在以下问题：

（1）当节流阀开口较小时，由于进入 A 腔的流量较小，压力上升缓慢；当气压达到能克服负载时，活塞运动，A 腔容积增大，使压缩空气膨胀（进气容积小于运动扩大的容积），气压下降，又使作用在活塞上的力小于负载力，活塞停止运动；待压力再次上升，活塞再次运动。这种由于负载与供气原因造成活塞忽走忽停的现象，称为气缸的"爬行"。

（2）当负载力方向与运动方向一致（即为超越负载）时，由于 B 腔经换向阀直接排气，几乎没有阻力，气缸易产生"跑空"现象，使气缸失去控制，故不能承受超越负载。

基于以上原因，进气节流调速回路的应用受到了限制。

2. 排气节流调速回路

图 11-57（b）所示为排气节流调速回路，气缸 B 腔经节流阀排气，调节节流阀的开度，可以控制不同的排气速度，从而控制活塞的运动速度。由于 B 腔中的气体具有一定的压力，活塞是在 A、B 两腔的压力差作用下运动的，加上进气阻力小，因此减少了发生"爬行"的可能性；而排气阻力大，可以承受一定的超越负载。所以排气节流调速是气动系统中主要的调速方法，但启动时加速度较大。

3. 单作用气缸速度控制回路

图 11-58 所示为单作用气缸速度控制回路。图 11-58（a）所示为采用节流阀的双向调速回路，用两个相对安装的单向节流阀，可分别控制活塞杆伸出和缩回的速度。通过改变节流阀的开口就可以调节活塞速度。该回路的运动平稳性和速度刚度都较差，易受外负载变化的影响。适用于对速度稳定性要求不高的场合。图 11-58（b）所示为采用节流阀的单向调速回路。

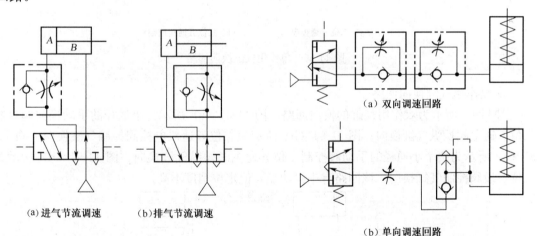

(a)进气节流调速　　(b)排气节流调速

图 11-57　气动节流调速回路

(a)双向调速回路

(b)单向调速回路

图 11-58　单作用气缸速度控制回路

图 11-59 所示为双作用气缸速度控制回路。图 11-59（a）所示为采用单向节流阀的双向调速回路，取消图中任意一只单向节流阀，便得到单向调速回路。图 11-59（b）所示为采用排气节流阀的双向调速回路。它们都是采用排气节流调速方式。当外负载变化不大时，采用排气节流调速方式，进气阻力小，负载变化对速度影响小，比进气节流调速效果要好。

三、换向回路

在气动系统中，执行元件的启动、停止或改变运动方向是利用控制进入执行元件的压缩空气的通、断或变向来实现的，这些控制回路称为换向回路。

1. 单作用气缸换向回路

图 11-60（a）所示为二位三通电磁阀控制的换向回路。电磁铁通电时，活塞杆伸出；电磁铁断电时，在弹簧力作用下活塞杆缩回。该回路比较简单，但对由气缸驱动的部件有较高要求，以保证气缸活塞可靠退

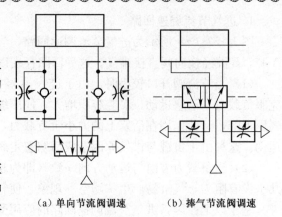

（a）单向节流阀调速　　　（b）捧气节流阀调速

图 11-59　双作用气缸速度控制回路

回。图 11-60（b）所示为由三位五通阀控制的换向回路，该阀具有自动对中功能，可使气缸停在任意位置，但定位精度不高、定位时间不长。

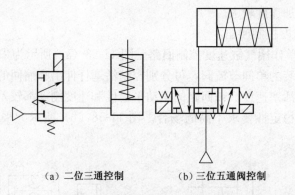

（a）二位三通控制　　　　　　（b）三位五通阀控制

图 11-60　单作用气缸换向回路

2. 双作用气缸换向回路

图 11-61 所示为双作用气缸的换向回路。图 11-61（a）所示为小通径的手动换向阀控制二位五通主阀操纵气缸换向；图 11-61（b）所示为二位五通双电控阀控制气缸换向；图 11-61（c）所示为两个小通径的手动阀控制二位五通主阀操纵气缸换向；图 11-61（d）所示为三位五通阀控制气缸换向，该回路有中停功能，但定位精度不高。

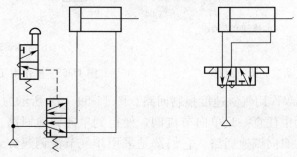

（a）手动换向阀控制二位五通阀　　　　（b）二位五通双电控阀控制

图 11-61

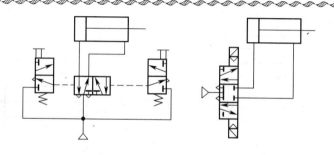

（c）两个手动阀控制二位五通阀　　　（d）三位五通阀控制

图 11-61　双作用气缸换向回路

四、其他回路

1. 同步动作回路

图 11-62 所示为简单的同步回路，它采用刚性连接部件连接两缸活塞杆，迫使 A、B 两缸同步。

图 11-63 所示为气液缸的串联同步回路，此回路缸 1 下腔与缸 2 上腔相连，内部注满液压油，只要保证缸 1 下腔的有效面积和缸 2 上腔的有效面积相等，就可实现同步。回路中 3 接放气装置，用于放掉混入油中的气体。

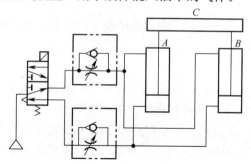

图 11-62　同步动作控制回路

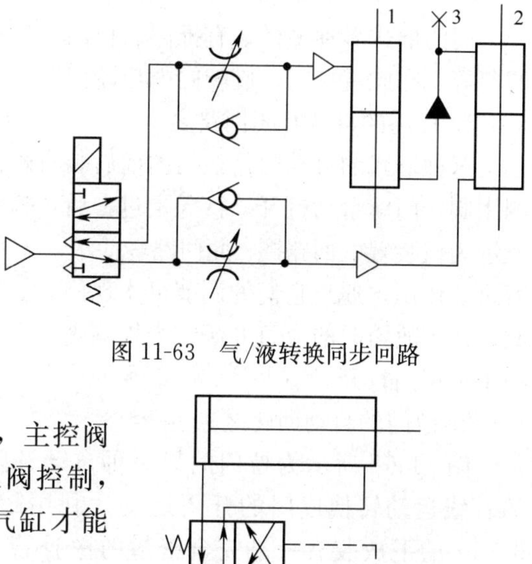

图 11-63　气/液转换同步回路

2. 安全保护回路

（1）互锁回路。图 11-64 所示为互锁回路，主控阀（二位四通阀）的换向受三个串联的机控三通阀控制，只有三个机控阀都接通时主控阀才能换向，气缸才能动作。

（2）过载保护回路。图 11-65 所示为过载保护回路，当活塞右行遇到障碍或其他原因使气缸过载时，左腔压力升高，当超过预定值时，打开顺序阀 3，使换向阀 4 换向，阀 1、2 同时复位，气缸返回，保护设备安全。

3. 往复动作回路

图 11-66 所示为常用的单往复动作回路。按下阀 1、阀 3 换向，活塞右行。当撞块碰通行程开关 2 时，阀 3 复位，活塞自动返回，完成一次往复动作。

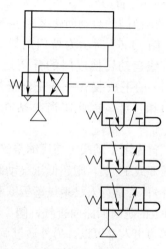

图 11-64　互锁回路

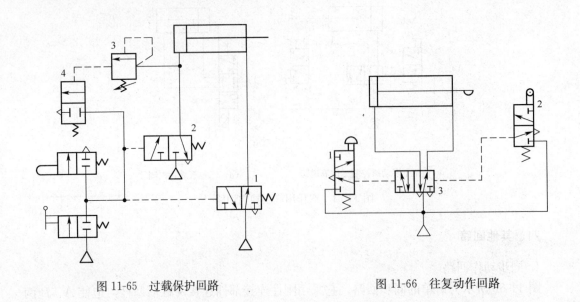

图 11-65　过载保护回路　　　　　　　图 11-66　往复动作回路

第六节　气动系统实例

一、门户开闭装置

门的形式多种多样，有推门、拉门、屏风式的折叠门、左右门扇的旋转门以及上下关闭的门等。在此就拉门、旋转门的启动回路加以说明。

1. 拉门的自动开闭回路之一

这种形式的自动门是在门的前后装有略微浮起的踏板，行人踏上踏板后，踏板下沉至检测用阀，门就自动打开。行人走过去后，检测阀自动地复位换向，门就自动关闭。图 11-67 所示为该装置的回路图。此回路较简单，不再作详细说明。只是回路中单向节流阀 3 与 4 起着重要作用，通过它们的调节可实现门开、关速度的调节。另外，在有"J"处装有手动闸阀，作为故障时的应急办法，当检测阀 1 发生故障而打不开门时，打开手动阀把空气放掉，用手可把门打开。

2. 拉门的自动回路之二

图 11-68 所示为拉门的另一种自动开闭回路。该装置是通过连杆机构将气缸活塞杆的直线运动转换成门的开闭运动。利用超低压气动阀来检测行人的踏板动作。在踏板 6、11 的下放装有一端完全密封的橡胶管，而管的另一端与超低压气动阀 7 和 12 的控制口相连接，因此，当人站在踏板上时，橡胶管内的压力上升超低压气动阀就开始工作。

首先用手动阀 1 使压缩空气通过阀 2 让气缸 4 的活塞杆伸出来（关闭门）。若有人站在踏板 6 或 11 上，则超低压气动阀 7 或 12 动作，使气动阀 2 换向，气缸 4 的活塞杆缩回（门打开）；若是行人已走过踏板 6 和 11 的时候，则阀 2 控制腔的压缩空气经由气容 10 和阀 9、8 组成的延时回路而排气，阀 2 复位，气缸 4 的活塞杆伸出使门关闭。由此可见，行人从门的哪边出入都可以。另外通过调节减压阀 13 的压力，使由于某种原因把行人夹住时，也不至于使其达到受伤的程度。若将手动阀 1 复位，则变成手动门。

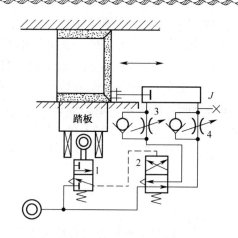

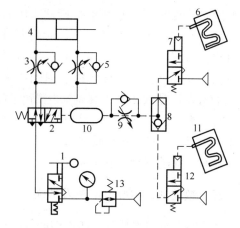

图 11-67　拉门的自动开闭回路之一　　　　　图 11-68　拉门的自动开闭回路之二

3. 旋转门的自动开闭回路

旋转门是左右两扇门绕两端的枢纽旋转而开的门。图 11-69 所示为旋转门的自动开闭回路。此回路只是单方向开启，不能反向打开。为防止发生危险，只用于单向通行的地方。

若行人踏上门前的踏板，则由于其重量使其踏板产生微小的下降，检测用阀 LX 被压下，主阀 1 与主阀 2 换向，压缩空气进入气缸 1 与气缸 2 的无杆腔，通过齿轮齿条机构，两边的门扇同时向一方向打开。行人通过后，踏板恢复到原来的位置，则检测阀 LX 自动复位。主阀 1 与主阀 2 换向到原来的位置，气缸活塞杆后退，使门关闭。

二、气动夹紧系统

图 11-70 所示为机床夹具的气动夹紧系统，其动作循环：垂直缸活塞杆首先下降将工件压紧，两侧的气缸活塞杆再同时前进，对工件进行两侧夹紧，然后进行加工，加工完后各夹紧缸退回，将工件松开。

具体工作原理：踩下脚踏阀 1，压缩空气进入缸 A 的上腔，使夹紧头下降夹紧工件，当压下行程阀 2 时，压缩空气经单向节流阀 6 进入二位三通气控换向阀 4（调节节流阀开口可

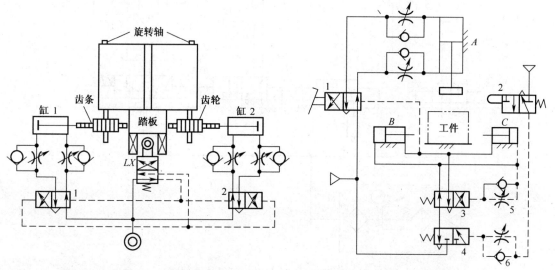

图 11-69　旋转门的自动开闭回路　　　　　　图 11-70　气动夹紧系统

以控制阀 4 的延时接通时间）。因此，压缩空气通过主阀 3 进入工件两侧气缸 *B* 和 *C* 的无杆腔，使活塞杆前进而夹紧工件。然后钻头开始钻孔，同时流过主阀 3 的一部分压缩空气经过单向节流阀 5 进入主阀 3 的右控制端，经过一段时间（有节流阀控制）后主阀 3 右侧形成信号使其换向，两侧气缸后退到原来位置。同时一部分压缩空气作为信号进入脚踏阀 1 的右端，使阀 1 右位接通，压缩空气进入缸 *A* 的下腔，使夹紧头退回原位。

夹紧头上升的同时使机动行程阀 2 复位，气控换向阀 4 也复位（此时主阀 3 右位接通），由于气缸 *B*、*C* 的无杆腔通过阀 3、阀 4 排气，主阀 3 自动复位到左位，完成一个工作循环。该回路只有在踏下脚踏阀 1 才能开始下一个工作循环。

三、数控加工中心气动换刀系统

图 11-71 所示为某数控加工中心气动换刀系统原理图。该系统在换刀过程中实现主轴定位、主轴送刀、拔刀、向主轴锥空吹气和插刀动作。具体工作原理：当数控系统发出换刀指令时，主轴停止旋转，同时 4YA 通电，压缩空气经气动三联件 1、换向阀 4、单向节流阀 5 进入主轴定位缸 *A* 的右腔，缸 *A* 的活塞左移，使主轴自动定位。定位后压下无触点开关，使 6YA 通电，压缩空气经换向阀 6、快速排气阀 8 进入气液增压缸 *B* 的上腔，增压腔的高压油使活塞伸出，实现主轴送刀，同时使 8YA 通电，压缩空气经换向阀 9、单向节流阀 11

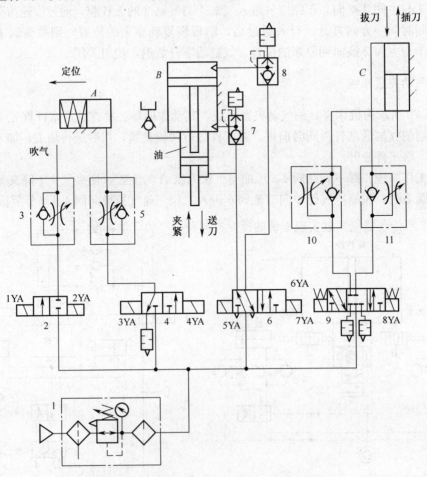

图 11-71　数控加工中心气动换刀系统原理图

进入缸 C 的上腔，缸 C 下腔排气，活塞下移实现拔刀。由回转刀库交换刀具，同时 1YA 通电，压缩空气经换向阀 2、单向节流阀 3 向主轴锥孔吹气。稍后 1YA 断电、2YA 通电，停止吹气，8YA 断电、7YA 通电，压缩空气经换向阀 9、单向节流阀 10 进入缸 C 的下腔，活塞上移，实现插刀动作。6YA 断电、5YA 通电，压缩空气经阀 6 进入气液增压缸 B 的下腔，使活塞退回，主轴的机械机构使刀具夹紧。4YA 断电、3YA 通电，缸的活塞在弹簧力作用下复位，恢复到开始状态，换刀结束。

习　题

1. 填空题

（1）气压传动系统由 _____、_____、_____、_____组成。

（2）后冷却器一般装在空气压缩机的_____。

（3）油雾器一般应装在_____、_____之后，尽量靠近_____。

（4）气缸用于实现_____或_____。

（5）压力控制阀是利用_____和弹簧力相平衡的原理进行工作。

（6）流量控制阀是通过_____来调节压缩空气的流量，从而控制气缸的运动速度。

（7）排气节流阀一般应装在_____。

（8）快速排气阀一般应装在_____。

（9）气动逻辑元件按逻辑功能可分为_____、_____、_____、_____元件。

（10）换向回路是控制执行元件的_____、_____或_____。

（11）速度控制回路的功用是_____。

2. 判断题

（1）气压传动能使气缸实现准确的速度控制和很高的定位精度。　　　　（　　）

（2）由空气压缩机产生的压缩空气，一般不能直接用于气压系统。　　　　（　　）

（3）压缩空气具有润滑性能。　　　　（　　）

（4）一般在换向阀的排气口应安装消声器。　　　　（　　）

（5）气动逻辑元件的尺寸较大、功率较大。　　　　（　　）

（6）常用外控溢流阀保持供气压力基本恒定。　　　　（　　）

（7）气压传动中，用流量控制阀来调节气缸的运动速度，其稳定性好。　　（　　）

（8）出口节流调速可以承受负值负载。　　　　（　　）

（9）气动回路一般不设排气管道。　　　　（　　）

3. 问答题

（1）试述气动传动系统由哪几部分组成？其各起什么作用？

（2）简述气压传动的特点。

（3）试述活塞式空气压缩机的工作原理。

（4）试述干燥器所使用的主要干燥方法。说明每种干燥方法的工作原理。

（5）试述空气过滤器的作用。通常分成几类？每类的滤尘效率如何？

（6）如何选用分水滤气器？

（7）什么是气电转换器？气电转换器通常分为哪几种？

（8）如何选用气缸？气缸有什么使用要求？

（9）试述压力控制阀的作用、工作原理及分类。

（10）减压阀有些什么样的基本性能？

（11）试述压阀、顺序阀、安全阀这三种压力阀的图形符号的区别。它们各有什么用途？

（12）用职能符号画出减压阀、油雾器、分水滤气器之间的正确连接顺序，并指出为什么只能这样连接？

（13）什么是换向型方向控制阀？常用的换向型方向控制阀有哪些？总的工作原理是什么？

（14）什么是气压控制换向阀？什么是气压控制换向阀的加压控制、卸压控制和差压控制？

（15）为什么多采用排气节流调速回路而少用进气节流调速回路？

第十二章　气动系统的使用、维护与故障分析

学习要求
（1）掌握气动系统的安装方法。
（2）掌握气动系统的调试方法。
（3）熟悉气动系统的使用注意事项。
（4）了解气动系统主要元件的常见故障及排出方法。

第一节　气动系统的安装与测试

一、气动系统的安装

1. 管路系统的安装

安装前应彻底检查管道，管道中不应有粉尘及其他杂物，否则要清洗后才能安装。导管外表面及两端接头应完好无损，加工后的几何形状应符合要求，经检查合格的管道需吹风后才能安装。安装时按管路系统安装图中标明的安装、固定方法安装，并要注意以下问题：

（1）导管扩口部分的几何轴线必须与管接头的几何轴线重合。

（2）管道支架要牢固，工作时不得产生震动。螺纹连接接头的拧紧力矩要适中，拧得太紧，扩口部分受挤压太大而损坏；拧得不够紧则影响密封。

（3）接管时要注意密封。为了防止漏气，连接前平管嘴表面和螺纹处应涂密封胶。为了防止密封胶进入管道内，螺纹前端 $2\sim3$ 牙不涂密封胶或拧入 $2\sim3$ 牙后再涂密封胶。

（4）安装软管要有一定的弯曲半径，通常弯曲半径应大于其外径的 $9\sim10$ 倍，不允许有拧扭现象，且应远离热源或安装隔热板。

（5）管路尽量平行布置，减少交叉，力求最短，弯曲要少，并避免急剧弯曲。

（6）管路中任何一段管道均应能自由拆装。

2. 元件的安装

（1）安装前应对元件进行清洗，必要时要进行密封试验。

（2）应注意阀的推荐安装位置和标明的安装方向。

（3）逻辑元件应按控制回路的需要，将其成组地装于底板上，并在底板上开出气路，用软管接出。

（4）气缸的中心线与负载作用力的中心线要同心，否则引起侧向力，使密封件加速磨损，活塞杆弯曲。

（5）各种自动控制仪表、自动控制器、压力继电器等，在安装前应进行校验。

系统安装后进行吹风，以除去安装过程中带入的杂质。可用洁净的细白布判断系统内部的清洁程度。

二、气动系统的调试

1. 调试前的准备工作

(1) 气动回路的调试必须要在机械部分动作完全正常的情况下进行。如果机械部分尚未调整好，不能进行气动回路的调试。

(2) 在调试气动回路前，首先要仔细阅读气动回路图。阅读气动回路图时应注意下面几点：

① 熟悉说明书等有关技术资料。通过阅读程序框图大体了解气动回路的概况和动作顺序及要求等。

② 气动回路图中表示的位置（包括各种阀、执行元件的状态等）均为停机时的状态。因此，要正确判断各行程发信元件，例如机动行程阀或非门发信元件在此时所处的状态。

③ 详细检查各管道的连接情况，在绘制气动回路时，为了减少线条数目，有些管路在图中并没表示出来。例如，非门元件、逻辑双稳元件等的气源在绘制回路时一般都省略了，但在布置管路时却应连接上。

④ 在回路图中，线条不代表管路的实际走向，只代表元件与元件之间的联系与制约关系。

⑤ 熟悉各需要调整的元件的操作方法、调节旋钮的旋向以及气动回路的操作规程。

(3) 熟悉气源向气动系统供气时，首先要把压力调整到工作压力范围（一般为 0.4~0.5 MPa）。然后观察系统有无泄漏。调试工作一定要在无泄漏情况下进行。

(4) 气动回路无异常的情况下，首先继续手动调试。在正常工作压力下，按程序逐个进行手动调试。

(5) 在手动动作完全正常的基础上，方可转入自动循环的调试工作。直至整机正常运行为止。

2. 空载试运行

空载试运转一般不得少于 2 h，注意观察压力、温度、流量的变化，如果发现异常现象，应立即停车检查，待排除故障后才能继续运转。

3. 负载试运转

负载试运转应分段加载，运转一般不得少于 4 h，要注意注意油位变化、摩擦部位的温升等变化。在调试中应作好试运转记录，以便总结经验，找出问题。

第二节　气动系统的使用与维护

一、气动系统使用注意事项

(1) 开车前、后要放掉系统中的冷凝水。

(2) 定期给油雾器注油。

(3) 随时注意压缩空气的清洁度，定期清洗分水滤气器的滤芯。

(4) 开车前检查个调节手柄是否在正确位置，机控阀、行程开关、挡块的位置是否正确、牢固。对导轨、活塞杆等外露部分的配合表面进行擦拭。

(5) 设备长期不用时，应将各手柄放松，防止弹簧永久变形，而影响元件的调节性能。

(6) 熟悉元件控制机构操作特点，严防调节错误造成事故。要注意各元件调节手柄的旋向与压力、流量大小变化的关系。

二、压缩空气的污染及防止方法

压缩空气的质量对气动系统性能的影响极大，它如被污染将使管道和元件锈蚀、密封件变形、喷嘴堵塞，使系统不能正常工作。压缩空气的污染主要来自水分、油分和粉尘三个方面，其污染原因及防止方法如下所述。

1. 水分

空气压缩机吸入的是含水分的湿空气，经压缩后提高了压力，当再度冷却时就要析出冷凝水，侵入到压缩空气中致使管道和元件锈蚀，影响其性能。介质中水分造成的故障如表12-1 所示。

表 12-1　介质中水分造成的故障

故　　障	原因及后果
管道故障	（1）使管道内部生锈； （2）使管道腐蚀造成空气泄漏、容器破裂； （3）管道底部滞留水分引起流量不足、压力损失过大
元件故障	（1）因管道生锈加速过滤器网眼堵塞，过滤器不能工作； （2）管内锈屑进入阀的内部，引起动作不良，泄漏空气； （3）锈屑能使执行元件咬合，不能顺利地运转； （4）使气动元件的零部件（弹簧、阀芯、活塞、活塞杆）受腐蚀，引起转换不良、空气泄漏、动作不稳； （5）水滴侵入阀体内部，引起动作失灵； （6）水滴进入执行元件内部，使其不能顺利运转； （7）水滴冲洗掉润滑油，造成润滑不良，引起阀动作失灵、执行元件运转不稳定； （8）阀内滞留水滴引起流量不足，压力损失增大

为了排除水分，把压缩机排出的高温气体尽快冷却下来析出水滴，需在压缩机出口处安装冷却器。在空气输入主管道的地方应安装滤气器以清除水分，此外在水平管道安装时，要保留一定的倾斜度，并在末端设置冷凝水积留处，使空气流动过程中产生的冷凝水沿斜管流到积水处经排水阀排水。为了进一步净化空气，要安装干燥器。其除水方法有多种：①吸附除水法，用吸附能力强的吸附剂如硅胶、铝胶和分子筛等；②压力除湿法，利用提高压力缩小体积，降温使水滴析出；③机械出水法，利用机械阻挡和旋风分离的方法，析出水滴；④冷冻法，利用制冷设备使压缩空气冷却到露点以下，使空气中的水气凝结成水而析出。

2. 油分

油分是由于压缩机使用的一部分润滑油呈雾状混入压缩空气中，受热后引起汽化随压缩空气一起进入系统，将使密封元件变形，造成空气泄漏，摩擦阻力增大，喷嘴孔堵塞，阀和执行元件动作不良，而且还会污染环境。介质中油分造成的故障如表12-2 所示。

表 12-2　介质中油分造成的故障

故　　障	原因及后果
密封元件变形	（1）引起密封圈收缩，空气泄漏，动作不良，执行元件输出力不足； （2）引起密封圈泡胀、膨胀、摩擦力增大，使阀不能动作； （3）引起密封圈硬化，摩擦面早期磨损使空气泄漏

续上表

故　障	原因及后果
污染环境	(1) 食品、医疗品直接和空气接触时有碍卫生； (2) 防护服、呼吸器等空气直接接触人体的场所危害人体健康； (3) 工业原料、化学药品直接接触空气的场所使原料的性质变化； (4) 工业炉等直接接触空气火焰的场所有引起火灾的危险； (5) 使用空气的计量测试仪器会因污染而失灵； (6) 射流逻辑回路中射流元件内部小孔被油堵塞，元件失灵

　　介质中油分的清除注意采用过滤器。空气中含有的油分包括雾状粒子、溶胶状粒子以及更小的具有油质气味的粒子。雾状油粒子可用离心式滤气器清除，更小的粒子可利用活性炭的活性吸附作用清除，也可用多孔滤芯使油粒子通过纤维层空隙时，相互碰撞逐渐变大而清除。

　　3. 粉尘

　　大气中含有的粉尘、管道中的锈粉及密封材料的碎屑等侵入到压缩空气中，将引起运动件卡死、动作失灵、堵塞喷嘴、加速元件磨损降低使用寿命，导致故障发生，严重影响系统性能。介质中粉尘造成的故障如表 12-3 所示。

表 12-3　介质中粉尘造成的故障

故　障	原因及后果
粉尘进入控制元件	(1) 使控制元件摩擦副磨损、卡死、动作失灵； (2) 影响调压的稳定性
粉尘进入执行元件	(1) 使执行元件摩擦副损坏甚至卡死，动作失灵； (2) 降低输出力
粉尘进入计量测试仪器	使喷射挡板节流孔堵塞，仪器失灵
粉尘进入射流回路中	射流元件内部小孔堵塞，元件失灵

　　防止粉尘侵入压缩机的主要方法：在压缩机吸气口安装空气过滤器。经常清洗空气压缩机前的预过滤器、定期清洗空气过滤器的滤芯，及时更换滤清元件等。

　　三、气动系统的噪声

　　气动系统的噪声，已成为文明生产的一种严重的污染，是妨碍气动技术推广和发展的一个重要原因。目前消除噪声的主要方法：一是利用消声器，二是实行集中排气。

　　四、密封问题

　　气动系统的阀类、气缸以及其他元件，都存在着密封问题。密封的作用是防止气体在元件中的内泄漏和向元件外的外泄漏以及杂质从外部侵入气动系统内部。密封件虽小，但与元件的性能和整个系统的性能都有密切的关系。个别密封件的失效，可能导致元件本身以及整个系统不能工作。密封性能的优良，首先要求结构设计合理。此外，密封材料的质量及其对工作介质的适应性，也是决定密封效果的重要方面。启动系统中常用的密封材料有石棉、皮革、天然橡胶、合成橡胶及合成树脂等。其中合成橡胶中的耐油丁腈橡胶用得最多。

五、气动系统的日常维护

气动系统日常维护的主要内容是冷凝水的管理和系统润滑的管理。对冷凝水的管理方法在前面已讲述了，这里仅介绍对系统润滑的管理。

气动系统中从控制元件到执行元件，凡有相对运动的表面都需润滑。如果润滑不当，会使摩擦阻力增大导致元件动作不良，因密封面磨损引起系统泄露等危害。

润滑油的性质直接影响润滑效果。通常，高温环境下用高黏度润滑油，低温环境下用低黏度润滑油。如果温度特别低，为克服起雾困难可在油杯内装加热器。供油量是随润滑部位的形状、运动状态及负载大小而变化。供油量总是大于实际需要量。一般以每 10 m^3 自由空气供给 1 mL 的油量为基准。

六、气动系统的定期检查

定期检查的时间间隔通常为三个月。其主要内容包括：

（1）查明系统各泄漏处，并设法予以解决。

（2）通过对方向控制阀排气口的检查，判断润滑油是否适度，空气是否有冷凝水。如果润滑不良，考虑油雾器规格是否合格，安装位置是否恰当，滴油量是否正常。如果有大量冷凝水排除，考虑过滤器的安装位置是否恰当。如果方向控制阀排气口关闭时，仍有少量泄漏，往往是原件损伤的初期阶段，检查后，可更换受磨损元件以防止发生动作不良。

（3）检查安全阀、紧急安全开关动作是否可靠。定期检修时，必须确定它们动作的可靠性，以确保设备和人身安全。

（4）观察换向阀的动作是否可靠。根据换向时声音是否异常，判定铁芯和衔铁配合处是否有杂质。检查铁芯是否有磨损，密封件是否老化。

（5）反复开关换向阀观察气缸动作，判断活塞上的密封是否良好。检查活塞外露部分，判定前盖的配合处是否有泄漏。

气动系统的大修间隔期为一年或几年。其主要内容是检查系统各元件和部件，判定其性能和寿命，并对平时产生故障的部位进行检修或更换。

第三节　气动系统主要元件的常见故障及排除方法

一、控制元件产生的故障及排除方法

1. 减压阀的故障及排除方法

减压阀是气动装置的重要元件，它产生故障将影响整个装置压力的建立。减压阀的故障及排除方法如表 12-4 所示。

表 12-4　减压阀的常见故障及排除方法

故　障	原　因	排 除 方 法
出口压力升高	（1）弹簧损坏； （2）阀座有伤痕，或阀座密封圈剥离； （3）阀体中夹入灰尘，阀导向部分黏附异物； （4）阀芯导向部分和阀体的 O 型密封圈收缩、膨胀	（1）更换弹簧； （2）更换阀体； （3）清洗、检查滤清器； （4）更换 O 型密封圈

故　障	原　因	排　除　方　法
压力降很大（流量不足）	(1) 阀口径小； (2) 阀下部积存冷凝水，阀内混入异物	(1) 使用口径大的减压阀； (2) 清洗、检查滤气器
溢流口向外漏气	(1) 溢流阀座有伤痕（溢流式）； (2) 膜片破裂； (3) 出口压力升高； (4) 出口侧背压增加	(1) 更换溢流阀座； (2) 更换膜片； (3) 见出口压力升高栏； (4) 检查出口侧的装置、回路
阀体漏气	(1) 密封件损伤； (2) 弹簧松弛	(1) 更换密封件； (2) 张紧弹簧
异常振动	(1) 弹簧的弹力减弱，或弹簧错位； (2) 阀体或阀杆的中心错位； (3) 因空气消耗量周期变化使阀不断开启、关闭，与减压阀引起共振	(1) 把弹簧调整到正常位置，更换弹力减弱的弹簧； (2) 检查并调整位置偏差； (3) 改变阀的固有频率

2. 溢流阀的故障及排除方法

溢流阀是保证一次压力为恒定值的元件，当气源气体压力超过规定值时，能自动开启排气。它是一种安全保护装置，其常见故障及排除方法如表 12-5 所示。

表 12-5　溢流阀的常见故障及排除方法

故　障	原　因	排　除　方　法
压力虽然升高，但不溢流	(1) 阀内部孔堵塞； (2) 阀的导向部分进入杂质	(1) 清洗； (2) 清洗
压力虽然没有超过设定值，但在溢流口处却溢出空气	(1) 阀内进入异物； (2) 阀座损坏； (3) 调压弹簧损坏； (4) 膜片破裂	(1) 清洗； (2) 更换阀座； (3) 更换调压弹簧； (4) 更换膜片
溢流时发生振动	(1) 压力上升很慢，溢流阀放出流量多，引起阀振动； (2) 因从气源到溢流阀之间被节流，阀前部压力上升慢而引起振动	(1) 出口处安装针阀微调溢流量，使其与压力上升量匹配； (2) 增大气源到溢流阀的管道口径
从阀体和阀盖向外漏气	(1) 膜片破裂； (2) 密封件损坏	(1) 更换膜片； (2) 更换密封件
压力调不高	(1) 弹簧断裂； (2) 膜片漏气	(1) 更换弹簧； (2) 更换膜片

3. 换向阀的故障及排除方法

换向阀产生故障的主要原因是气体泄漏，介质中有冷凝水，混入粉尘，制造缺陷，其常见故障及排除方法如表 12-6 所示。

表 12-6　换向阀常见故障及排除方法

故　障	原　因	排　除　方　法
不能换向	(1) 阀的滑动阻力大，润滑不良； (2) O 型密封圈变形； (3) 粉尘卡住滑动部分； (4) 弹簧损坏； (5) 阀操纵杆力小； (6) 活塞密封圈磨损； (7) 膜片破裂	(1) 进行润滑； (2) 更换密封圈； (3) 清楚粉尘； (4) 更换弹簧； (5) 检查阀的操纵部分； (6) 更换密封圈； (7) 更换膜片
阀产生振动	(1) 空气压力低（先导式）； (2) 电源电压低（电磁式）	(1) 提高控制压力或采用直动型； (2) 提高电源电压或使用低电压线圈
交流电磁铁有蜂鸣声	(1) 粉尘进入铁芯的滑动部位，使铁芯不能密切接触； (2) 活动铁芯的铆钉脱落、铁芯叠层分开不能吸合； (3) 短路环损坏； (4) 电源电压低； (5) 外部导线拉得太紧	(1) 检查、清除粉尘，必要时更换铁芯组件； (2) 更换活动铁芯； (3) 更换固定铁芯； (4) 提高电源电压； (5) 外部导线应宽裕
电磁铁动作时间偏差太大，或有时不能动作	(1) 活动铁芯锈蚀，不能移动； (2) 由于密封不完善而向磁铁部分泄漏空气； (3) 电源电压低； (4) 粉尘等进入活动铁芯的滑动部分，使运动恶化	(1) 铁芯除锈； (2) 修理好对外部的密封，更换坏的密封件； (3) 提高电源电压或使用符合电压的线圈； (4) 清除粉尘
线圈烧毁	(1) 环境温度高； (2) 幻想过于频繁； (3) 因为吸引时电流大，单位时间耗电多，温度升高快，使绝缘损坏而短路； (4) 粉尘夹在阀和铁芯之间，活动铁芯不能吸合； (5) 线圈上残余电压	(1) 按规定温度范围使用； (2) 使用高频电磁阀； (3) 使用气动逻辑回路； (4) 清除粉尘； (5) 使用正常电源电压，使用符合电压的线圈
切断电源，电磁铁不能复位	粉尘夹入活动铁芯滑动部分	清除粉尘

二、气缸的故障及排除方法

气缸是气动装置的重要元件，气缸产生故障原因很多，如制造质量不好，介质净化程度不够，安装不正确，操纵不合理等，其故障及排除方法如表 12-7 所示。

表 12-7　汽缸的常见故障及排除方法

故　障		原　因	排　除　方　法
外泄漏	活塞杆与密封衬套间漏气	(1) 衬套密封圈磨损，润滑油不足； (2) 活塞杆偏心； (3) 活塞杆有伤痕； (4) 活塞杆与密封衬套的配合处有杂质	(1) 更换衬套密封圈； (2) 重新安装，使活塞杆不受偏心负荷； (3) 更换活塞杆； (4) 除去杂质，安装防尘盖

故 障		原 因	排 除 方 法
外泄漏	缸体与端盖间漏气	密封圈损坏	更换密封圈
	从缓冲装置的调节螺钉处漏气	密封圈损坏	更换密封圈
内泄露（活塞两端串气）		(1) 活塞密封圈损坏； (2) 润滑不良； (3) 活塞被卡住； (4) 活塞配合面有缺陷； (5) 杂质挤入密封面	(1) 更换密封圈； (2) 改善润滑； (3) 重新安装，使活塞不受偏心负荷； (4) 缺陷严重者，更换零件； (5) 除去杂质
动作不稳定，输出力不足		(1) 润滑不良； (2) 活塞或活塞杆被卡住； (3) 气缸体内表面有锈蚀或缺陷； (4) 进入冷凝水及杂质	(1) 注意润滑； (2) 检查安装情况，消除偏心； (3) 视缺陷大小再决定排除故障方法； (4) 加强过滤，清除水分、杂质
缓冲效果不好		(1) 缓冲部分的密封圈密封性能差； (2) 调节螺钉损坏； (3) 汽缸速度太快	(1) 更换密封圈； (2) 更换调节螺钉； (3) 调节缓冲机构
损伤	活塞杆折断	(1) 有偏心负荷； (2) 摆动气缸安装销轴的摆动面与负荷摆动面不一致； (3) 摆动销轴的摆动角过大； (4) 负荷大，摆动速度太快，又有冲击； (5) 装置的冲击加到活塞杆上，活塞杆承受负荷的冲击； (6) 气缸速度太快	(1) 消除偏心负荷； (2) 使摆动面与负荷摆动面一致； (3) 减小销轴的摆动； (4) 减小摆动速度和冲击； (5) 冲击不得加在活塞杆上； (6) 设置缓冲装置
	端盖损坏	缓冲机构不起作用	在外部或回路中设置缓冲装置

三、气动辅助元件的故障及排除方法

1. 分水滤气器的故障及排除方法

分水滤气器可以清除介质中的水分、油分、粉尘等，其故障及排除方法如表 12-8 所示。

表 12-8　分水滤气器的常见故障及排除方法

故 障	原 因	排 除 方 法
压力过大	(1) 使用过细的滤芯； (2) 滤气器的公称流量小； (3) 滤清器滤芯网眼堵塞	(1) 更换适当的滤芯； (2) 换公称流量大的滤气器； (3) 用净化液清洗滤芯
从输出端溢流出冷凝水	(1) 未及时排除冷凝水； (2) 自动排水器发生故障； (3) 超过滤气器的流量范围	(1) 养成定期排水的习惯或安装自动排水器； (2) 检查修理； (3) 在适当流量范围内使用或更换大规格的滤气器
输出端出现异物	(1) 滤气器滤芯破损； (2) 滤芯密封不严； (3) 用有机溶剂清洗造成	(1) 更换滤芯； (2) 更换滤芯的密封，紧固滤芯； (3) 用清洁的热水或煤油清洗

续上表

故　障	原　因	排　除　方　法
塑料水杯破损	(1) 在有机溶剂的环境中使用； (2) 空气压缩机输出某种焦油； (3) 压缩机从空气中吸入对塑料有害的物质	(1) 使用不受有机溶剂侵蚀的材料； (2) 更换压缩机的润滑油或使用无油压缩机或用金属杯； (3) 换用金属杯
漏气	(1) 密封不良； (2) 因物理（冲击）、化学原因使塑料杯破裂； (3) 泄水阀、自动排水器失灵	(1) 更换密封件； (2) 用金属杯； (3) 修理

2. 油雾器的故障及排除方法

油雾器是给气动装置润滑部位供油的元件，在系统中应把油雾器装在靠近润滑的元件。其常见故障及排除方法如表 12-9 所示。

表 12-9　油雾器的常见故障及排除方法

故　障	原　因	排　除　方　法
油不能滴下来	(1) 没有产生油滴下落所需的压差； (2) 油雾器方向装反； (3) 油道堵塞； (4) 通往油杯的空气通道堵塞，油杯未加压	(1) 加上文丘里管或换成适当规格的油雾器； (2) 改变安装方向； (3) 清洗、检查、修理； (4) 拆卸、修理
油杯未加压	(1) 通往油杯的空气通道堵塞 (2) 油杯大，油雾器使用频繁	(1) 检查修理，加大通往油杯的空气通道； (2) 使用快速循环式油雾器
油滴数不能减少	油量调节阀失效	检修油量调节阀
空气向外泄漏	(1) 油杯破裂； (2) 密封不良； (3) 观察玻璃破损	(1) 更换油杯； (2) 检修密封； (3) 更换观察剥离
油杯破损	(1) 用有机溶剂清洗； (2) 周围存在有机溶剂	(1) 更换油杯，使用金属杯或耐有机溶剂油杯； (2) 与有机溶剂隔离

习　　题

1. 填空题

(1) 为了防止漏气，螺纹连接处在连接前应_____。

(2) 密封圈不要装得_____，以免阻力太大。

(3) 气动回路的调试必须在_____进行。

(4) 压缩空气的污染主要来自_____、_____和_____三方面。

(5) 在压缩机吸气口安装_____，可减少进入压缩机中气体的灰尘量。

(6) 消除气动噪声的主要方法_____和_____。

(7) 换向阀产生故障的主要原因是_____、_____、_____、_____、_____。

(8) 气缸产生故障的主要原因是_____、_____、_____、

_____、_____。

(9) 调压阀产生故障的原因使_____和_____。

(10) _____是保障一次压力为恒定值的元件。

2. 问答题

(1) 在安装气动回路时，应注意哪些问题？

(2) 气动系统的调试内容有哪些？

(3) 使用气动系统时，应注意哪些问题？

(4) 气缸常见的故障有哪些？如何排除？

(5) 油雾器常见的故障有哪些？

附　　录

附录 A　常用液压与气动元（辅）件图形符号
（摘自 GB/T 786.1—2009）

附表 1　基本符号、管路及连接

名　称	符　号	说　明	名　称	符　号	说　明
管路	——————	压力管路 回油管路	三通路旋转接头		
连接管路		两管路相交连接	不带单向阀的 快换接头		
控制管路	— — — — —	可表示泄油管路	带单向阀的 快换接头		
交叉管路		两管路交 叉不连接	管口在液面 以上的油箱		
柔性管路			管口在液面 以下的油箱		
组合元件线	—·—·—·—		管端在油箱底部		
单通路旋转接头			密闭油箱		

附表 2　控制机构和控制方法

名　称	符　号	说　明	名　称	符　号	说　明
按钮式人力控制			加压或泄压控制		
手柄式人力控制			外部压力控制		
单向踏板式人力控制			内部压力控制		
双向踏板式人力控制			差动控制		
顶杆式机械控制			液压先导控制		
弹簧控制			液压先导控制		
滚轮式机械控制		两个方向操作	电液先导控制		内部压力控制
单向滚轮式		仅在一个方向上操作	气液先导控制		外部压力控制
单作用电磁铁			液压先导泄压控制		内部压力控制，内部泄油
双作用电磁铁			电液先导泄压控制		液压外部控制，内部泄油
气压先导控制			电气先导控制		
比例电磁铁			电反馈控制		

附表 3　泵、马达和缸

名　称	符　号	说　明	名　称	符　号	说　明
液压源		一般符号	液压整体传动装置		
液压泵		一般符号	单作用活塞杆缸		
单向定量液压泵		单向旋转、单向流动、定排量			
双向定量液压泵		双向旋转，双向流动，定排量	双作用单活塞杆缸		
单向变量液压泵		单向旋转，单向流动，变排量	双作用双活塞杆缸		
双向变量液压泵		双向旋转，双向流动，变排量	不可调单向缓冲缸		
液压马达		一般符号	可调单向缓冲缸		
单向定量液压马达		单向流动，单向旋转	单向变量液压马达		单向流动，单向旋转，变排量
双向定量液压马达		双向流动，双向旋转，定排量	双向变量液压马达		双向流动，双向旋转，变排量
气压源			单作用伸缩缸		
摆动马达		双向摆动，定角度	双作用伸缩缸		
定量液压泵—马达		单向流动，单向旋转，定排量			

附表 4　控制元件

名　称	符　号	说　明	名　称	符　号	说　明
直动型溢流阀		一般符号	单向顺序阀		
先导型溢流阀			减速阀		
先导比例溢流阀			单向阀		
先导型电磁溢流阀			液控单向阀		
			液压锁		
直动减压阀		一般符号	二位二通电磁阀		
先导式减压阀					
先导型比例电磁式溢流减压阀			二位三通电磁阀		
			二位四通电磁阀		
直动顺序阀			快速排气阀		
			不可调节流阀		一般符号
先导顺序阀			可调节流阀		

续上表

名　称	符　号	说　明	名　称	符　号	说　明
调速阀			二位五通液动阀		
旁通型调整阀			二位四通机动阀		
温度补偿型调速阀			三位四通电磁阀		
单向调速阀			直动式比例方向控制阀		
双单向节流阀			四通电液伺服阀	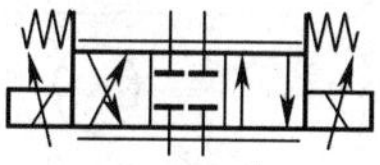	二级
截止阀			与门型棱阀		
分流阀			或门型		
集流阀			带消声器的节流阀	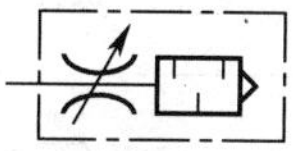	

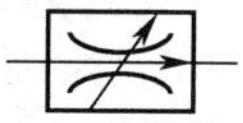

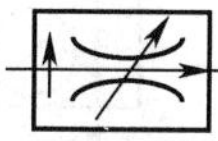

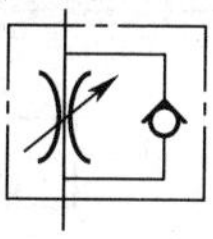

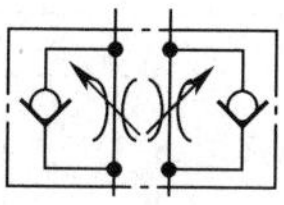

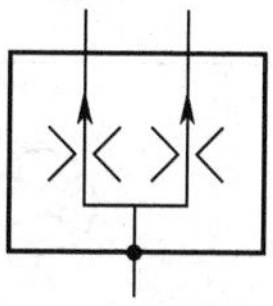

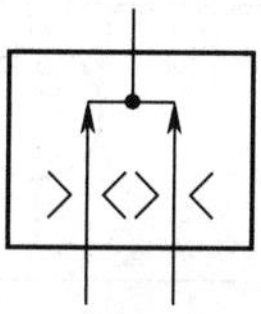

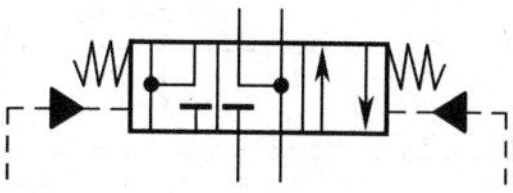

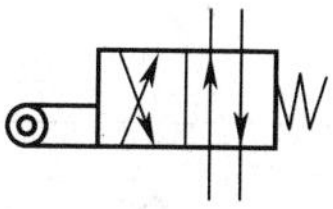

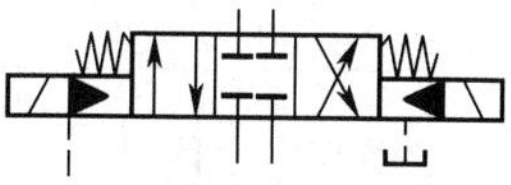

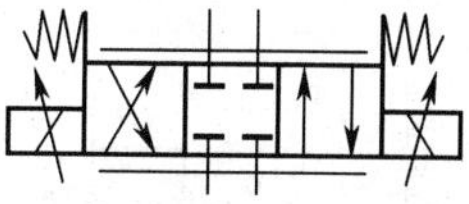

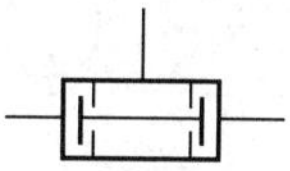

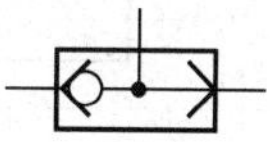

附表5　辅助元件

名　称	符　号	说　明	名　称	符　号	说　明
过滤器		一般符号	冷却器		一般符号
磁芯过滤器			带冷却剂管路的冷却器		
带污染指示器的过滤器			加热器	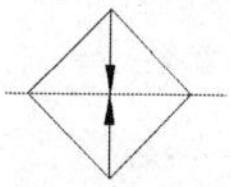	一般符号

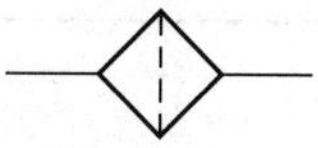

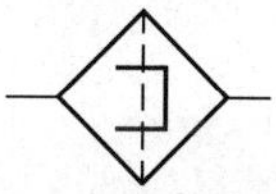

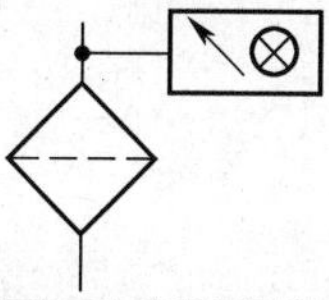

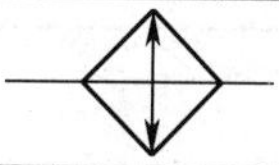

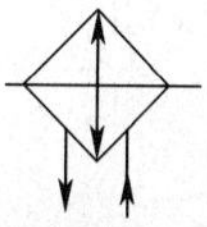

名　称	符　号	说　明	名　称	符　号	说　明
温度调节器			除油器		
空气过滤器			行程开关		
分水排水器			气源调节装置		
蓄能器			压力继电器		
蓄能器		气体隔离式	原动机		一般符号
压力计			电动机		
温度计			流量计		
压力指示器			液面器		
消声器			报警器		
空气干燥器					
油雾器					

附录 B　习题（部分）参考答案

第 一 章

1. 填空题

(1) 液体；压力能

(2) 密封的容器内；静压力；密封容积的变化

(3) 动力元件；执行元件；控制元件；辅助元件；工作介质

(4) 动力元件；机械；压力；压力油液

(5) 执行元件；压力；机械

(6) 职能；控制方式；外部链接口；具体结构；参数；安装位置

(7) 静态位置

2. 判断题

(1) ×　　　(2) ×　　　(3) √　　　(4) ×　　　(5) ×　　　(6) ×

3. 略

第 二 章

1. 填空题

(1) 产生内摩擦力；黏度；动力黏度；运动黏度；相对黏度

(2) 运动黏度；ν

(3) 运动黏度

(4) 可压缩性；不可压缩的；压力变化较大；有动态特性要求

(5) 负载

(6) 曲面在该方向的投影面积

(7) 无黏性；无压缩性

(8) 体积；流量；m^3/s；L/min

(9) 输入液压缸的流量

(10) 雷诺数；流速；运动黏度；直径

(11) 2.5

2. 略

3. 计算题

(1) 均为 10.19 MPa

(2) ① a：16 176 Pa, 12 705 N；b：35 275 Pa, 27 705 N；c：16 176 Pa, 12 705 N；d：11 402 Pa, 8 955 N；②均为 9 810 Pa, 7 705 N

(3) 0.094 m/s；0.034 m/s；23.1 L/min；22.5 L/min

(4) ①2-2；②2.9×10^5 Pa

(5) 1 188 L/min；1.4×10^5 Pa

(6) 4 547 Pa

(7) 1.7 m

第 三 章

1. 填空题

(1) 指它的输出压力；负载

(2) 在使用中允许达到

(3) 泵轴每转一转，由其密封容积的几何尺寸变化计算而得的排出液体的体积

(4) 在公称转速和公称压力下的输出流量

(5) 容积效率；机械效率

(6) 缩小压油口

(7) 定子和转子的偏心量；斜盘的倾角

2. 略

3. 计算题

(1) 28.8 L/min；2.86 kW

(2) 0.9；0.83

(3) ①97.8 kW；②11 L/min

(4) 3.5 L/min；3.5 MPa

第 四 章

1. 填空题

(1) 最高处

(2) 缓冲

(3) 单向

(4) 先大活塞，后小活塞

(5) 2

(6) 流量

(7) 柱塞

2. 略

3. 计算题

(1) $D=79.7$ mm；$d=56.4$ mm；$v=0.167$ m/s

(2) ① 5 kN，0.02 m/s，0.016 m/s；② 5.4 kN，4.5 kN；③11.25 kN

(3) 100 mm；70 mm；32 MPa

第 五 章

1. 填空题

(1) 压力控制阀；流量控制阀；方向控制阀

(2) 喷嘴挡板阀；射流管阀

(3) 螺纹连接阀；法兰连接阀；板式连接阀；叠加式连接阀；插装式连接阀

(4) 直动型；先导型

(5) 锥阀式；球阀式；滑阀式

(6) 压力差

(7) 系统压力为信号

(8) 节流口通流面积或通流通道的长短

(9) 压力控制阀

(10) 直动型；先导型

2. 略

3. 计算题

(1) ①减压阀阀口始终处在工作状态

② $p_A = p_C = 2.5$ MPa

③ $p_A = p_B = 1.5$ MPa，$p_C = 2.5$ MPa

④ $p_C = 0$，$p_A = 0$，$p_B = 0$

(2) ① 液压缸运动 $p_L = 4$ MPa 时，则 $p_A = p_B = 4$ MPa；

② $p_L = 1$ MPa 时，则 $p_A = 1$ MPa，$p_B = 3$ MPa；

③ 活塞运动到右端时，则 $p_A = p_B = 5$ MPa。

(3) ① $F = 0$，$p_C = 0$，$p_B = 0.2$ MPa，$p_A = 0.5$ MPa

② $F = 7.5$ kN，$p_C = 1.5$ MPa，$p_B = 1.7$ MPa，$p_A = 2.0$ MPa

③ $F = 30$ kN，$p_C = 6$ MPa，$p_B = 2.5$ MPa，$p_A = 5$ MPa。

第 六 章

1. 填空题

(1) 过滤器　　(2) 蓄能器　　(3) 油管；管接头　　(4) 蓄能器

(5) 储油；散热；分离油中的空气和杂质

(6) 网式；线隙式；纸芯式；烧结式；磁性式

2. 判断题

(1) ×　　　(2) ×　　　(3) √　　　(4) ×　　　(5) ×

3. 选择题

(1) A　　(2) B　　(3) B　　(4) C　　(5) B

4. 略

第 七 章

1. 填空题

(1) 执行元件；工作循环

(2) 减小

(3) 压力；流量

(4) 流量阀；节流调速回路

(5) 控制；通道体

(6) 增加

(7) 进；出

(8) 自由浮动状态

2. 选择题

(1) B　(2) A　(3) A　(4) B　(5) C　(6) A　(7) B　(8) B；D；A；E

(9) A　(10) B

3. 略

4. 计算题

(1) ① $p_y=32.5\times10^5$ Pa　② $p_y=32.5\times10^5$ Pa　③ $p_2=65\times10^5$ Pa

(2) 5 MPa、3 MPa

(3) $p_a=4.5$ MPa，$p_b=3.5$ MPa，$p_c=2$ MPa

(4) ①4，4，2　②3.5；3.5；2　4；4；2　③0；0；0；　4；4；2

(5) 0.11 m/s；10.8 MPa

(6) ① 缸1向右行，缸2不能运动

②缸2先向右行，缸1后向右运动

③缸2先向右行，缸1后向右运动

(7) 略

(8) ① 0.015 m/s　② 4.25 L/min　③ 0.044 m/s；0.75 L/min；0.05 m/s；0

(9) 略

第 八 章

略

第 九 章

1. 填空题

(1) 运动；负载

(2) 工况分析

(3) 切削负载；导轨摩擦负载；惯性负载；重力负载

(4) 压力图；流量图；功率图

(5) 工况图

(6) 系统功率；调速范围；速度刚性

(7) 平衡

(8) 互不干扰

(9) 防止油液污染；防止空气混入系统；防止油温过高；防止泄漏

(10) 液压马达

(11) 容积节流

(12) 压力；流量；压力

(13) 安全阀

(14) 系统最高工作压力；通过阀的最大流量

(15) 系统最高工作压力；通过阀的最大流量；阀的最小稳定流量

2. 略

第 十 章

1. 判断题

(1) ×　　(2) ×　　(3) √　　(4) √　　(5) ×　　(6) ×　　(7) ×

2. 略

第 十 一 章

1. 填空题

(1) 气源装置；执行元件；控制元件；辅助元件

(2) 出口管路上

(3) 分水虑气器；减压阀；换向阀

(4) 直线往复运动；摆动

(5) 压缩空气作用在阀芯上的力

(6) 改变阀的通流面积

(7) 执行元件

(8) 换向阀和气缸之间

(9) 或门；与门；非门；双稳

(10) 启动；停止；改变运动方向

(11) 调节执行元件的工作速度

2. 判断题

(1) ×　　(2) √　　(3) ×　　(4) √　　(5) ×　　(6) √　　(7) ×　　(8) √

(9) √

3. 略

第 十 二 章

1. 填空题

(1) 涂密封胶

(2) 太紧

(3) 机械部分动作完全正常的情况下

(4) 水分；油分；粉尘

(5) 空气过滤器

(6) 利用消声器；实行集中排气

(7) 气体泄漏；介质中有冷凝水；供气不足；混入粉尘；制造缺陷

(8) 气缸制造质量不好；介质净化程度不够；安装不正确；操作不合理；密封圈损坏

(9) 本身机能不良；介质的净化程度较差

(10) 溢流阀

2. 略

参 考 文 献

[1] 张利平．液压气动系统设计手册 [M]．北京：机械工业出版社，1997.
[2] 赵锡华，张世伟，姜德凤．液压传动及设备故障分析 [M]．北京：机械工业出版社，1991.
[3] 张群生．液压与气动传动 [M]．2版．北京：机械工业出版社，2008.
[4] 徐永生．液压与气动 [M]．北京：高等教育出版社，1998.
[5] 袁承训．液压与气压传动 [M]．2版．北京：机械工业出版社，2000.
[6] 何存兴．液压元件 [M]．北京：机械工业出版社，1982.
[7] 大连工学院机制教研室．金属切削机床液压传动 [M]．北京：科学出版社，1976.
[8] 章宏甲，黄谊．机床液压传动 [M]．北京：机械工业出版社，1987.
[9] 盛敬超．液压流体力学 [M]．北京：机械工业出版社，1980.
[10] 俞启荣．液压传动 [M]．北京：机械工业出版社，1990.
[11] 左健民．液压与气压传动 [M]．北京：机械工业出版社，1996.
[12] 方昌林．液压、气压传动与控制 [M]．北京：机械工业出版社，2000.
[13] 何存兴．液压传动与气压传动 [M]．武汉：华中科技大学出版社，2000.
[14] 丁树模，姚如一．液压传动 [M]．北京：机械工业出版社，1992.
[15] 李洪人．液压控制系统 [M]．北京：国防工业出版社，1990.
[16] 雷天觉．新编液压工程手册 [M]．北京：北京理工大学出版社，1998.
[17] 徐灏．机械设计手册（第5卷）[M]．北京：机械工业出版社，1992.
[18] 马玉贵．液压件使用与维修技术大全 [M]．北京：中国建材工业出版社，1994.
[19] 黄志坚．液压设备故障分析与技术改进 [M]．武汉：华中理工大学出版社，1999.
[20] 陆望龙．实用液压机械故障排除与修理大全 [M]．长沙：湖南科学技术出版社，1999.
[21] SMC（中国）有限公司．现代实用气动技术 [M]．2版．北京：机械工业出版社，2004.